新型农民学历教育系列教材

家畜普通病防治

主 编

李铁拴

副主编

李睿文　苗玉青

王　宝　罗伟林

编著者
（以姓氏笔画为序）

王　宝　王　韫　毛素花

牛双针　任秀涛　李　浩

李铁拴　李睿文　罗伟林

苗玉青　杨健辉　韩旭东

金盾出版社

内 容 提 要

本书是"新型农民学历教育系列教材"的一个分册,由河北农业大学李铁拴教授主编。内容包括:家畜普通病防治概论,家畜内科病防治,家畜营养代谢病和中毒病防治,外科病防治,产科病防治。适用于高职高专、"一村一名大学生工程"及新型农民学历教育畜牧兽医专业的学生阅读,也可作为养殖场技术人员、管理人员及兽医临床一线技术人员的培训或参考用书。

图书在版编目(CIP)数据

家畜普通病防治/李铁拴主编 . —北京:金盾出版社,2009.3
(2017.2 重印)
(新型农民学历教育系列教材)
ISBN 978-7-5082-5530-9

Ⅰ.①家… Ⅱ.①李… Ⅲ.①家畜疾病—防治—教材 Ⅳ.
①S858.2

中国版本图书馆 CIP 数据核字(2009)第 013705 号

金盾出版社出版、总发行
北京太平路 5 号(地铁万寿路站往南)
邮政编码:100036 电话:68214039 83219215
传真:68276683 网址:www.jdcbs.cn
北京军迪印刷有限责任公司印刷、装订
各地新华书店经销
开本:850×1168 1/32 印张:11.25 字数:272 千字
2017 年 2 月第 1 版第 10 次印刷
印数:39 001~44 000 册 定价:19.00 元

新型农民学历教育系列教材

编审委员会

序　言

　　新世纪新阶段,党中央国务院描绘出了建设社会主义新农村的宏伟蓝图,这是落实科学发展观,构建和谐社会,全面建设小康社会的伟大战略部署,也为我们高等农林院校提供了广阔的用武之地。以科技、人才、技术为支撑,全面推进社会主义新农村建设的进程是我们肩负的神圣历史使命,责无旁贷。

　　我国是一个农业大国,全国 64％的人口在农村,据统计,现有农村劳动力中,平均每百个劳动力,文盲和半文盲占 8.96％,小学文化程度占 33.65％,初中文化程度占 46.05％,高中文化程度占9.38％,中专程度占 1.57％,大专及以上文化程度占 0.40％;而接受高等农业教育的只有 0.01％,接受农业中等专业教育的有0.03％,接受过农业技术培训的有 15％。农村劳动力的科技、文化素质低下,严重地制约了农业新技术、新成果的推广转化,延缓了农业产业化和产业结构调整的步伐,进而影响了建设社会主义新农村的进程。国家强盛基于国民素质的提高,国民素质的提高源于教育事业的发达,解决农民素质较低和农业科技人才缺乏的问题是当前教育事业发展,人才培养的一项重要工作。农村全面实现小康社会,迫切需要在政策和资金等方面给予倾斜的同时,还特别需要一批定位农村、献身农业并接受过高等农业教育的高素质人才。

　　我国现有的高等教育(包括高等农业教育)培养的高级专门人才很难直接通往农村。如何为农村培养一批回得去、留得住、用得上的实用人才,是我一直在思考的问题。经过反复论证,认真分析,我校提出了实施"一村一名大学生工程"的设想,经教育部、河北省教育厅批准,2003 年我校开始着手实施"一村一名大学生工程",培养来自农村、定位农村,懂农业科技、了解市场,为农村和农业经济直接服务、带领农民致富的具有创新创业精神的实用型技术人才。

　　实施"一村一名大学生工程"是高等学校直接为农村培养高素质带头人的特殊尝试。由于人才培养目标的特殊指向性，在专业选择、课程设置、教材配备等方面必然要有很强的针对性。经过几年的教学探索，在总结教学经验的基础上，2006年我校组织专家教授为"一村一名大学生工程"相关专业编写了六部适用教材。第二期十八部教材以"新型农民学历教育系列教材"冠名出版，它们是《实用畜禽繁殖技术》、《畜禽营养与饲料》、《实用毛皮家畜养殖技术》、《实用家兔养殖技术》、《家畜普通病防治》、《设施果树栽培》、《果树苗木繁育》、《果树病虫害防治》、《蔬菜病虫害防治》、《现代蔬菜育苗》、《园艺设施建造与环境调控》、《蔬菜育种与制种》、《农村土地管理政策与实务》、《农村环境保护》、《农村事务管理》、《农村财务管理》、《农村政策与法规》和《农村实用信息检索与利用》。

　　本套教材坚持"基础理论必要够用，使用语言通俗易懂，强化实践操作技能，理论密切联系实际"的编写原则。它既适合"一村一名大学生工程"两年制专科学生使用，也可作为新时期农村干部和大学生林业培训教材，同时又可作为农村管理人员、技术人员及种养大户的重要参考资料。

　　该套教材的出版，将更加有利于增强"一村一名大学生工程"教学工作的针对性，有利于学生掌握实用科学知识，进一步提高自身的科技素质和实践能力，相信对"一村一名大学生工程"的健康发展以及新型农民的培养大有裨益。

河北农业大学校长　王志刚

2008 年 9 月

前　言

　　近几年高等职业教育取得了突飞猛进的发展,社会对高职高专人才的培养也提出了许多更新、更高的要求,为适应社会的发展与需求,培养具有创新精神的高级农业实用型人才,我们编写了这本《家畜普通病防治》教材。本教材是按照教育部高职高专教材和"一村一名大学生工程"教材建设的要求,紧紧围绕培养高等应用型、技能型专门人才的目标,由长期从事兽医教学科研和具有丰富兽医临床经验的专家、教授编写而成。其宗旨是为"一村一名大学生工程"和高职高专的学生提供一本好的教材或教学参考书,力求科学性、先进性和实用性相统一,为我国畜牧兽医教育及事业的发展做出一点贡献。

　　本教材内容丰富新颖,结构紧凑,文字简练,图文并茂。突出的特点是先进与实用,既体现了近年来本领域国内外最新的研究成果,又通俗易懂,强化了实践技能;在注重兽医基础理论的同时,又特别强调兽医临床应用能力的提高和自学能力的培养。适用于高职高专、"一村一名大学生工程"及新型农民学历教育畜牧兽医专业的学生阅读,也可作为养殖场技术人员、管理人员及兽医临床一线技术人员的参考用书。

　　本教材共分五章,第一章简要介绍了家畜普通病的概念及防治内容;当前家畜常发生的内科病、营养代谢病及中毒病的防治分列在第二章和第三章;第四章介绍了兽医外科手术的基本操作,重要手术示例及外科病的发生原因、临床症状、诊断及防治方法;产科病在第五章中进行了阐述。

本书在编写过程中得到了河北农业大学、金盾出版社的支持和关心，在此表示感谢。书中参考和引用了大量国内外相关资料，在此向各位原作者深表谢意并致以崇高的敬意。因笔者水平、能力有限，书中错误和遗漏之处在所难免，敬请广大读者批评指正。

编著者

2008 年 12 月

目　　录

目　录

第一章　家畜普通病防治概论

第一节　家畜普通病的概念

家畜普通病是家畜传染病和寄生虫病之外所有疾病的总称。它包含了内科病、营养代谢病、中毒病、外科病和产科病。家畜普通病防治即是探讨研究这些疾病的发病原因、发生发展规律、临床检验诊断方法及其防治措施的科学。在家畜疾病的防治和提高家畜生产性能方面，我国传统的中兽医学做出了不朽的贡献，但中兽医研究的领域甚广，加之本书篇幅所限，故未将其单独列出，只在家畜疾病的防治方法中做了一些相应的应用介绍。

第二节　家畜普通病防治研究的内容

一、内科病防治

内科病防治研究的对象是家畜的非传染性内科病，主要包括消化系统疾病、呼吸系统疾病、泌尿系统疾病、神经系统疾病、血液和造血器官疾病、心血管疾病等。各种病因作用于家畜体，当超出家畜机体的抵抗能力时，则可引起疾病的发生，表现一定的临床症状，甚至出现某些病理解剖学变化，经具体分析后做出相应的诊断和治疗，并对其病程进行判断和预后，从而掌握内科病发生和发展的规律，制定出有效的防治措施。

由于内科病在全年的各个时期中都不间断地散发于各种家畜，其总的发病数和死亡数往往超过其他疾病，严重影响家畜的生产性能和役畜的役用能力,常常造成死亡和损失。因此,重视家畜内科病的研究和防治是非常重要的。由于家畜的心血管疾病、血液和造血器官疾病、神经系统疾病等在临床确诊后,除个别珍贵和稀有的家畜进行治疗外一般都将其做淘汰处理,因此本书中对此类疾病做了忽略处理。

二、营养代谢病和中毒病防治

现代科学技术在畜牧业上的应用,极大地促进了畜牧业的发展。现代畜牧业的概念应该是除传统的畜禽外,还应包含所有人工养殖的动物,甚至野生动物。20世纪80年代以来,通过配合饲料、环境控制等手段,大大提高了畜牧业的生产效率。目前,我国的畜牧业生产与国外相比还需进一步提高,如家畜日粮中的热能、可消化蛋白质的供给还未必完全合理,维生素和矿物质的供给还不尽符合标准的需要,微量元素在家畜饲养中的作用还未引起足够的重视,这就不能不涉及家畜营养代谢病的发生及其防治问题。同时,由于对有毒植物的成分研究不够,再加上工业迅速、普遍地发展,有毒物质对空气、土壤、饮水、植被和饲料造成污染,家畜发生中毒的可能性依然存在。不论营养代谢病也好,中毒病也好,都是现代畜牧业的大敌,也是我们畜牧兽医工作者为加速实现畜牧业现代化所要刻苦钻研的重要课题。

三、外科病防治

兽医外科学是基础理论与技术操作相结合的一门兽医临床科学。研究的主要内容是家畜外科病发生发展规律、诊断和防治,以及在家畜体上进行手术的基本理论和技术。

随着时代的进展,现代兽医外科学已不再是单纯用手术方法去治疗疾病,同时采用了药物疗法和营养疗法等。许多传统的家畜内科病,如严重的肠变位、肠阻塞、瘤胃积食、皱胃移位和扭转等,如不采用手术治疗也很难挽救家畜的生命。从这个意义上讲,外科病和内科病在一个家畜机体很难划清界限,但为了临床上治疗疾病的方便,习惯上将凡是以手术为主要治疗方法的疾病,常归类于外科病的范畴。

兽医外科研究的另一个主要内容就是通过手术的方法,增加和提高家畜产品的数量和质量、增强役畜的役用能力、繁殖优良品种、保障人和家畜安全等,还可为其他生物学科提供科学研究手段,如胚胎移植手术、去势术、锯茸术、输卵管结扎术、阴茎反转术及器官移植试验等。

四、产科病防治

兽医产科学是研究家畜生殖生理及产科病防治的科学。通常将母兽科病、新生仔兽疾病及乳腺疾病也归入产科学的研究范畴。20 世纪 80 年代以来,产科学的研究取得了非常大的进展,家畜发情排卵的激素调控、妊娠诊断、预防流产、提高乳用家畜的泌乳能力、激素诱导泌乳、提高仔兽成活率、中西医结合治疗产科病、冷冻精液、同期发情、超数排卵、胚胎移植等研究都取得了可喜的成果。目前,在兽医临床上,家畜妊娠期疾病、分娩期疾病、产后期疾病、家畜不育发生的原因和防治方法、乳腺疾病的防治仍然是兽医产科学重要的研究方向。在养殖场,无论是畜(禽)还是经济动物,产科病控制得成功与否,将直接影响其经济效益及养殖场的发展。由此可见,兽医产科学的研究在整个畜牧业发展中的地位是多么重要。

复习思考题

1. 家畜普通病的概念是什么?

2. 家畜普通病防治的研究内容有哪些?

第二章　内科病防治

　　内科病包括消化系统疾病、呼吸系统疾病、泌尿系统疾病、神经系统疾病、血液和造血器官疾病、心血管疾病等。本类疾病可发生在家畜生命活动中的任何阶段,严重影响家畜的生产性能和役用能力,并常常造成死亡。因此,家畜内科病的研究和防治是非常重要的。

第一节　消化系统疾病防治

口　炎

　　口炎亦称口膜炎,是口腔黏膜及深层组织炎症的总称,包括齿龈、舌部、腭部和颊部等处的炎症。有卡他性、水疱性、溃疡性和真菌性等多种性质。以卡他性口炎最常见,各种家畜均可发生。

　　【病　因】　原发性的口炎多见于物理性和化学性因素的刺激。物理性因素刺激包括异物刺伤、饲料带有芒刺、牙齿磨灭不齐、采食过急误咬、烫伤和冻伤等;化学性因素刺激包括误食刺激性和腐蚀性较强的化学物质、使用刺激性药物时浓度过高(如吐酒石、高锰酸钾等)、采食有局部强刺激作用的有毒植物(如芥子、毒芹等)和霉败饲料等。另外,家畜在长期营养不良、饲养管理条件低劣的情况下,机体抵抗力下降,使得口腔黏膜易被一些腐生菌、真菌(如白色念珠菌等,尤其在长期或大剂量使用广谱抗生素引起二重感染时)侵入而引起炎症。

　　继发性口炎可见于某些传染病(如口蹄疫、猪水疱病、犬瘟热、牛恶性卡他热等)、中毒病(汞、铜、铅或氟中毒等)、营养代谢病(维生素 A、维生素 C、B 族维生素以及锌缺乏等）及其他内科病如咽炎、喉炎、急性胃卡他、肝炎、慢性肾炎、血斑病和贫血等。

【症　状】　初期口腔黏膜潮红、肿胀、疼痛、口腔温度增高、流涎、口角附有白色泡沫，采食与咀嚼缓慢、痛苦、甚至不咀嚼即吞咽，食欲减退，呼出气体常有难闻气味，下颌淋巴结肿胀，有时有轻度体温升高现象。严重时出现水疱、溃疡、脓疱和坏死等病变。多呈散在性分布。真菌性口炎以犬、猫、禽多见，口腔黏膜上可见有白色或灰色并略高于周围组织的斑点，可增大为灰黄色伪膜状，周围潮红，伪膜剥脱后呈现红色烂斑，易出血。

【治　疗】　原则是清除病因、消除炎症、防止感染和加强护理，如除去口腔异物，修整或拔除病齿、畸形齿。继发性口炎应积极治疗原发病。首先用 0.1％高锰酸钾溶液、生理盐水或 2％硼酸溶液冲洗口腔和病灶，稍后再用 10％～20％磺胺嘧啶钠溶液喷涂口腔，每日 1～2 次。水疱性口炎可用 1％明矾溶液或 0.1％黄色素溶液冲洗。口腔溃疡面可用 1％碘甘油或 1％龙胆紫涂布，久治不愈者可用 5％硝酸银溶液腐蚀，以促进愈合。为防感染，应及时使用磺胺类药物或抗生素制剂。对真菌性口炎，可用 2％硫酸铜溶液局部涂布，口服制霉菌素。病情较重、不能进食者，可静脉注射 5％葡萄糖氯化钠注射液，并使用维生素 A、维生素 C 和 B 族维生素配合治疗。

咽　炎

咽部黏膜、软腭、扁桃体、咽淋巴滤泡及其深层组织的炎症总称为咽炎。各种家畜均可发生，幼龄家畜更易发生。

【病　因】　饲喂过热或过冷的饲料或饮水，吸入有害气体（如氨、硫化氢等）或烟熏均可引起原发性咽炎，受寒、感冒、过劳等因素引起机体抵抗力下降，使得一些条件性病原菌（如葡萄球菌、链球菌、巴氏杆菌、沙门氏菌等）乘虚而入也可引起咽炎。

继发性的咽炎可见于邻近部位炎症的蔓延或转移,如口炎、鼻炎、唾液腺炎等,特别是喉炎,其炎症可同时发生或相互波及引起咽炎;更多见于一些传染性疾病,如马腺疫、流行性感冒、出血性败血症、牛恶性卡他热等。

【症　状】　主要表现为吞咽障碍,流涎、流鼻液。病畜有食欲但吞咽时痛苦,头颈伸展,有的不敢吞咽,将饲料或食团吐出。马常可见食糜和饮水从两鼻孔逆出。重者拒绝采食和饮水。猪、犬、猫等中小家畜常有呕吐现象。因炎症刺激和吞咽困难,常见大量唾液和黏液从口角流出或积于口腔内,低头或打开口腔时突然流出。继发喉炎者还有咳嗽、呼吸困难等症状。

严重者或传染病继发者常有体温升高、心跳加快、呼吸困难、精神沉郁、倦怠无力等全身症状。

打开口腔可见咽部潮红、肿胀,并附有较多黏液或脓性分泌物,有的可见溃疡、坏死。扁桃体肿胀、呈暗红色。颌下及咽淋巴结也常肿胀,敏感性增高。也有的咽喉部黏膜下疏松结缔组织有弥漫性化脓性炎症变化。

【治　疗】　原则是去除病因、加强护理、抗菌消炎。首先消除引发咽炎的各种因素,加强饲养管理和护理工作。饲喂柔软、优质及多汁、易消化的饲料,犬、猫等可饲喂米粥、牛奶、肉汤等,并给予充分的新鲜微温的饮水。吞咽障碍的病畜,应及时补糖、补液,维持其营养,严禁胃管投药。传染病继发者,应立即隔离,进行针对性治疗。

治疗方法可参考口炎的治疗,咽喉部明显肿胀时,其外部皮肤可用鱼石脂软膏或四三一擦剂(樟脑醋 4 份、氨擦剂 3 份、松节油 1 份)涂布。大家畜口噙青黛散或冰硼散对咽炎、口炎均有较好效果。并发喉炎及体温升高者应及时使用青霉素、磺胺类药物等。

食管阻塞

食管阻塞是指食团或异物阻塞于食管内而不能下行入胃的疾病，以突发性吞咽障碍、流涎、膹气等为特征。

【病　因】　原发性食管阻塞多由采食马铃薯、甘薯等块茎块根类饲料及过急吞食干燥的粉、饼类饲料引起。误食毛巾、手帕、破布、毛线球等异物也可在食管内停滞而引发本病。犬等常因吞食骨头、肌腱、肉块及鱼刺，幼犬、幼猫误咽玩耍的瓶塞、石子等异物发病。全身麻醉的家畜，在食管功能尚未恢复前喂食，也可引发本病。

继发性食管阻塞常见于食管狭窄、食管麻痹或食管炎、食管痉挛等。

【症　状】　食管阻塞多数在采食过程中突然发生，患病动物立即停止采食，神情紧张，痛苦不安，头颈伸展，屡有吞咽动作，大量流涎。有的可因食管和颈部肌肉收缩，引起反射性咳嗽、哽噎。

食管完全阻塞时，采食与饮水完全停止，表现为空口咀嚼和做吞咽动作，不断流涎。如阻塞部位较浅，则吞咽时食糜和唾液可从鼻孔逆出。若阻塞部位较深，则颈左侧食管沟多呈圆筒状隆起，触压可引起哽噎和呕吐，但呕吐物不含盐酸，也无特殊气味。牛、羊则嗳气及反刍均停止，可迅速发生瘤胃膹气，呼吸困难。

食管不完全阻塞时，病畜尚能吃进流质食物和饮水，流涎较少或无，只在采食固体饲料时，饲料停滞于食管中或被逆呕出来。

食管阻塞较长时间得不到排除者，可引起食管壁组织的炎症、坏死或麻痹，并可引起颈部结缔组织蜂窝织炎或胸膜炎甚至肺坏疽，预后多不良。

【治　疗】　以除去阻塞物体，对症治疗为原则。

阻塞部位较浅者，应尽量使之上移从口腔取出来。大家畜可使用开口器打开口腔，用手或手术钳将阻塞物取出。小家畜可先将其麻醉,后用镊子小心将异物从口取出。

颈部及胸部的阻塞,应根据阻塞物性状及其阻塞程度采取相应方法。

(1)疏导法 用2%水合氯醛溶液灌肠或5%水合氯醛酒精注射液静脉注射,以缓解痉挛,再用液状石蜡或2%盐酸普鲁卡因注射液配合少量植物油灌入食管中,然后用胃导管将阻塞物徐徐向胃内疏导,多数可治愈。

(2)打气法 在解痉润滑的基础上,用胃管吸出食管内的唾液及食糜,灌入少量温水,装上胶皮球打气,将阻塞物逐步推入胃内。

(3)挤压法 在疏导的基础上,将病畜横卧保定,控制其头部及前肢,用木板或砖垫在颈部食管阻塞部位,然后以手掌抵住阻塞物的下端,朝向咽部将之挤压到口腔予以排除。

以上方法均不奏效时或因尖锐铁器刺阻时,可采用手术疗法。

瘤胃积食

瘤胃积食是反刍动物前胃收缩功能减退,瘤胃中蓄积食物过多引起的一种前胃疾病。中兽医称为宿草不转。临床上以瘤胃容积增大,内容物停滞不前,瘤胃运动和消化功能障碍为特征。冬、春季节多见,尤以年老、体弱的舍饲牛、羊易发生,役用牛亦可发生。

【病 因】 过食大量稻草、麦秸、玉米秸、甘薯藤、花生秧等难以消化的粗纤维饲料,加上饮水不足;误食塑料绳、塑料包装袋等异物;贪食大量苜蓿、红花草等易发酵的青绿饲料;偷食大量小麦、玉米、豌豆、黄豆、豆饼、燕麦等容易发酵膨胀的精饲料,加之大量饮水;饲养方式或饲料突然改变、饥饱无常、饱食后立即劳役、过劳以及长途运输、恐惧等应激因素的刺激均可引发本病。也可继发于前胃弛缓、创伤性网胃腹膜炎、瓣胃阻塞、皱胃阻塞等。

【症 状】 本病病情发展迅速,临床特点可概括为胀、痛、实、停。

（1）胀 肚腹胀大，一般多为食滞性胀大，部分病牛于左肷部可感到气胀，尤其是因采食半干粗长的甘薯藤等，在缠结的藤团上方形成气帽，穿刺后可逸出少量气体，有酸臭味。

（2）痛 由于瘤胃内有过多的食物和气体，因而家畜表现疼痛，回头顾腹、踢腹，频频起卧，常有呻吟。

（3）实 腹壁触诊、直肠内压诊瘤胃呈坚实感，瘤胃扩张，压之呈捏粉样，有的坚硬如石，有的内容物较稀、呈粥状，但瘤胃显著扩张。后期出现瘤胃内积液。

（4）停 采食、反刍停止。瘤胃蠕动开始时较强，但后来微弱以至停止，便秘、粪干呈饼状、量很少，奶牛产奶量减少或停止。

此外，因瘤胃胀大，压迫横膈，常有呼吸促迫，心悸，皮温不均，四肢下部、耳郭、角根温度偏低，但体温一般正常。晚期病例因病情恶化，明显脱水，眼球下陷，黏膜发绀，全身衰竭，卧地不起，陷入昏迷和自体中毒状态，循环虚脱，直至死亡。

【治 疗】 原则是消食化积，促进前胃蠕动，防止脱水和自体中毒。

（1）消食化积 先灌服适量掺入酵母粉500g的温水，服后给予腹部按摩或拳击，每次约10min，也可直接击打左侧突出的腹壁；促进瘤胃内容物向后移动，可灌服液状石蜡1 000ml左右。

（2）促进前胃蠕动 可参考前胃弛缓的治疗。一般先用温水洗胃，再使用瘤胃兴奋药。

（3）防止脱水和解除自体中毒 用5％葡萄糖氯化钠注射液2 500ml，加入10％安钠咖注射液30ml、维生素C 1g静脉注射，每日2次。大量采食精饲料而引起的急性瘤胃积食，治疗时还应静脉注射5％碳酸氢钠注射液500ml或11.2％乳酸钠注射液300ml，连用3d，以缓解酸中毒，恢复碱储。

（4）手术治疗 病重者药物治疗无效时，应尽快切开瘤胃，取出内容物，并用1％温食盐水冲洗后，接种健康动物瘤胃液，结合对症治疗,加强护理,促进其恢复。尤其是误食塑料袋、绳索等引起的瘤胃积食,应及早手术。

另外,还可使用健脾开胃、消食行气为主的中药,如通气散、大戟散等,也可针灸百会、脾俞、食胀、关元俞、顺气等穴。

瘤胃臌气

瘤胃臌气也称瘤胃臌胀、气胀或肚胀,以呼吸高度困难、腹围急剧膨大为特征,可引起急性死亡。多发生于牛、羊、骆驼、鹿等。根据病因不同可分为原发性瘤胃臌气和继发性瘤胃臌气;依其性质,可分为泡沫性臌气和气体性臌气;按其病程,则有急性瘤胃臌气和慢性瘤胃臌气之分。

【病　因】　原发性瘤胃臌气主要见于以下几方面:采食大量容易发酵的、幼嫩多汁的新鲜甘薯藤、萝卜缨、白菜叶等,尤其是苜蓿、紫云英、三叶草、野豌豆苗等;补饲的精饲料如玉米、黄豆、豆饼、花生饼、谷物太多,且粗饲料不足;精饲料粉碎过细,或未经浸泡和调制,采食后容易形成泡沫性臌气;采食酸败的粉渣或粉浆,饲喂过多胡萝卜、甘薯、马铃薯等块根块茎类饲料亦易发臌气;采食经堆积发热的青草,或带霜、雪、雨、露的青草,霉败的干草及容易发酵的青贮饲料,舍饲牛突然转为放牧,均容易引起臌气。

继发性瘤胃臌气可见于食管阻塞、前胃弛缓、创伤性网胃炎、迷走神经性消化不良、瓣胃阻塞等。

在正常情况下,瘤胃发酵可产生一定量的气体,如二氧化碳、甲烷、硫化氢等,但可通过嗳气、反刍、吸收或经皱胃进入肠道等形式排除,因而不会出现臌气。当瘤胃发酵加速而产生大量二氧化碳和甲烷等气体,使正常的排气功能不能适应或胃壁肌收缩力减弱,前胃神经反应性下降,引起气体上行、下送不通畅时则可引发瘤胃臌气。

泡沫性臌气与所食饲料(如豆科植物内含有泡沫原性物质叶

浆蛋白、果胶等)有关,它们在瘤胃内发酵,产酸增多,使瘤胃内呈偏酸性环境,适合产气细菌生长、增殖,某些细菌产生不溶性黏多糖,加上唾液中的黏蛋白,大大增加了瘤胃液的黏稠度。以上因素共同作用生成大量泡沫,这些泡沫表面张力较大,难以破裂,故而融汇成大的气泡,并可阻塞贲门,妨碍嗳气,迅速导致泡沫性臌气。

瘤胃的膨胀可使腹内压升高,影响心脏、肺脏功能;瘤胃内腐酵产物的刺激,可引起瘤胃壁痉挛性疼痛;腐酵产物的吸收则可导致机体酸中毒,共同影响,最终可使家畜因窒息和心脏麻痹而死亡。

【症　状】　急性瘤胃臌气通常在采食大量易发酵饲料后迅速发病,甚至在采食中途,病畜突然呆立、停食,腹部急剧臌胀,甚至来不及救治而死亡。

病程稍缓的病例表现腹部迅速增大,左侧腹部触诊弹性强,叩诊呈鼓音;由于肚腹胀满,瘤胃内大量气体压迫横膈,胸腔负压减小,呼吸浅而快,可视黏膜发绀;心跳可达 110 次/min 以上,心力衰竭,血液循环出现障碍,静脉怒张。

泡沫性臌气还可见口腔有泡沫状唾液逆出或喷出,瘤胃穿刺时气体呈断续排出,并有气泡外冒,瘤胃液随着胃壁强烈收缩而向上涌出,阻塞穿刺针孔,排气十分困难。

急性瘤胃臌气病畜病程短,最后可因呼吸困难、心力衰竭、抽搐痉挛、窒息而死。

慢性瘤胃臌气多为继发性,瘤胃呈周期性中等程度臌气,时重时轻。

【治　疗】　原则是排气减压、止酵消沫、健胃消导、改善瘤胃内环境、强心补液。

(1)排气减压　可插入胃导管放气,如放不出可在瘤胃左上腹部使用套管针或 20 号长针头穿刺放气,并按摩腹部,穿刺部位用 5%碘酊消毒。注意放气速度不能太快,以防发生意外。泡沫性臌气应先使用消沫剂如二甲基硅油(牛 2.5g,羊 1g)或食用油、松节油等内服,以达消沫目的。

(2)制酵 可内服鱼石脂酒精(鱼石脂 20g,酒精 100ml,常水 1 000ml)或 10%生石灰水。

(3)健胃消导、改善瘤胃内环境 健胃可用 10%氯化钠注射液静脉注射,或用新斯的明皮下注射,可促进瘤胃蠕动,有利于反刍和嗳气。为消除瘤胃内酵解物,可用盐类或油类泻药。改善瘤胃内环境,可用 3%碳酸氢钠溶液洗胃,调节瘤胃内 pH 为 7 左右后,灌服健康畜瘤胃液 3~6L。

泡沫性臌气经上述治疗无效时,应考虑手术治疗。

治疗中还应注意心脏功能,及时强心补液,增进治疗效果。

中药治疗以行气消胀、通便、止痛为主,可用大戟散加减:大戟 15g,甘遂 15g,芫花 15g,三棱 30g,厚朴 30g,枳实 30g,大黄 100g,甘草 25g,水煎后加芒硝 300g、植物油 500ml,一次灌服。

也可选脾俞、百会、苏气、山根、八字、舌底、顺气等穴针灸。

前胃弛缓

中兽医称其为脾虚慢草或脾虚不磨,是因支配前胃的神经兴奋性降低,前胃平滑肌收缩功能减退引起的以采食、反刍、瘤胃蠕动次数减少和前胃蠕动性减弱为临床特征的一种消化功能紊乱性疾病。以牛、骆驼多见,山羊和绵羊等亦可发生。早春和晚秋最为常见。

【病 因】 原发性前胃弛缓主要与不良的饲养管理因素有关,如长期饲喂粗、老、干、硬、营养低劣并难以消化的饲料;饲喂混有泥沙或冰冻、霉烂、变质的饲料;食用酸败的豆浆、发热的酒糟、霉变的玉米和饼粕等;青贮饲料喂量过多,或喂给适口性差的饲料等;过食麸皮、面粉、豆渣、谷物等精饲料;饲草铡得过短,过食高蛋白质饲料(豆科植物或尿素)等;饲料中矿物质和维生素缺乏、长途运输、气候骤寒、突然变更饲料及饲养制度、过劳、恐惧、疼痛、饥饿等应激因素影响,均可导致本病发生。

前胃弛缓也可因其他许多疾病继发成为一种临床综合征,如创伤性网胃炎、瓣胃阻塞、肠便秘、肝脏疾病以及牛的钴缺乏症、骨软症、酮病等。另外,长期大量使用抗生素或磺胺类药物,瘤胃微生物区系被破坏,也可引起继发性前胃弛缓。

【症　状】　前胃弛缓在临床上表现为采食、反刍次数减少,每个草团咀嚼的次数从 40～50 次减少为 10～20 次;严重病例反刍停止或仅反出稀水样内容物,有的表现为空嚼。奶牛泌乳量减少,时而嗳气,带有酸臭味;有的瘤胃上方尚有少量臌气现象,大便干、硬、少、色深。前胃蠕动音减弱,蠕动音的波峰与波谷不明显,或出现"峰谷不平"现象。触诊瘤胃松软,张力下降。如因变质饲料引起,瘤胃收缩力消失,轻度或中度臌气;由应激因素引起的,其内容物黏硬,无臌胀现象。

病畜体温、呼吸、脉搏基本无变化。如未及时治疗,发展下去则表现为卧地不起、鼻镜干燥龟裂、不吃不喝、呼吸急迫、眼窝下陷、结膜发绀、全身衰竭。

慢性病畜呈进行性消瘦,贫血,鼻镜干燥,食欲时好时差,有的有异食癖,反刍弛缓,嗳气减少。瘤胃有时轻度臌气,病畜腹泻与便秘交替发生,粪便呈黑泥状。

本病诊断主要以临床表现和病因、病史调查为依据,应注意与瓣胃阻塞、创伤性网胃炎、瘤胃积食、皱胃变位、酮病等相区别。另外,还应确定本病是原发性还是继发性,若为继发性则应先确定原发病。

【治　疗】　前胃弛缓的治疗原则是加强护理,去除病因,增强神经调节功能,恢复前胃运动功能,改善和恢复瘤胃内环境,防止脱水和自体中毒。

应迅速纠正不合理的饲养管理因素,在病初禁食 1～2d 后给予松软、易消化饲料或优质干草、胡萝卜、新鲜青草等。继发性前胃弛缓应首先治疗原发病。

兴奋副交感神经，促进瘤胃蠕动可用新斯的明皮下注射，牛10～20mg，羊2～4mg；毛果芸香碱，牛30～50mg，羊5～10mg。但病情危急时，应慎用副交感神经兴奋类药物，心脏衰弱和妊娠牛禁用此类药物。

为了促近瘤胃蠕动也可静脉注射10％氯化钠注射液100～250ml。还可用10％氯化钠注射液300ml、5％氯化钙注射液300ml、10％安钠咖注射液10ml，一次静脉注射。也可使用陈皮酊、苦味酊各50～80ml，加适量温水，一次内服，以促进胃内容物运转和向后移动，并可增进食欲。

当瘤胃pH明显下降，微生物区系受到破坏时，应考虑使用氧化镁200～400g、碳酸氢钠50g，配成水乳剂，一次内服。必要时还应灌服健康畜瘤胃液，以更新瘤胃微生物区系，提高纤毛虫的活力。有些病例因胃内产气过多，可考虑使用防腐制酵药，牛可用鱼石脂10～20g、酒精或白酒100ml，先将鱼石脂溶入酒精或白酒中，再用常水1 000ml稀释，一次内服。如瘤胃pH升高，可用稀盐酸或醋酸15～30ml、酒精100ml、鱼石脂15～20g，用常水稀释后灌服。

晚期病例，当出现瘤胃积液，伴发脱水或自体中毒时，可用25％葡萄糖注射液500～1 000ml，或用5％葡萄糖氯化钠注射液2 000ml、40％乌洛托品注射液20～40ml、20％安钠咖注射液10～20ml，一次静脉注射。

中药治疗以健脾益气为主。可用四君子汤或厚朴理中汤加味，也可用补中益气汤（炙黄芪90g，党参60g，白术60g，当归60g，陈皮60g，炙甘草45g，升麻45g，柴胡30g），亦可用电针关元俞、反刍俞，针刺脾俞、百会、苏气等穴治疗。

创伤性网胃炎

【病　因】　反刍家畜食性粗糙,混杂在饲料中的针、钉、铁丝、竹器等尖锐异物易被吞食,随食物运动沉入网胃,造成网胃壁损伤,引起创伤性网胃炎。一旦异物穿透网胃移行至腹腔,则可引起网胃和腹膜同时发生局限性或弥漫性炎症,称为创伤性网胃腹膜炎;有时异物穿过网胃,刺破横膈膜、心包膜,引起创伤性网胃心包炎。本病主要发生于舍饲的奶牛和耕牛,也可发生于山羊。

【症　状】　创伤性网胃炎的病畜,临床上以顽固性的前胃弛缓、反复臌气、消化不良、网胃区触诊敏感为特征。病畜有时突然骚动不安、呻吟,站立时常取前高后低,肘关节外展姿势;行动小心,不愿下坡、转弯。血象检查白细胞总数增多,其中嗜中性粒细胞可增至 $45\%\sim70\%$,核左移,淋巴细胞相对减少至 $30\%\sim45\%$ 。伴发腹膜炎时,特别是弥漫性腹膜炎时,除有以上症状外,还常有体温升高。全身反应明显。

创伤性网胃心包炎时,除网胃炎症状外,心跳快而弱,心音混浊,听诊有泼水音、心包摩擦音。胸前和颈下水肿,尤其在下颌、颈部水肿明显,颈静脉怒张,呼吸浅表、急速、困难。血象变化与创伤性网胃炎相同。心包穿刺多数情况下可抽出脓汁,气味恶臭。

【治　疗】　本病治疗可采用保守疗法和手术疗法。

(1)保守疗法　病畜站立,保持前高后低姿势,以减轻网胃压力,促进异物退出网胃壁。再使用磁铁棒经口投入网胃中,吸出金属异物。结合注射磺胺类药物或其他抗生素治疗有一定效果。伴发腹膜炎者,除大剂量使用抗生素外,还应注意对症治疗。

(2)手术治疗　早期如无并发症,可采取瘤胃切开术,从网胃壁摘除金属异物,同时加强护理,治愈率较高。一旦异物穿过网胃,进入腹腔或胸腔,一方面很难发现异物,另外一方面由于易引起脏器粘连,治愈率不高。创伤性心包炎者,建议淘汰处理。

瓣胃阻塞

中兽医称瓣胃阻塞为百叶干,是因瓣胃弛缓、收缩无力,内容物在瓣胃中停滞,水分被过度吸收而硬结并阻塞于瓣胃腔和瓣叶间,形成的以瓣胃体积增大、疼痛为特征的前胃疾病。本病多见于耕牛,奶牛也常发生。

【病　因】　原发性瓣胃阻塞主要因饲料粗、老、干、硬、难以消化,以致瓣胃内容物后移缓慢,内容物硬结而引起。另外,饲料过度粉碎、饲草铡得过于细小、长期饲喂精饲料如糠麸类等,或因饲料中混杂泥沙过多,饮水不足,缺乏运动等,都易引起本病。

继发性瓣胃阻塞多继发于前胃弛缓、创伤性网胃炎、瘤胃积食、皱胃阻塞或变位、迷走神经性消化不良、恶性卡他热等疾病。

【症　状】　病初以前胃弛缓为主要症状,当瓣胃严重阻塞后,食欲、反刍完全停止,粪便干、硬并呈串饼状,后期停止排粪,或仅有排粪动作而无粪便排出。瓣胃蠕动音减弱以至消失,压诊有痛感。机体脱水,鼻镜干燥、龟裂,空嚼,磨牙,间歇性臌气。直肠内空虚,仅有恶臭的黏液或少量暗黑色粪块附着于直肠壁。由于有毒分解产物被吸收,可引起自体中毒。

本病诊断较难,易和前胃弛缓、迷走神经性消化不良、皱胃阻塞、皱胃变位、肠便秘等相混淆。但瓣胃阻塞时,有瓣胃蠕动音减弱甚至消失,粪便呈特有的串饼状、细腻、黏液多,瓣胃区触诊疼痛等特征。穿刺瓣胃,内容物硬固,注射时阻力大,难以抽出瓣胃液。

【治　疗】　治疗原则是增强瓣胃运动功能,促进内容物软化和排除,以及对症治疗。

增强瓣胃运动功能,可静脉注射 10%氯化钠注射液 200ml,20%安钠咖注射液 10～20ml,配合皮下注射新斯的明 0.01～0.02g 或毛果芸香碱 0.02～0.05g(体弱者应慎用)。

促进瓣胃内容物软化和排除,可用盐类或油类泻剂灌服,亦可行瓣胃注射(右侧第九肋间与肩关节水平线相交处斜向对侧肘头进针 6~12cm),即用 10％硫酸钠溶液 2 000~3 000ml、液状石蜡 300~500ml、普鲁卡因 2g,溶解混合后一次瓣胃内注射,同时配合应用健胃剂如橙皮酊、大黄酊等。

根据具体情况对症治疗,输糖,补液,强心,防止脱水和自体中毒。配合抗菌消炎药则效果更好。

对顽固性病例,可根据病畜体况,通过瘤胃切开或皱胃切开,由胃孔用胃导管对瓣胃进行温水冲洗,排除阻塞物。

迷走神经性消化不良

本病是由于支配前胃和皱胃的迷走神经腹支受到损伤而引起的胃脏不同程度的弛缓或麻痹,以致瘤胃内容物运转迟滞,发生瘤胃臌气、消化障碍、排泄糊状粪便为特征的一种综合征。本病主要见于牛。

【病　因】　主要因是创伤性网胃腹膜炎使得分布于网胃壁上的迷走神经腹支受到损害,也有的因迷走神经胸支受到肺结核或淋巴肿瘤的侵害和影响而发病。另外,瘤胃和网胃的放线杆菌病、膈疝、绵羊肉孢子虫病和细颈囊尾蚴病,亦可引发本病。

【症　状】　迷走神经性消化不良可分为以下三种类型。

(1)瘤胃弛缓型　见于妊娠后期乃至产犊后,主要表现瘤胃弛缓的临床症状,用拟胆碱类药物兴奋副交感神经不见好转。

(2)瘤胃膨胀型　疾病的发生与妊娠和分娩无关。临床主要症状是瘤胃运动过度,胃内充满气体,肚腹膨胀。食欲减退,消化障碍,迅速消瘦,而瘤胃收缩却仍然有力,蠕动音持续不断。

(3)幽门阻塞型　多数病例常于妊娠后期发生。病牛厌食,消化功能障碍,粪便呈糊状。肚腹不膨胀,无全身反应。末期心脏衰弱,脉搏疾速。尤其引人注意的是皱胃阻塞,右下腹部膨大。

本病一开始常被误诊为前胃弛缓,但按前胃弛缓给予副交感神经兴奋药治疗,其反应甚微。亦可被误诊为慢性瘤胃臌气,但按瘤胃臌气治疗,收效也不大。

本病治疗效果较差,一旦确诊,应立即淘汰。

反刍家畜皱胃疾病

反刍家畜的皱胃疾病包括皱胃阻塞、皱胃炎、皱胃变位和皱胃溃疡等。

【病　因】　皱胃阻塞的发生主要是与饲料、饲养或管理不当有关。如饲料中缺乏青绿饲料,饲喂过多粗、硬难以消化的秸秆类饲料,尤其是铡得较短的稻草、麦秸等;长期大量饲喂糠麸类饲料、粉渣类饲料、棉籽壳;饲料夹杂泥沙过多,过食高蛋白质饲料;幽门被毛球或误食的破布、塑料袋、绳索等异物堵塞等。

皱胃阻塞如进一步发展则可引发皱胃炎。饲喂霉败、含某些化学物质或有毒植物的饲料也可引起皱胃炎。再继续发展,则可引发皱胃溃疡。目前认为,各种应激和变态反应性因素如拥挤、长途运输、高温、中毒、感染、创伤和疼痛等也与皱胃溃疡的发生关系密切。

皱胃变位的主要原因有皱胃弛缓和皱胃机械性转移两种。皱胃弛缓除有饲养管理不当的原因外,还与胃酸过多导致神经末梢损伤、生产瘫痪、酮病等代谢紊乱有关,造成皱胃扩张和充气,容易受压而被迫游走;机械性因素可见于分娩、爬跨、起卧、翻滚、跳跃等腹内压急剧变化时,其中分娩是最常见的致病因素。

【症　状】

(1)皱胃阻塞　病初呈前胃弛缓症状,食欲、反刍减退或消失。以后食欲废绝,反刍停止,瘤胃内容物胀满,前胃蠕动音消失。常有排粪姿势,间或排出少量棕褐色糊状粪便,混有少量黏液,或夹杂紫黑色血块和凝血块,气味恶臭。鼻镜干燥,贪饮。病情进一步发展,可见右侧腹下方略向外侧突出。左侧半仰卧保定则可发现右侧腹下沉重而庞大的皱胃,于剑状软骨后方推之可以感知皱胃晃动,并有疼痛反应。如穿刺并注入生理盐水后再回抽少许进行检验,其 pH 小于 4。与此同时,瘤胃内积液,冲击式触诊有拍水音。病畜难起、难卧、难行走,运步十分小心。后期多因体质极度衰弱,或因皱胃破裂、穿孔而迅速死亡。本病病程多在 1～3 周或以上,若不及时进行手术治疗,预后往往不良。

(2)皱胃炎　主要表现严重的消化不良,病畜腹痛,口腔干、黏、臭,有的体温略升高,食欲减退或消失,反刍减弱或停止,皱胃区触诊有疼痛反应。肠道弛缓、便秘,粪呈球状、表面被覆黏液。继发肠炎时则出现腹泻。

(3)皱胃溃疡　多为慢性经过,症状常不明显,消化不良,体质消瘦。严重病例可有腹痛、厌食,粪便呈黑褐色。如出血多,则黏膜苍白,粪便呈黑红色,渐进性贫血,一旦溃疡穿孔,则体温升高,热型不定,数小时内休克死亡。犊牛、成年牛都可发生。屠宰时可发现黏膜有溃疡性病变。

(4)皱胃变位　有左方变位(皱胃通过瘤胃下方移至瘤胃左侧,位于瘤胃与左腹壁之间)、前方变位(皱胃向前方扭转,置于瓣胃与膈肌之间)和后方变位(皱胃向后方扭转至肝脏与右腹壁之间)三种类型,后两者又合称为皱胃右方变位,临床上习惯把皱胃左方变位称为皱胃变位,把右方变位称为皱胃扭转。前者发病率高,而后者病情重剧。本病主要发生于奶牛。左方变位主要发生于高产奶牛,多在产后发生,少数于妊娠后期发生。

左方变位的牛,其临床表现均为渐进性变化,如食欲逐渐减少,仅能采食一些粗饲料或少许谷物。产奶量随采食减少而减少,粪便量亦逐渐减少。有时便秘与腹泻交替发生。部分牛的颈部皮肤可闻到酮味。瘤胃蠕动音大多听不清或似从远方传来。当瘤胃蠕动时,还可引起皱胃疼痛,病牛常有踏步、顾腹等特征。同时,在左侧可听到皱胃蠕动音,如流水音或咕噜音。于左腹壁听到皱胃蠕动音处穿刺,抽出部分内容物检验,其 pH 低于 4,无纤毛虫。左侧腰旁窝听诊,并在左侧最后几个肋骨处用手指轻敲,可听到铿锵的金属音。

皱胃右方变位的临床表现与左方变位完全不同,不论是向前扭转还是向后扭转,由于系带受到剧烈牵拉,幽门位置完全改变,导致幽门阻塞、皱胃臌气,因而病畜表现明显的腹痛,背下沉,蹲伏,心跳约 110 次/min,粪便中混有血液。由于皱胃臌气,作冲击式触诊,可听到液体震荡音,发病后 3～4d,在右侧腰旁窝听诊或于右肋弓下以手指叩诊时,可听到钢管音或乒乓音。穿刺皱胃液呈红褐色,pH 低于 4,无纤毛虫。直肠检查时,有时可以摸到臌气的皱胃壁。严重病例可因剧烈疼痛而休克。有时因皱胃高度扩张,引起破裂和突然死亡。轻度变位时病程较长,可达 10～14d,重度扭转仅 2～3d 即死亡。

【治　疗】

(1)皱胃阻塞　首先改善饲料品质,纠正不合理的饲养与管理方式,减少各种应激因素刺激。采用消积化滞、防腐制酵、缓解幽门痉挛、促进胃排空、防止脱水和自体中毒等措施。

病初皱胃运动功能尚未完全消失时,可用油类或盐类泻剂如硫酸钠 300～400g、植物油 500～1 000ml 灌服。也可用中药大承气汤加减泻下。防腐制酵可应用鱼石脂酒精灌服,但病后期脱水时禁用。

缓解幽门痉挛、促进胃排空可用乳酸 5～8ml、稀盐酸 30～40ml、25％硫酸镁溶液 500～1 000ml 或生理盐水 1 000～2 000ml,直接行皱胃注射。或用胃蛋白酶 80g、稀盐酸 40ml、陈皮酊 40ml、番木鳖酊 20ml 内服,每日 1 次,连用 3d。

增强胃肠及心脏功能可用 10％氯化钠注射液 200～300ml、20％安钠咖注射液 10～20ml,静脉注射。为防止自体中毒,可用樟脑酒精 200～300ml 静脉注射。根据脱水性质和程度进行输液,通常使用5％葡萄糖氯化钠注射液3 000ml、20％安钠咖注射液10ml、40％乌洛托品注射液30ml、维生素C 1g静脉注射。配合应用抗生素防止继发感染。

如经上述治疗3～5d仍未见效者,特别是继发瓣胃阻塞时,应及时采取手术治疗。切开皱胃,用有压力的水管(温水)冲洗皱胃内容物,并继续冲洗瓣胃内容物,导出过多的瘤胃液,同时配合支持疗法。

(2)皱胃炎 清理胃肠,消炎止痛,具体方法可参考胃肠炎的治疗。

(3)皱胃溃疡 多采用健脾理气、抗酸制酵、消炎止血等对症性治疗措施。中和过多的胃酸,特别是精饲料过多、过细时,可适当加大一定比例的碳酸氢钠、氧化镁或次硝酸铋用量。促进溃疡面愈合,减少出血,可选用氯化钙注射液、葡萄糖酸钙注射液及维生素K和维生素C做辅助治疗。

(4)皱胃左方变位 可用滚转法和手术法使其复位。

①滚转法 病牛禁食数日,适当限制饮水,并穿刺排除皱胃内气体。让病牛呈左侧卧姿势,再转成仰卧式,将四肢捆绑后以一木棍穿过,先向左侧滚动45°,如此重复几次,再使病牛呈右侧卧,再突然回到正中,使病牛呈仰卧姿势,最后使之站立。如已复位,病牛安静,左侧腰旁窝听诊或左肋弓叩诊听不到金属音;如尚未复位,可使牛倒卧后重复按上法滚转。一旦整复后,可用毛果芸香碱治疗,以促进胃肠蠕动。此法有一定的成功率。

②手术法 如滚转整复法无效,应及时做手术整复。自左侧腰椎横突下方30cm、肋弓后6～8cm的腹壁处,做15～20cm的垂直切口,打开腹腔。用带长胶管的针头穿刺皱胃,放出气体和部分液体。牵引皱胃至切口处,用长约1m的肠线或丝线,一端在皱胃大弯的大网膜附着部做褥式缝合并打结,另一端带缝针放于术者掌中随推送到正常位置的皱胃到右侧腹腔底部,按皱胃正常体表

投影位置将缝合针穿出腹壁,由助手将其拉紧,打结固定。

(5)皱胃右方变位 其无法用滚转整复法复位,必须尽快手术整复。切口在右侧,最后应将复位的皱胃胃壁与切口处腹膜一同缝合固定,以免复发。

应注意术后护理与治疗,防止感染,纠正水、电解质和酸碱失衡。以上治疗无效者,则应及早淘汰。

马 疝 痛

兽医临床上习惯把马属动物的腹痛统称为马疝痛。中兽医称为起卧症、结症,具有发病急、发展快和明显腹痛等特征。本类疾病包括胃扩张、肠阻塞、肠痉挛、肠臌气、肠积沙、肠变位和肠系膜动脉栓塞等一系列疾病。

【病　因】 饲养、管理和使役不当是主要原因,如突然由放牧改为舍饲、草料骤变、过量采食谷物和豆类等容易膨胀或发酵的饲料;饲料过于单一,尤其是缺乏容积性饲料;饲料品质不良、霉败、发酵、混有沙土、炉渣、煤炭等异物;剧烈使役特别是饲喂后立即使役,饮冷水;气温骤变、受寒、淋雨、露宿;饮水不足、食盐不足等。而肠系膜动脉栓塞引起的疼痛,则多与蠕虫(如戴拉风线虫)寄生引起的前肠系膜动脉瘤有关。

另外,牙齿、齿槽、颌骨疾患,口腔和唾液腺疾病所引起的消化不良,胃肠功能紊乱、炎症等因素的存在,以及马属动物胃肠道的解剖特点等均易引起马疝痛的发生。

【症　状】 马疝痛的症状主要表现在腹痛、脱水、循环障碍和中毒性休克等几个方面。因疾病的部位、发病原因及疾病性质的不同而有所不同。

(1)腹痛 按腹痛性质,可分为痉挛性、臌胀性、牵引性和腹膜性疼痛。

①痉挛性疼痛 是胃肠平滑肌强烈痉挛性收缩所引起,呈阵

发性。发作时病畜急起急卧或倒地滚转,疼痛剧烈,肠音一般高朗;在腹痛间歇期,则安静站立。临床上多见于肠痉挛。

②膨胀性疼痛　是胃肠内积聚过量的饲料、气体或液体,胃肠壁膨胀所引起,以持续性腹痛为特点。临床上多见于急性胃扩张、肠臌气等。

③牵引性疼痛　是肠管位置改变,肠系膜受到强烈牵拉所引起,其特点是腹痛持续而剧烈。病畜较长时间持续拱背、仰卧抱胸或四肢集于腹下等姿势。临床上多见于肠变位。

④腹膜性疼痛　是腹膜感受器受刺激所引起,以弥漫性剧痛为特点。病畜多取拱背呆立而不愿行动的姿势。临床上多见于肠变位后期、胃破裂等伴发腹膜炎时。

另外,按腹痛的程度不同,分为轻度、中度和剧烈腹痛三种。轻度腹痛一般表现前肢刨地,后肢踢腹,回头顾腹,长时间取倒卧姿势,四肢伸展。腹痛间歇期长,一般不滚动,常见于大结肠阻塞。中等程度的腹痛一般除表现有回顾腹部和前肢刨地外,病马往往低头后蹲,细步急走,十分不安,或有卧地滚转。疼痛间隙期稍长,常见于骨盆弯曲部阻塞。剧烈疼痛病马骚动不安,急起急卧,有时猛然摔倒,急剧滚转,不听呼唤,有的仰卧抱胸,有的呈犬坐姿势。全身出汗,疼痛间歇期短,甚至呈持续性,多见于肠变位、小结肠阻塞和急性胃扩张等。

应注意的是,同一种疾病的不同发展时期,可以有不同性质的疝痛,即使同一发展时期,也可以同时出现不同性质的疝痛。此外,马、骡的腹痛反应要比驴明显得多;年幼的要比老龄的反应严重;腹痛程度在病的初、中期比后期要明显;小肠部位比大肠部位剧烈。

(2)脱水　因胃肠功能的紊乱及腹痛等原因,病畜常停止采食和饮水,加上出汗、呕吐或腹泻等因素,马疝痛病畜经常表现有脱水症状。主要表现尿量显著减少,皮肤弹性降低,血浆蛋白含量增加,倦怠无力。严重者尿量极少甚至无尿,眼窝下陷,血浆蛋白含量明显增高,有时呈现神经症状。

(3)循环障碍 因脱水及电解质的丢失,可引起循环血量减少,血压下降,严重者心力衰竭、休克。

(4)中毒性休克 胃肠内容物异常发酵产生的毒素被吸收后可引起微循环障碍,促进休克的发生。休克的早期,病畜表现耳、鼻、四肢下端发凉,心跳加快,尿量逐渐减少;晚期,表现为皮温降低,黏膜发绀,脉微欲绝,体表静脉塌陷,尿少或无尿,精神沉郁,反应极为迟钝。

【诊　断】　马疝痛发病急剧,发病率和死亡率均高,因此对本病快速而正确的诊断尤为重要。通常分为问诊、一般检查和特殊检查三个阶段进行。

问诊和一般检查,要求在短时间内完成,以免贻误治疗时机。问诊主要是对发病时间、背景、腹痛经过表现、排粪及排尿情况、治疗经过等进行重点了解,以判断可能病因、病程、腹痛性质与程度、治疗效果等。一般检查包括体温、可视黏膜颜色、心脏状况、脉搏、呼吸、腹围、胃肠蠕动音及腹痛表现等内容,对初步诊断意义重大。如体温升高,可考虑是否继发有腹膜炎;口腔干燥,一般为肠便秘的表现,而口腔湿润,剧烈的阵发性疼痛是肠痉挛的特有表现;口腔酸臭和有舌苔,是胃扩张的表现;腹部胀气,腹围扩大明显,为肠臌气的特征,而一般性胀气多为小结肠阻塞继发的前部肠管充气的结果;病畜小心卧地,是大肠阻塞和食滞性胃扩张的特征,犬坐姿势说明是胃扩张;疝痛突然消失,精神极为沉郁,全身大汗,肌肉发抖,这是胃肠破裂的特征。

特殊检查包括胃管检查、腹腔穿刺、直肠检查和血液检验等,兼有诊断和初步治疗的作用。如怀疑为急性或慢性胃扩张者,胃管导出液酸臭或呈实质感。否则,可排除胃性疝痛。

直肠检查则可用以判定肠便秘的部位及肠变位的类型,并可对有无胃扩张、肠结石、肠系膜动脉瘤以及是否是由肾脏、膀胱、子宫等引起的假性疝痛加以判定。

腹腔穿刺,根据穿刺液理化性状进行分析,如穿刺液为渗出液时,可判定继发了腹膜炎,且多与肠变位、肠系膜动脉栓塞或胃肠破裂等有关。

血液检查,血沉变慢,白细胞数相对增加,红细胞压积(PCV)增大,血浆总蛋白增加等可判定机体脱水,对预后判断及确定治疗方案意义较大。

【治 疗】 以及时治疗和采取综合性措施为原则,根据发病部位、疾病性质和阶段采取相应的措施。

(1)缓解疼痛 轻度腹痛一般不需镇痛,病因去除后即自行消失。但剧烈腹痛可加重病情甚至威胁到病畜生命,必须使用水合氯醛或安乃近等药物予以镇痛。根据疝痛的性质,施行不同的药物疗法,如胃扩张、肠便秘和肠臌气等,可有选择地应用缓泻剂,还要注意应用辅助和对症疗法的一些药物。

(2)疏通胃肠道 是治疗阻塞性马疝痛的关键,最常用的方法是采用盐类或油类(忌用蓖麻油)缓泻剂泻下。胃扩张者还可用胃导管洗胃、排气;肠便秘者可用肥皂水灌肠和掏粪捶结等方法疏通肠道;必要时,尤其是肠变位者应使用手术疗法。

(3)纠正体液失衡 根据具体情况,使用不同的补液剂纠正脱水,恢复体液离子和酸碱平衡。补液量以红细胞压积的变化为依据,胃扩张者主要补充氯离子和钠离子,肠阻塞者补充碳酸氢钠。

(4)防止机体内中毒 静脉注射 5%葡萄糖氯化钠注射液以加强肝脏的解毒能力,口服鱼石脂酒精抑制胃肠异常发酵,也可适当使用抗生素。

(5)加强护理、对症治疗 防止马、驴在地上打滚,及时供给饮水,不让家畜采食得过多。注意心脏功能的监护,必要时可使用安钠咖强心。

【预 防】 加强饲养管理工作,防止各种不良因素的侵扰;饲喂优质、多样、清洁的饲料,饲喂应定时、定量,饮水应卫生并充足,严禁突然改变饲料、食后立即使役、使役过重等;防遭风寒、贼风和冷雨等袭击。

胃肠炎

兽医临床上,习惯把胃肠黏膜浅表的炎症称为胃肠卡他(或称为消化不良),而把胃肠黏膜及深层组织发生的炎症称为胃肠炎。胃肠炎以严重的胃肠功能紊乱、脱水、自体中毒或毒血症症状,胃肠壁出现充血、出血、化脓或坏死等病变为特征。各种家畜均可发生。按病理过程分为急性和慢性胃肠炎两种,但急性者更为多见。

【病　因】　不良的饲养和管理方式是胃肠炎发病的主要原因,如草料霉烂、变质、酸败、发热,或饲料受到化学药品如酸、碱、重金属盐类及农药污染;营养不良、过重使役、长途运输等引起家畜抵抗力下降;淋雨、露宿、地面潮湿、饮水不洁、食后立即重役;天气突然变冷或过热、分娩、发情等应激。这些因素作用于家畜,常先引起胃肠卡他,进一步发展则转变为胃肠炎。

使用健胃剂不当,或使用对胃黏膜有明显刺激作用的药物,如大黄散、人工盐、吐酒石等也可引发本病。

滥用抗生素造成消化道内微生物菌群失调或产生耐药性,引起二重感染或耐药菌株大量增殖,可导致胃肠剧烈炎症。如霉菌性肠炎、大肠杆菌性肠炎、坏死杆菌性肠炎等。

继发性胃肠炎常见于某些病毒性传染病(猪瘟、猪传染性胃肠炎、犬瘟热、细小病毒病)、细菌性传染病(猪副伤寒、鸡白痢、牛结核病)、寄生虫病(鸡球虫病、猪蛔虫病)及某些内科病如急性胃扩张、胃肠代谢功能紊乱等。

【症　状】　病初常表现急性消化不良、食欲下降、呕吐、贪饮、腹泻、肠音亢进、腹痛等症状。以后逐渐或迅速地出现胃肠炎症状。

(1)胃肠功能严重紊乱　表现为腹痛,水样泻下,粪便中常夹有血液、黏液、泡沫,气味恶臭,甚至里急后重、失禁自痢。肠音初期加强,后期减弱以至消失。口干,舌苔厚、黄、腻,饮欲增加或拒绝饮水,食欲减少或废绝,反刍停止。猪、犬、猫还表现为呕吐,严重者呕吐物带有血液和胆汁。

(2)脱水　随着病情发展,家畜迅速表现失水,眼窝下陷,皮肤弹性降低,血液黏稠,尿量减少。

(3)全身症状　精神高度沉郁,可视黏膜先潮红后黄染或发绀,呼吸困难,体温开始升高 1℃～2℃,但后期则有下降趋势,四肢厥冷。

实验室检查红细胞压积升高,血红蛋白含量升高,红细胞数、白细胞数、嗜中性粒细胞数都相对增多。尿液比重增加,尿液中含多量蛋白质,尿沉渣内有上皮细胞、红细胞和尿圆柱。

【诊　断】　根据上述症状可初步诊断为胃肠炎,但应注意区分是原发性胃肠炎,还是继发性胃肠炎,还应估计消化道发生病变的主要部位。若口臭显著、食欲废绝,病变主要在胃;若口干黏腻、口温较高,初期便秘并有轻度腹痛,腹泻出现较晚者,病变主要发生在小肠;若脱水迅速,腹泻剧烈,并有里急后重症状,主要病变在大肠。

【治　疗】　原则是排除病因,抑菌消炎,清肠制酵,保护胃肠黏膜,维护心脏功能,纠正酸中毒,防止脱水及电解质失衡。

(1)排除病因　饲养管理不当的应立即纠正,喂以新鲜、富有营养、易消化的饲料;其他疾病继发的应迅速查明原因,对症治疗。

(2)清肠制酵　排粪迟滞或粪便恶臭者,可采用缓泻剂,如液状石蜡或植物油类,大家畜 500～1 000ml,中小家畜 50～100ml,其中加入少量鱼石脂,并加适量温水灌服;人工盐或硫酸钠 200～400g,中小家畜 50～100g,配成 5% 溶液,加酒精 50ml、鱼石脂 10～20g,先用酒精把鱼石脂溶解后,再与人工盐或硫酸钠溶液混合,加适量温水灌服。

(3)抑制肠内病菌繁殖　根据病情和药敏试验,选用黄连素、土霉素、庆大霉素、小诺霉素、磺胺类药物、喹诺酮类药物(诺氟沙星、环丙沙星、氧氟沙星等)、头孢菌素类药物及其他抗菌药物口服或注射。

(4)纠正酸中毒,防止脱水,调节体液及电解质平衡 可静脉注射 5%葡萄糖氯化钠注射液 500～5 000ml,根据个体大小和脱水状况而定。同时,加入 5%碳酸氢钠(50mg/kg 体重),适量维生素 C,还应注意在注射液中加入适量 10%氯化钾注射液缓慢静脉注射。补液量的确定,可按红细胞压积而定,各种家畜红细胞压积相对稳定在 30%～40%,每超过 1%,大家畜应补充 800～1 000ml液体,中小家畜应补充 80～100ml。为了保持血容量,可加入适量低(中)分子右旋糖酐。也可口服补液盐(氯化钠 3.5g、氯化钾1.5g、碳酸氢钠 2.5g、葡萄糖 20g,加水 1 000ml)。

当胃肠内容物已排除,粪便臭味不太浓,但家畜仍然腹泻不止时,可使用胃肠黏膜保护剂和止泻剂,如药用炭、鞣酸蛋白、次硝酸铋、矽炭银等。必要时还应使用安钠咖、洋地黄等强心剂。

中草药治疗胃肠炎有较好效果,可用黄连解毒汤加味:黄连25g,黄芩 30g,黄柏 25g,栀子 25g,郁金 25g,大黄 25g,金银花50g,连翘 30g,乳香 18g,没药 18g,共研为末,开水冲调,候温灌服。也可用白头翁汤:白头翁72g,黄连 36g,黄柏 36g,秦皮 36g,水煎服。

【预 防】 改善家畜营养,建立合理的饲养和管理制度,改善畜舍环境;加强饲料的保管和调配,不喂发霉、酸败、不清洁的饲料。舍饲家畜饲料配方应基本固定,禁止突然改变;防止过食、饥饱不定和采食后立即使役;畜舍注意保暖,保持干燥和清洁卫生,定期进行驱虫,合理应用抗生素及对胃肠有刺激作用的药物。

腹 膜 炎

腹膜炎是因各种致病因素作用所造成腹膜的局限性或弥漫性

炎症,以腹痛、腹壁紧张、腹内脏器与腹膜粘连等为临床特征。各种家畜均可发生。

家畜的腹膜炎按病因可分为原发性腹膜炎和继发性腹膜炎;按发病范围可分为弥漫性腹膜炎和局限性腹膜炎;按其渗出液的性质可分为浆液性、浆液性纤维蛋白性、纤维蛋白性、乳糜性、出血性、化脓性及腐败性腹膜炎。临床上,牛、马以弥漫性腹膜炎,猪以大挑花去势而引起的局限性腹膜炎,禽以卵黄破裂而发生的卵黄性腹膜炎为多见。

【病　因】　原发性腹膜炎多因受寒、感冒、过劳,或受其他理化因素影响,机体防卫功能下降,某些病原微生物如大肠杆菌、沙门氏菌、巴氏杆菌、化脓性细菌等条件性致病菌乘机侵害腹膜引起。另外,腹膜被穿破(如腹壁透创、腹腔手术后感染、去势等),胃肠道、子宫破裂或穿孔,体内脓肿、肿瘤破裂,寄生虫虫体移行,禽卵落入腹腔等也可引起腹膜炎的发生。

继发性腹膜炎多因其他脏器和组织的炎症,细菌随病理产物扩散或借血液、淋巴液转移至腹腔引起,如顽固性肠便秘、肠变位、皱胃炎、子宫炎、肾炎、膀胱炎、胸膜炎和结核病、猪丹毒、巴氏杆菌病、霉菌病、猫传染性腹膜炎等。

【症　状】　因家畜的种类、机体抵抗力及发病原因的不同,腹膜炎的病程经过、波及范围也不同,表现的症状也不一致。

(1)急性弥漫性腹膜炎　病畜精神委顿,食欲减退或废绝;脉搏快而弱,胸式呼吸、浅表而急速,心跳加快,体温高达40℃,眼结膜潮红;腹痛,不愿行走和卧地,触诊腹壁紧张,病畜躲避或抵抗、呻吟;直肠检查,腹膜敏感、粗糙,腹腔内有较多渗出液者,叩诊呈水平浊音;因马属动物对腹膜炎敏感,严重者(如胃、肠穿孔)可在12h内死亡。小家畜则常卧于地面,多有呕吐现象。

(2)慢性弥漫性腹膜炎　渗出的腹水较多,严重时,病畜腹部下垂。病程较长的,多因腹膜与腹腔脏器粘连而影响消化道功能,表现消化不良和顽固性腹泻。病畜逐渐消瘦。直肠检查可感知腹膜粗糙、粘连。

(3)局限性腹膜炎 严重者与弥漫性腹膜炎症状相似,但一般程度较轻,仅发病局部触诊敏感,全身症状不明显。

【诊　断】 结合病史和症状可做出初步诊断,确诊应结合血液检查和腹腔穿刺液检查。急性腹膜炎时,血液白细胞数增多,嗜中性粒细胞增多,核左移;慢性腹膜炎时,白细胞总数正常或偏低。

腹膜炎时,穿刺液为渗出液性质,浑浊,比重 1.018 以上,遇空气后纤维蛋白凝固,形成白色或粉红色絮状物,离心沉淀后,可见大量白细胞、脓细胞和细菌。

【治　疗】 原则是去除病因,消炎止痛,制止渗出并促进渗出物吸收,对症治疗。

首先大剂量使用或联合应用广谱抗菌药物,配合 0.25%盐酸普鲁卡因注射液、5%葡萄糖注射液腹腔注射。同时,用青霉素、链霉素肌内注射,以控制炎症。渗出液过多者,应先抽出渗出液,再用 3%硼酸溶液洗涤腹腔后,注入抗菌药物。同时,针对各种原发或继发因素,采取相应措施。

为制止渗出,促进渗出物吸收,可用 10%氯化钙注射液或葡萄糖酸钙注射液静脉注射,并用 25%葡萄糖注射液、40%乌洛托品注射液、20%安钠咖注射液混合静脉注射。同时,口服氢氯噻嗪(双氢克尿噻)等强心利尿剂,以促进渗出物吸收和排出。

对症治疗可静脉注射撒乌安注射液防止自体中毒,肌内注射安乃近镇痛,口服人工盐和鱼石脂酒精等通肠制酵。同时,应加强护理,保持环境和病畜安静。最初 2d 应禁食,经静脉补给营养,病情好转后,再给予易消化的松软饲料。平时注意避免各种不良因素的刺激和影响,及时治疗各种原发病。

急性实质性肝炎

急性实质性肝炎是各种致病因素作用于肝脏,造成肝细胞或肝实质发生弥漫性的变性、坏死等炎症性变化的疾病,以黄疸、消化功能障碍和一定的神经症状为临床特征。各种畜(禽)均可发生。

【病　因】　常与一些中毒性危害有关,如采食有毒饲料(猪屎豆、羽扁豆、棉籽饼)、霉变和腐败饲料、毒物(磷、砷、氟)污染饲料,药物或添加剂使用不当、病毒感染(雏鸭病毒性肝炎、犬腺病毒病、牛病毒性肝炎)等。

【症　状】　急性实质性肝炎病畜,病初表现食欲下降,采食量减少,常有腹泻或便秘,或腹泻、便秘交替发生,粪臭难闻,粪便呈灰绿色或深褐色,并有皮肤瘙痒和眼结膜、口腔黏膜黄染现象。中、小家畜多有呕吐表现,肝区触诊疼痛,精神差,嗜睡,甚至昏迷;也有兴奋、共济失调、抽搐痉挛者。尿液颜色发暗,有的似油状。禽类和仔猪常有出血性素质。

转化为慢性时,表现长期消化不良,逐渐消瘦,黏膜苍白或黄染,全身水肿。如果继发肝硬化(间质增生)则腹水症状明显。

肝功能检查,初期血清常有精氨酸酶活性升高,山梨醇脱氢酶、γ-谷酰转肽酶活性也升高;急性发作期谷丙转氨酶、谷草转氨酶、乳酸脱氢酶活性均升高;后期则单胺氧化酶、碱性磷酸酶活性升高。血清蛋白质浓度下降,白蛋白与球蛋白比值下降。凝血酶原含量降低,血液凝固时间延长,故有出血倾向。血清黄疸指数升高,胆红素增加。

尿液检查,尿液中胆红素含量增加,尿蛋白质、肾上皮细胞和管型也常可检到。

【诊　断】　依据黄疸、消化不良、肝区疼痛、腹泻或便秘等临床症状可做出初步诊断。结合肝功能检查如血清酶活性升高等可确诊。继发性肝炎应对原发性疾病进行准确诊断。

【治　疗】　治疗原则是去除病因、抑制炎症、保肝利胆、对症治疗、加强护理。

(1)去除病因、抑制炎症　首先查明病因,如是饲料和有毒物质引起的应迅速纠正,继发性的应首先积极治疗原发病。减轻炎症反应,可用氢化可的松等皮质类激素进行治疗。当出现肝昏迷时,可使用甘露醇静脉注射,以改善脑循环。

(2)保肝利胆　用25%葡萄糖注射液、5%维生素C注射液、肝泰乐等静脉注射,用维生素 B_1 注射液和胰岛素肌内注射,口服谷氨酸、蛋氨酸、复合B族维生素等保肝。口服人工盐,小剂量皮下注射氨甲酰胆碱或毛果芸香碱等清肠利胆药物。

(2)对症治疗、加强护理　根据具体情况可进行制酵、止血、镇静、止痛等措施,保持家畜安静,喂给优质易消化、蛋白质含量高而脂肪含量低的饲料。

中医治疗宜采用保肝利胆、渗湿利水为主的治疗方法。如口服茵陈汤(茵陈200g,栀子80g,大黄40g,黄芩60g,板蓝根200g,水煎去渣,内服)、加味茵陈四逆汤等。

禽肌胃糜烂

禽肌胃糜烂也称肌胃角质炎,是指肌胃角质层及其肌层的一种坏死性炎症。临床上以食欲不振、精神委靡、消瘦、呕吐物发黑和排褐色稀便为特征。剖检可见肌胃角质膜炎症、糜烂、溃疡甚至穿孔,嗉囊及整个消化道内容物呈褐色,俗称黑嗉囊病。主要发生于1～5月龄的肉鸡,成年鸡、鹅亦可发生。

【病　因】　目前尚无定论。普遍认为本病与饲料中鱼粉的质量和数量有关。使用深海鱼鱼粉、腐败变质鱼粉和高温处理鱼粉的家禽,本病的发病率较高。劣质鱼粉喂量超过5%、正常鱼粉喂量超过15%时,本病的发生较为普遍。饲料中维生素 B_6、维生素 B_{12}、维生素K、维生素E及微量元素硒、锌等缺乏,拥挤、卫生不良及惊吓等应激因素刺激均可促进本病发生。

组氨酸与肌胃糜烂的发生关系密切。鱼粉尤其劣质鱼粉中有较高的组氨酸。亦有研究者将引起肌胃糜烂的物质称为肌胃糜烂素。这种物质可从鱼粉中分离到,能引起雏鸡发病。

【症　状】　病初精神不振,食欲减退,进而食欲废绝,羽毛蓬松,脚软无力,步态不稳,严重者卧地不起。典型的症状是口腔和鼻腔流出黑褐色物体,排出黑色稀软粪便,贫血,血液稀薄、呈粉红色,不易凝固。发病率高达 20%,常突然死亡。

剖检可见嗉囊和肠管内有黑褐色内容物,肌胃质地软,个别有畸形,肌胃与腺胃连接处有不同程度的糜烂、溃疡、出血,表面粗糙不易剥离,小肠充血、出血,个别有胃肠穿孔。

【治　疗】　一旦发病立即更换饲料,在饲料和饮水中加入0.2%～0.4%的碳酸氢钠,早、晚各 1 次,使用维生素 K、维生素C、安络血等止血药物,口服磺胺脒等消炎药物,防止并发感染。

【预　防】　控制鱼粉用量(肉鸡不超 12%),不饲喂发霉、变质的鱼粉,加强饲养管理,减少各种应激刺激。

肉鸡腹水症

肉鸡腹水症是发生于肉用仔鸡的一种以腹部膨大、腹腔积水、肝脏病变、心脏扩大等为特征的综合征。本病公鸡发病率高于母鸡,除肉用仔鸡外,蛋鸡、火鸡也可发病,是目前危害养禽业的一种重要疾病。

【病　因】　目前尚无定论。本病曾有高山病、毒性脂肪中毒、充血性心力衰竭、中毒性心脏病、禽水肿、肺动脉压综合征等多种病名,这足以说明本病成因复杂。

目前普遍认为,本病是由多方面因素综合作用的结果。如高海拔地区空气稀薄或平原地区养鸡舍通风不良(用塑料薄膜围成小环境)引起的氧气不足,肺脏因缺氧换气负担加重,肺压升高,迫使心脏超负荷工作致使右心肥大、心肌衰弱,影响血液循环,导致肝脏肿大、腹水增多。生长速度极快的 2~6 周龄肉鸡对缺氧尤为敏感,因此缺氧性心肺疾病被认为是导致肉鸡腹水症的主要原因。

另外,饲料或饮水中食盐含量过高,饲喂高能特别是高油脂饲料,饲料中缺乏硒、维生素 E 等,有毒脂肪、霉菌毒素、煤焦油消毒剂、植物毒素(猪屎豆碱)等中毒,葡萄球菌、大肠杆菌等细菌性因素等都被认为与本病的发生有关。

【症　状】　早期症状不明显,后期病鸡精神沉郁,羽毛蓬松,食欲下降,随后很快发展为"大肚子"病,腹部高度膨大,不能保持身体正常平衡,站立困难,以腹部着地呈企鹅状,行动困难,腹部皮肤发紫,用手触诊有明显波动感。针刺腹腔流出淡黄色或红色透明液体。肉冠及可视黏膜发绀,呼吸困难。在驱赶、捕捉等应激情况下,常可见突然抽搐,最后因心力衰竭而死亡。

剖检可见腹腔内积有多量腹水,有的已浓缩呈胶冻样。肝脏变形,早期肿大、质地变脆,晚期变小、硬化、颜色变淡;肝包膜增厚,切面可见肝正常结构消失。心脏明显增大 2~3 倍,以右心为甚,心肌松软,心外膜肥厚,心包液增多,心腔内淤血并有血凝块。肺脏充血、水肿,脾淤血、水肿,有的糜烂。

【治　疗】　本病的治疗主要是纠正不合理的饲养管理措施,调整日粮组成,补充维生素 C、维生素 E 和硒等,加强环境通风,降低饲养密度。必要时,可给予氢氯噻嗪和中药猪苓散,配合注射 10% 安钠咖注射液以强心利尿。

第二节　呼吸系统疾病防治

感　冒

感冒是在寒冷等因素作用下,使机体抵抗力下降而导致的以上呼吸道炎性变化为主的急性全身性疾病。以体温突然升高、恶寒、咳嗽、流鼻液和流泪为特征。各种家畜均可发生。

【病 因】 本病的发生与机体抵抗力下降，呼吸道常在性细菌乘机大量繁殖，受寒，特别是在早春、晚秋气候突变时，家畜适应力较差，极易发病。另外，饲养管理不当，如过度疲劳，劳役大汗后拴系于通风处，或冷雨浇淋、寒夜露宿等，均可引起发病。

【症 状】 病畜精神沉郁，低头耷耳；眼结膜充血、羞明流泪；体温升高，可达40℃以上；鼻端、耳尖及四肢末梢发凉；鼻黏膜充血、肿胀，有浆液性鼻液流出或打喷嚏、蹭鼻子；呼吸快而浅表，脉搏增强，频发咳嗽，肺泡呼吸音粗厉；肠音减弱或消失，猪多出现腹泻或便秘。病畜畏寒怕冷、皮肤紧缩、肌肉震颤。病猪喜钻草卧圈；牛反刍停止，磨牙，鼻镜干燥，常继发前胃弛缓。如治疗不及时，数日体温不降，则可能继发支气管炎或肺炎等。

【治 疗】 治疗原则为解热镇痛，驱风散寒，防止继发感染。

镇痛退热可用30%安乃近、复方氨基比林或复方奎宁注射液（孕畜忌用）等，马、牛20～30ml，猪、羊3～10ml，肌内注射。也可内服阿司匹林、氨基比林等。高热不退者，应及时应用抗生素或磺胺类药物，以防继发感染。必要时，可配合祛痰止咳、健胃、缓泻等对症治疗。让病畜充分休息，避风保暖，保证充足饮水，多食青绿饲料。

驱风散寒可内服荆防败毒散，荆芥45g，防风45g，柴胡、前胡、枳壳、羌活、独活、茯苓、桔梗各30g，甘草15g，水煎服，马、牛每日1剂。

做好御寒保温工作，加强饲养管理，增强机体抵抗力。

鼻 炎

鼻黏膜的炎症称为鼻炎。临床特征为打喷嚏、吸气困难、鼻鼾声和鼻液增多。各种家畜均可发病。

【病　　因】　原发性鼻炎多发生于感冒之后。鼻黏膜的机械性损伤(插入胃管动作粗暴,草茎、麦芒及昆虫等侵入鼻腔),不良理化因素的刺激(吸入氨、硫化氢、煤烟、尘埃、饲料碎片、霉菌孢子等)都能引起本病。

变应性鼻炎常见于犬和猫,如枯草热或过敏性鼻炎。

另外,鼻炎常伴发或继发于鼻疽、流行性感冒、马腺疫、出血性败血症、牛恶性卡他热、慢性猪肺疫、猪传染性萎缩性鼻炎、犬瘟热等传染病及咽喉炎、副鼻窦炎、肺炎等疾病。

【症　　状】　病初精神不振,体温略有升高,鼻黏膜潮红、肿胀,常打喷嚏,摇头,抓弄或摩擦鼻部。呼吸时发鼻塞音,大家畜常有鼾声。一侧或两侧鼻孔流出鼻液,由浆液性变为黏液性或黏液脓性,最后逐渐减少、变干,呈干痂状附于鼻孔周围。有时下颌淋巴结肿胀。

慢性鼻炎可持续数周至数月,鼻液呈黏液性或脓性,如呈腐败性则发出恶臭味,鼻黏膜肿胀、肥厚、凹凸不平,呈灰白色或蓝红色,严重的往往见有糜烂、溃疡及瘢痕。

【治　　疗】　原则是消除致病因素,改善畜舍环境。轻症可不治而愈,重症者可选用1%碳酸氢钠溶液或2%硼酸溶液等黏膜消毒防腐液冲洗鼻腔,每日2次,冲洗后涂以红霉素或磺胺软膏。鼻黏膜高度肿胀时,可涂布血管收缩剂,如0.1%肾上腺素溶液或滴鼻净。慢性鼻炎可涂搽1%氯化锌溶液或硝酸银溶液。鼻甲骨坏死时,可冲洗鼻腔,施行圆锯术并取出坏死组织。

副鼻窦炎

副鼻窦炎是上颌窦和额窦黏膜的炎症,多取慢性经过,以一侧性病变居多。

本病可因面部挫伤、骨折等机械损伤,草料残渣、麦芒等异物进入窦腔刺激而引起,也可继发于鼻咽黏膜炎、上臼齿齿槽骨膜炎、龋齿、鼻疽、马腺疫、恶性卡他热等。

病畜持续性一侧(少数为两侧)鼻孔流鼻液,鼻液呈浆液性、黏液性以至脓性或腐臭鼻液,时多时少,运动后特别是低头时可排出大量鼻液。后期因鼻黏膜肥厚和窦腔蓄脓,出现吸气性呼吸困难和鼻狭窄音。额部或上额部触诊敏感、增温、隆起,骨质变软时,指压有颤动感,叩诊呈浊音,穿刺有脓液。

应用抗生素或磺胺类药物消炎治疗,也可行药物蒸气吸入疗法。根本的治疗方法是做圆锯术,吸出窦腔内的脓液,清除坏死组织和异物,用 0.1%高锰酸钾溶液冲洗,用灭菌纱布吸干后,注入0.25%普鲁卡因青霉素注射液或松碘油膏(松馏油 5ml,碘仿 3g,蓖麻油 100ml),做假缝合,术后几日内,每日或隔日换药 1 次。

鼻 出 血

鼻出血是指鼻腔或副鼻窦等黏膜血管破裂,血液从鼻孔流出的现象。

【病　因】　鼻出血的发生多与机械性损伤有关,如打斗、异物进入鼻腔、投胃管时动作粗暴等损伤鼻腔黏膜,引起出血;鼻息肉、炎症、坏死、溃疡、血管病变、肿瘤等也可导致鼻出血;患日射病、热射病时,病畜头部充血,鼻腔毛细血管易于破裂出血。另外,某些传染病(炭疽、马鼻疽、马传染性贫血等)、维生素 C 和维生素 K 缺乏症、白血病、血斑病以及一些中毒病均可伴发或继发鼻出血。

【症　状】　血液从一侧或双侧鼻孔呈点滴状、线状或喷射状流出,多为鲜红色,不含气泡或仅有少量较大的气泡。机械损伤引起的鼻出血多为一侧性流纯净血液,其他因素引起常呈双侧性,有的还混有黏液或脓液。持续大量的出血,病畜可出现急性失血性贫血,表现为黏膜苍白、呼吸困难、四肢厥冷等。

【治　疗】　出血少时,可冷敷额部和鼻梁,保持头部高首及安静,一般数分钟至几十分钟即可止血。如出血不止或大出血,可向鼻腔内灌入 2％明矾溶液、1％鞣酸溶液或 10％明胶溶液。一侧鼻孔出血不止的,可用浸有 10％氯化高铁溶液或 0.1％肾上腺素溶液,或撒有止血粉的纱布填塞鼻腔,压迫止血,经一昼夜后取出(纱布上系一结实长线,固定于笼头上,便于取出)。同时,可缓慢静脉注射 10％氯化钙注射液或肌内注射安络血注射液,静脉注射止血敏等。

喉　炎

喉炎的发病原因与咽炎相似,多与受寒感冒及一些机械性、物理性或化学性刺激有关,也可因邻近部位炎症的蔓延或转移而致,或继发于某些传染病。

喉炎除有与咽炎相似的症状外,往往还表现有明显的咳嗽、呼吸困难等症状。

本病的治疗可参见咽炎,但应注意祛痰镇咳,防止窒息。

喉偏瘫

喉偏瘫也称喘鸣症,是因支配勺状软骨的内收肌和外展肌系统发生轻瘫或麻痹,导致喉腔狭窄,引起吸气性呼吸困难、吸气时伴发异常音响(喘鸣)为特征的疾病。本病以左侧喉肌麻痹为多见,故称喉偏瘫。

本病的发生与返神经(喉后神经)的萎缩和损伤有关,其病因复杂,目前尚不完全清楚。

喉偏瘫的治疗可采用药物治疗、针灸疗法和电针疗法等。严重者应行手术疗法,切除麻痹的声带和勺状软骨。

支气管炎

支气管炎是支气管黏膜表层或深层的炎症。在临床上以咳嗽、流鼻液与不定型热为特征。各种家畜均可发病,幼畜和老年畜多发,早春和晚秋多发。按病程可分为急性和慢性两种,按炎症部位可分为支气管炎和细支气管炎 2 种。

【病　因】　受寒感冒是引起急性支气管炎的主要原因。当家畜机体受寒时,其抵抗力降低,特别是支气管黏膜防卫功能减弱,非特异性细菌如肺炎球菌、巴氏杆菌、链球菌、葡萄球菌、化脓杆菌、霉菌孢子等,得以发育繁殖或乘虚而入呈现致病作用。因此,在寒冷、多风和雨雪的夜晚,牧场、运动场的家畜常发生支气管炎。另外,吸入刺激性物质,误咽或投药误入气管,都能刺激支气管黏膜而导致支气管炎。

慢性支气管炎常因急性支气管炎治疗不当,以及致病因素未能及时除去,长期反复作用而引起。顽固性肺循环障碍性疾病,如肺结核、肺气肿和心脏瓣膜病等,也可引起支气管的慢性炎症过程。

【症　状】

(1)急性支气管炎　主要症状是咳嗽,初期为短咳、干咳,以后变为长咳、湿咳。病初流浆液性鼻液,以后流黏液性或黏液脓性鼻液。胸部听诊,肺泡呼吸音增强,可听到干、湿啰音,叩诊无明显变化。

体温正常或升高,呼吸、脉搏稍增数。当发生细支气管炎时,病畜全身症状较重,食欲减退,体温升高 1℃～2℃,呈现呼气性呼吸困难,结膜发绀。

当发生腐败性支气管炎时,除上述症状外,呼出气带恶臭味,两侧鼻孔流污秽不洁和带腐败臭味的鼻液,全身症状更为重剧。

(2)慢性支气管炎　主要症状为持续性咳嗽,尤其在运动、采食及早晚气温降低时更为明显,而且多为剧烈的干咳。鼻液少而黏稠。胸部听诊,可长期听到干啰音,叩诊一般无变化。病程长久,时轻时重,当气温骤变或剧烈运动时,症状加重。

【治　疗】　消除致病因素,祛痰止咳,抗菌消炎,必要时结合应用抗过敏药物。

牛可用氯化铵 20g,复方樟脑酊 40ml,加适量水一次灌服;磺胺嘧啶注射液 50ml,肌内注射,每日 2 次,连用 5d,首次用量加倍。

酒石酸锑钾 3g,复方甘草合剂 120ml,溴樟脑 4g,分别口服。

青霉素 80 万 U,0.25％盐酸普鲁卡因注射液 20～40ml,一次气管内注射。青霉素 160 万 U,链霉素 100 万 U,溶于 15ml 注射用水内,缓慢注入气管内,每日 1 次,连用 5～6d 为 1 个疗程。

中药治疗可用紫苏散,紫苏、荆芥、防风、陈皮、茯苓、桔梗各 25g,姜半夏 20g,麻黄、甘草各 15g,共研为末,开水冲服。适用于外感风寒所导致的支气管炎。

加强耐寒锻炼,保持圈舍温暖、干燥、清洁,防止贼风侵袭,避免各种理化因素的刺激,保护呼吸道的防御功能,及时治疗容易继发支气管炎的各种疾病。

支气管肺炎

支气管肺炎又称小叶性肺炎,是支气管与肺小叶或肺小叶群同时发生的炎症。临床上以出现弛张热型,呼吸次数增多,叩诊有散在的局灶性浊音和听诊有捻发音等为特征。

【病　因】　原发性支气管炎主要是由受寒感冒、饲养管理失调、物理和化学因素刺激以及过度劳累等因素而引起,它们在某种程度上都能降低整个机体,特别是肺组织的抵抗力,为内源性和外源性细菌大量繁殖创造条件,以至引发本病。这些病原菌均是非特异性的,主要有衣原体、肺炎球菌、坏死杆菌、化脓棒状杆菌、沙门氏菌等。多数情况下,支气管肺炎是由支气管炎蔓延,逐渐波及所属肺小叶,引起肺泡炎症和渗出现象,导致小叶性肺炎。因此,凡是引起支气管炎的原因,也是引起支气管肺炎的原因。

炎症病变最初局限于支气管中,然后由支气管黏膜开始而蔓延至肺泡。细菌繁殖主要就在支气管和肺泡内容物中进行。支气管黏膜和肺泡先是充血肿胀,然后有浆液性和黏液性渗出物产生,上皮细胞脱落。支气管和肺泡脱落上皮的积聚和细胞浸润,使感染的细菌不容易被体液溶解,这就或多或少地限制了那些能促使渗出物迅速被溶解的特异性抗体的产生。

炎症过程发生于肺小叶,且呈跳跃式扩散,在临床上出现弛张热型,肺部存在着散在性的局灶性浊音区,X线透视可见局灶性阴影。

【症　状】　初期呈支气管炎症状,但全身症状重剧,病畜精神沉郁,食欲减少或废绝,口渴,瘤胃蠕动减弱,呈现前胃弛缓症状。泌乳量减少。体温高达 39.5℃~41℃,呈弛张热型。脉搏随着体温的变化而变化,病初稍强,以后变弱,增多时每分钟可达 60~100 次,犊牛则更多。呼吸困难,发炎的肺小叶数目越多,则呼吸越浅、越困难,呼吸频率可增至每分钟 40~100 次。

肺炎灶浅在时,胸部叩诊可发现小片浊音区,多在肺脏的前下方三角区域内;深在而被覆有健康肺组织时,可能无变化,或出现鼓音;如肺炎灶互相融合,则可能出现大片浊音区;如一侧肺脏发炎,则对侧叩诊音高朗。

血液变化比较明显,白细胞总数和嗜中性粒细胞增多,并伴有核左移现象,单核细胞增多,嗜酸性粒细胞缺乏。在伴有并发症而转归不良的奶牛血液中,经几天后,白细胞增多转变为白细胞与单核细胞减少症和嗜酸性粒细胞缺乏。

X线检查,显示肺脏纹理增粗,伴有小片状模糊阴影。

【治　疗】　消除病因,消炎止咳,制止渗出,促进吸收,重症配以强心补液。

牛可用氯化铵 20g,复方甘草合剂 150ml,加水适量口服;12%复方磺胺嘧啶注射液 50ml,肌内注射,每日 2 次,连用 5d,首次用量加倍。也可用青霉素、链霉素和头孢菌素类药物等抗菌消炎。

5%氯化钙注射液 100ml,10%安钠咖注射液 30ml,5%葡萄糖氯化钠注射液 500~1 000ml,静脉注射,适用于呼吸困难者。

青霉素 320 万~480 万 U,链霉素 200 万~400 万 U,0.5%盐

酸普鲁卡因注射液 10～20ml,注射用水 40ml,混合后一次气管内注射,每日 1 次,连用 2～4d。

中药治疗可用麻杏石甘汤加减:麻黄 15g,杏仁 8g,生石膏 90g,金银花 30g,连翘 30g,黄芩 24g,知母 24g,玄参 24g,生地黄 24g,麦门冬 24g,花粉 24g,桔梗 21g,共研为细末,以蜂蜜 250g 为引,开水冲服。

肺 炎

肺炎是指家畜肺实质的炎症,常伴有细支气管的炎症。病畜表现呼吸困难、咳嗽、呼吸有啰音、肺部叩诊呈现浊音区及体温升高等临床症状。本病是家畜呼吸系统最常见的疾病,各种家畜都可发病。

根据发病原因和病理变化的不同,临床上将肺炎分为以下几种:小叶性肺炎,也叫支气管肺炎或卡他性肺炎,是个别或几个肺小叶的炎症,同时支气管及细支气管也发生炎症,渗出物为浆液性,由上皮细胞、血浆和白细胞组成;大叶性肺炎,又名纤维素性肺炎或格鲁布性肺炎,是一个或几个肺大叶的急性炎症,渗出物为纤维蛋白性物质;吸入性肺炎,也叫异物性肺炎,是吸入异物或异物误入肺内而引起的肺炎,严重者腐败细菌侵入、肺组织坏死和分解,称之为坏疽性肺炎或肺坏疽;霉菌性肺炎,是由霉菌及其孢子吸入呼吸道而引起的肺炎。

【病 因】

(1)小叶性肺炎 请参阅支气管肺炎部分。

(2)大叶性肺炎 主要是因某些传染性病原微生物感染而导致发病,常见的有传染性胸膜肺炎、巴氏杆菌病,以及肺炎双球菌感染等。由致敏物质引起的变态反应也可发展为大叶性肺炎。

(3)吸入性肺炎 主要是投药不当,造成呛咳,药物进入气管。或将胃管插入气管,灌药入肺而引起。也可因吞咽功能障碍(如咽炎、咽麻痹、食管阻塞、破伤风等),造成饲料、呕吐物等误咽或吸入肺部而引起。另外,其他类型肺炎过程中继发腐败细菌感染、胸壁创伤感染也可引起肺坏疽。

(4)霉菌性肺炎 在潮湿、温暖的环境中,特别当饲料堆放时间过长或遇连绵阴雨时,霉菌及其孢子大量繁殖,极易被家畜吸入,当机体抵抗力减弱时即可造成感染,发生霉菌性肺炎。

【症 状】 咳嗽、呼吸困难、异常呼吸音等是各种肺炎的共同症状,但不同类型的肺炎又有各自的症状特征。

(1)小叶性肺炎 请参阅支气管肺炎部分。

(2)大叶性肺炎 体温升高至 40℃ 以上,呈稽留热;呼吸迫促,呈混合性呼吸困难;黏膜发绀,气喘,频频发生粗重痛咳、湿咳,流铁锈色或黄红色鼻液;胸腔渗出物为纤维素性,含纤维蛋白;胸部叩诊有广泛的浊音区;肺部听诊,充血期先出现肺泡呼吸音增强和干啰音、捻发音,随后出现湿啰音,肺泡呼吸音减弱,肝变期肺泡音消失,代之以支气管呼吸音,溶解期支气管呼吸音逐渐消失,再次出现啰音、捻发音;X 线检查,病变部呈现明显而广泛的阴影。

(3)吸入性肺炎 特征是呼出气体有恶臭味,两侧鼻孔流出奇臭的污秽鼻液,呈灰绿色或灰褐色带红色。取鼻液适量混于 10% 氢氧化钾溶液中煮沸,离心后取沉淀物镜检,可见肺组织分解的弹力纤维。胸部叩诊呈半浊音或浊音,已形成空洞的则呈现鼓音、金属音或破壶音,病灶部听诊有支气管呼吸音和水泡音。X 线检查可见局限性阴影。

(4)霉菌性肺炎 主要见于幼龄家畜和家禽,多发于温暖、潮湿的季节,症状与小叶性肺炎相似,但流出的鼻液发绿,镜检可见霉菌菌丝。主要病变为呼吸道黏膜的炎症,支气管黏膜及气囊增厚,内有灰白色或黄绿色菌苔,肺脏和支气管表面有黄色、灰色或灰白色结节,禽的气囊和胸膜上也有分布,显微镜检查见有菌丝或孢子。禽发生本病死亡率较高。

【治 疗】 原则是去除病因,抗菌消炎,祛痰止咳,制止渗出,对症治疗。

首先,消除引起或诱发肺炎的各种因素,纠正不合理的饲养管理措施,改善环境条件,保持病畜安静。传染病引起的还要隔离病畜。

抑菌消炎可选用青霉素、先锋霉素、红霉素、链霉素、卡那霉素等抗菌药物。有条件的最好先取鼻液进行细菌培养做药敏试验,根据结果选用高敏药物。对大叶性肺炎,还可使用新砷凡纳明(914),按每千克体重 15mg 的剂量,临用时溶于 500ml 生理盐水中,缓慢静脉注射,每隔 3 日注射 1 次,连用 3 次。

祛痰止咳可用氯化铵、复方樟脑酊等,只在咳嗽剧烈、非常痛苦时可用吗啡、可待因等止咳;用 10%氯化钙或葡萄糖酸钙注射液静脉注射以制止渗出。

并发脓毒血症时可用 10%磺胺嘧啶钠注射液 100ml,40%乌洛托品注射液 60ml,5%葡萄糖注射液 500ml 混合,一次静脉注射,每日 1 次。心力衰竭时可用强心剂,极度呼吸困难时可肌内注射丙酸二茶碱(喘定)或行氧气输入。

吸入性肺炎无确实治疗方法,关键在于预防,如胃管投药时要确实插入食管,灌药时要防止家畜呛咳。一旦有异物误入气管,应将病畜头放低,抬高后躯,促使异物咳出,迅速使用大剂量抗生素抑制肺部炎症,翌日用 10%葡萄糖氯化钙注射液静脉注射,以制止渗出,发生坏疽时要防止自体中毒,可静脉注射樟脑酒精,每日250ml。

霉菌性肺炎时用 0.03%硫酸铜溶液或 0.05%碘化钾溶液饮水,以抑制霉菌,也可使用制霉菌素(马、牛 500 万 U,羊、猪 100 万U,犬 10 万 U),拌于饲料中喂服,每日 3 次;也可选用灰黄霉素、阿奇霉素进行治疗,家禽每千克饲料中添加 50 万~100 万 U,连用 1~3 周。

胸 膜 炎

胸膜炎是伴有渗出液和纤维蛋白沉积的胸膜炎症。临床上以胸壁触痛、腹式呼吸、肺部听诊出现摩擦音、叩诊呈水平浊音以及胸腔内有纤维素性渗出物等为特征。各种家畜均可发生。

【病 因】 原发性胸膜炎可因胸壁挫伤、穿透伤感染或机体防御功能降低,病原微生物侵入胸腔所致。继发性胸膜炎继发于各种类型肺炎、牛创伤性网胃心包炎、胸部食管穿孔、肋骨和胸骨骨折等。也常继发于某些传染病,如马腺疫、传染性胸膜肺炎、结核病、猪肺疫、流行性感冒等。

【症 状】 病畜精神较差,食欲减退,体温高达 40℃,呈弛张热或不定型热。呼吸浅表频数,多呈间断性呼吸和腹式呼吸;多采取站立姿势,肘部外展,不愿走动,亦不愿卧下;胸壁震颤,有触痛感和叩击痛;渗出期行胸部叩诊,可于肩端水平线上下出现水平浊音,并随体位而改变;胸腔穿刺有较多渗出液,呈黄色或红黄色,内含大量纤维蛋白,易凝固;初期和吸收期胸部听诊可听到胸膜摩擦音或心包胸膜摩擦音。

轻症急性纤维素性胸膜炎可取良性经过,数日而愈。一般病例易复发而取间歇性经过并转为慢性,预后慎重。重症病例,如化脓性和出血性胸膜炎,多死于窒息和心力衰竭。

【治 疗】 消除炎症,制止渗出,促进渗出物吸收,防止自体中毒。

及时应用青霉素、链霉素、土霉素、头孢菌素类或磺胺类药物抗菌消炎。为促进炎症消散,可在胸壁上涂搽 10% 樟脑酒精或松节油等刺激剂,而后施行温热疗法。也可用紫外线照射或透热疗法进行治疗。

当胸腔积液过多时可行胸腔穿刺放液。化脓性胸膜炎在穿刺排液后,可用 0.1% 雷佛奴尔溶液冲洗胸腔,然后向胸腔内注入青霉素 320 万 U 和链霉素 2g。

制止渗出,可静脉注射 10％氯化钙注射液 100～200ml,每日 1 次,持续数日。

促进渗出液吸收和排泄,防止自体中毒,可应用强心剂、利尿剂,并静脉注射碳酸氢钠或乌洛托品注射液,以及高渗葡萄糖注射液和维生素 C 等。

肺 气 肿

肺气肿是肺泡过度气胀或肺间质发生充气的总称。据其发生的过程和性质,分为急性肺泡气肿、慢性肺泡气肿和肺间质气肿三种类型。临床以呼吸困难、肺叩诊区扩大为特征。各种家畜均可发生,比较多见的是慢性肺泡气肿和肺间质气肿。

【病　因】

(1)急性肺泡气肿　是肺泡组织弹力单纯性下降,肺泡极度气胀,但肺组织结构不发生变化的肺气肿。有弥漫性、局限性和代偿性之分。急性弥漫性肺泡气肿原发于突然的重度使役、急速奔跑、斗殴、剧烈挣扎及鸣叫,老年家畜易发。也可继发于支气管炎、肺炎、持续痉挛性咳嗽等病。急性局限性和代偿性肺泡气肿多继发于肺组织的局限性炎症如小叶性肺炎、一侧性气胸、支气管狭窄等。

(2)慢性肺泡气肿　肺组织结构发生变化,肺弹力纤维发生萎缩、肺泡破裂融合。多继发于急性肺泡气肿和慢性支气管卡他。经常过多喂给劣质粗干草,当饲料为粉末状或含较多尘土时也可引发本病。有人认为吸入霉菌孢子也有可能引起发病。

(3)肺间质气肿　最常见于牛,也称牛喘气病、非典型间质性肺炎等,是因肺泡、细支气管结构被破坏,气体进入肺小叶间结缔组织而造成,多由急性肺泡气肿发展而成;也见于某些中毒病,如霉变饲料、白苏、有机磷和铅中毒等。

【症　状】　急性肺泡气肿发病突然,表现呼吸困难,呼吸次数增加,运动和卧下时更为明显,眼结膜发绀,体表血管怒张。胸部叩诊呈广泛性过清音,肺叩诊界向后下方扩大,肺泡呼吸音减弱,当支气管狭窄时出现啰音。X线检查,肺野透明,膈肌后移且活动性减弱。

慢性肺泡气肿的症状逐渐出现,起初仅在劳役或运动时易疲劳、出汗、轻微呼吸困难。随病情发展,表现剧烈气喘,呼气困难,腹肌强力收缩,沿肋弓出现"息痨沟"(或称"喘线"),随着呼气与吸气的同时,出现肛门突出与回缩。胸部叩诊、听诊的变化与急性肺泡气肿类似。病程可达数月、数年甚至终生。

肺间质气肿常突然发生,剧烈气喘,多呈严重的呼气性困难,可能倒地窒息而死亡,尤其是变应性肺气肿可迅速死亡。体温一般不高,肺叩诊界一般不扩大,若伴发急性肺泡气肿,则后界后移。肺泡音减弱,可听到碎裂性啰音和捻发音。多数病例颈和肩部出现皮下气肿,压之有捻发音。

【治　疗】　急性肺泡气肿时,应保持环境安静、通风和温暖,给病畜以充分的休息。有严重呼吸困难者,可用1%硫酸阿托品、1%氨茶碱或0.5%异丙基肾上腺素溶液雾化吸入,每次用量2~4ml。也可用1%硫酸阿托品注射液皮下注射,大家畜1~3ml,小家畜0.5ml。出现窒息的可实施氧气疗法。

牛、马可使用祛痰合剂,先锋霉素3~6g,地塞米松30~40mg,1%氨茶碱注射液20ml,5%葡萄糖注射液1 000~2 000ml,一次静脉注射,兼有消炎、祛痰、平喘作用。

慢性肺泡气肿治疗较困难,特别是后期。应加强饲养管理,避免剧烈运动。必要时可应用缓解呼吸困难的药物,如阿托品、肾上腺素或麻黄素,心脏衰竭时可选用洋地黄或樟脑制剂等强心。但大多数病例应建议淘汰。

肺间质气肿的治疗更困难,应尽量减少各种刺激,使用苯海拉明或扑尔敏等抗过敏药物和青霉素等抗菌消炎药物,并根据具体情况,采用一些对症治疗措施,如应用吗啡和阿托品镇静、镇咳;用1‰过氧化氢溶液 50ml 加入 10％葡萄糖注射液 500ml,缓慢静脉注射以补充氧气;静脉注射氯化钙注射液以抑制渗出。

第三节　其他器官系统疾病

心力衰竭

心力衰竭并非一种单独的疾病,而是许多疾病过程中所表现的一种以心肌收缩功能减弱、心排血量下降、有效循环血量减少、动脉压降低、静脉回流受阻、毛细血管淤血和水肿、胸腔与腹腔积水为特征的综合征。根据病理过程的不同,心力衰竭可分为急性心力衰竭和慢性心力衰竭,后者又常称为充血性心力衰竭。

【病　因】　原发性心力衰竭常见于剧烈运动、过劳,特别是长期休闲、缺乏锻炼的役畜突然使役或奔跑过快,长途驱赶,剧烈挣扎等情况。静脉输液过快或量过大,尤其是过快静脉注射对心肌有较强刺激性的药液,如钙制剂、镁制剂、钾制剂、砷制剂等也可引发本病。

继发性心力衰竭见于心肌、心内膜、心包损害性疾病及一些影响血液循环的疾病,如心肌炎、心肌变性和心肌梗死、心内膜炎、半月瓣狭窄、房室瓣发育不全、创伤性心包炎、心包积液等,还见于口蹄疫、猪瘟、马传染性贫血、犬细小病毒感染、血孢子虫病、某些中毒病、高度贫血、硒和铜缺乏等引起心脏病变的疾病。

【症　状】　急性心力衰竭的初期,病畜呈现精神沉郁,食欲不振,易于疲劳、出汗(马);呼吸加快,可视黏膜潮红,体表静脉充盈;心搏动亢盛,第一心音增强,脉搏细数,有时出现心内性杂音、心音节律不齐和奔马律。病情进一步发展,可视黏膜高度发绀,体表静脉怒张;呼吸极度困难,肺水肿,听诊有广泛的湿性啰音;两侧鼻孔流出多量无色细泡沫状鼻液;心搏动增强,胸壁或全身振动。第一心音明显高朗,常常带有金属音,而第二心音微弱;心跳加快,可达每分钟 100 次以上,伴发阵发性心动过速;有的病畜发生眩晕,倒地痉挛,体温降低,可在数分钟至数十分钟内死亡。

慢性心力衰竭病程长达数周或更长,除精神沉郁和食欲减退外,病畜多不愿走动,不耐使役,易于疲劳、出汗。黏膜发绀,体表静脉怒张。垂皮、腹下和四肢下端水肿;病畜经夜间驻立,早晨腹下出现局限性水肿,适当运动后,水肿减轻或消失。心音减弱,脉搏数增多,经常出现功能性杂音(瓣膜相对性闭锁不全)和节律不齐,心脏叩诊浊音界扩大。

由于体循环不良,引起全身器官淤血,除发生胸、腹腔和心包腔积液外,还常常引起脑、肝脏和肾脏等实质器官的淤血。脑淤血可引起脑组织缺氧,呈现脑贫血症状,如意识障碍、眩晕、知觉丧失以及跌倒、痉挛等症状;肝脏淤血可致肝脏肿大,肝功能异常;肾脏淤血时,肾脏血流量不足,尿量减少,尿液浓稠、色暗,肾曲小管上皮因缺氧而发生颗粒变性,出现蛋白尿、尿沉渣中有肾上皮细胞和管型等;肺脏淤血,呈现呼吸困难,听诊有啰音,并发咳嗽等;胃肠淤血,可发生便秘和腹泻等,病畜逐渐消瘦。

【治　疗】　加强护理,改善心脏功能,采用特殊治疗和对症疗法相结合的治疗方法。

首先,置病畜于安静圈舍内休息,减少活动和应激,改善营养,给予低钠饮食,对轻度急性心力衰竭有时不用药物治疗也可康复。

在准确诊断的基础上施行特殊治疗,如动脉导管未闭的进行手术结扎、肺动脉孔狭窄的行瓣膜切开术、心包缩窄时行心包切开术等。但对于一般家畜这些特殊治疗多无意义,因为多数心脏器质性疾病无治疗价值,一经确诊,应予以淘汰。

改善心脏功能可选用各种强心剂。对严重急性心力衰竭的病畜,应用速效强心剂进行抢救,首选 0.02％洋地黄毒苷注射液,马、牛用 5～10ml,静脉注射,如心脏功能仍不见好转,可立即用 0.1%肾上腺素注射液 3～5ml,加入 5%葡萄糖注射液 500ml 内,静脉滴注。对心动过速的重症病畜,肌内注射复方奎宁注射液10～20ml,每日 2～3 次,具有抑制心肌兴奋传导,减慢心率的作用。

安钠咖既能兴奋中枢神经系统和心肌,扩张冠状动脉血管和肾脏动脉,又有改善心肌营养和利尿的作用,所以急性、慢性心力衰竭时都可应用。马、牛等用 20%安钠咖注射液 10～20ml,一次肌内或静脉注射。

对症疗法包括应用镇静剂注射,用氨茶碱改善呼吸状况,使用硝酸甘油软膏等扩张血管,使用速尿、氢氯噻嗪利尿消肿,应用葡萄糖改善心肌代谢,应用三磷酸腺苷(ATP)、辅酶 A、细胞色素 C等进行辅助治疗。

加强饲养管理,合理使役,严防过劳、过累。做好疫病防治工作,防止心脏的损害。

肾　炎

肾炎是肾小球、肾小管以及肾间质组织发生的炎性病理变化的统称,以肾区敏感、全身水肿、尿量减少、尿液的理化性质改变等为临床特征。本病可见于各种家畜,以肉食家畜和杂食家畜多见,马、牛等草食家畜也常发生。

按病程经过,肾炎可分为急性肾炎和慢性肾炎。按组织学特征可分为肾小球性肾炎、肾小管变性与炎症、肾间质性肾炎。临床上以急性肾小球性肾炎、慢性肾炎和间质性肾炎最为常见。

【病　因】　急性肾小球性肾炎多继发或并发于其他感染性或中毒性疾病,如流行性感冒、巴氏杆菌病、猪瘟、猪丹毒、口蹄疫、犬瘟热以及链球菌、葡萄球菌感染,重剧胃肠炎、肝炎、大面积烧伤等疾病过程中所产生的毒素和组织分解产物等内源性毒物中毒,外源性毒物如有毒植物、霉败饲料、汞、砷、铅、药物中毒等。另外,跌倒、踢踏、棍棒打击等使肾脏受机械性损伤,邻近器官炎症(如肾盂炎、膀胱炎、子宫内膜炎等)的蔓延也可引起急性肾小球性肾炎的发生。

慢性肾炎是指肾小球发生弥漫性炎症、肾小管发生变性以及肾间质组织发生细胞浸润的一种慢性肾脏疾病,其病因与急性肾小球性肾炎相似,只是刺激作用较弱、持续时间较长。另外,急性肾小球性肾炎因治疗不当、不及时或未彻底治愈,可转为慢性肾炎。

间质性肾炎是肾间质结缔组织增生、实质萎缩的肾病,主要与某些慢性传染病(如布鲁氏菌病、钩端螺旋体病等)和慢性中毒病有关,也可由慢性肾炎发展而来。

【症 状】

(1)急性肾小球性肾炎 病畜精神沉郁,体温升高,食欲减退,因肾脏疼痛可表现出背腰拱起、站立时四肢张开或集于腹下,不愿行动、强迫行走则背腰僵硬,后肢举步困难、小步前进。肾区压诊或叩诊呈现疼痛反应。严重病例眼睑、胸腹下、四肢下端及阴囊等处发生水肿,犬、猫等中小家畜水肿尤为明显。

尿频、尿少甚至无尿,尿色深黄,甚至有不同程度的血尿,尿比重增高,蛋白尿,尿沉渣中有多量肾上皮细胞、红细胞、白细胞、细菌以及上皮细胞管型、透明管型和颗粒管型等。

血压升高,血液稀薄,血浆蛋白含量降低,血中非蛋白氮含量增高,可达正常值的 10 倍以上。

急性肾炎病程持续 1~2 周,延续治疗多转为慢性,重症病例常死于尿毒症。

(2)慢性肾炎 病情发展缓慢,病畜逐渐消瘦,贫血,疲劳无力,消化不良。后期出现眼睑、胸腹下和四肢末端等处水肿,严重时体腔积液,血压升高,脉搏增数。尿量不定,尿中有少量蛋白质,沉渣中含较多肾上皮细胞及少量红细胞、白细胞和各种管型。直肠检查,肾脏坚实,压痛不明显。

(3)间质性肾炎 发展缓慢,初期症状不明显,尿量常增多。

后期皮下水肿,血压升高,尿量减少,尿中有少量蛋白质,沉渣中含少量肾上皮细胞及红细胞、白细胞和透明、颗粒管型。直肠检查,肾脏硬固,体积变小,无压痛。

【病理变化】

(1)急性肾小球性肾炎 肾脏轻度肿胀,被膜易剥离,表面及切面呈淡红色,有的有出血点,皮质略显增宽,切面上可见灰白色半透明的小颗粒状隆起。

(2)慢性肾炎 肾脏明显皱缩,表面凹凸不平或呈颗粒状,质地硬实,被膜难以剥离,切面皮质变薄,有的在皮质或髓质见有或大或小的囊腔。

(3)间质性肾炎 肾脏坚硬、萎缩,表面呈灰白色颗粒状,被膜剥离困难,切面皮质变薄,有许多灰白色条纹状增生结缔组织。

【治 疗】 加强护理,抗菌消炎,抑制免疫反应,尿路消炎,对症治疗。

改善饲养管理,确保良好的环境条件,给予充分的休息,严防受寒感冒。适当限制食盐和饮水,喂以优质的低蛋白质饲料,以减轻肾脏负担。

抗菌消炎用链霉素和氨苄西林注射液肌内注射,连用 1 周。其次可选用庆大霉素、小诺霉素和喹诺酮类抗菌药物。肾功能障碍病例禁用磺胺类药物。

抑制免疫反应可选用氢化泼尼松,马、牛每日 200～400mg,猪、羊 25～40mg,分 2 次肌内注射,连用 3～5d,也可用醋酸可的松或氢化可的松肌内或静脉注射。

有明显水肿时,为减轻或消除水肿,可适当选用利尿剂。如氢氯噻嗪,马、牛 0.5～2g,猪、羊 0.1～0.2g,犬 0.05～0.1g,内服,每日 2 次,连用 5d 后停药。尿路消炎可选用 40%乌洛托品注射液静脉注射,每日 2 次。

心脏衰竭时用强心剂如安钠咖、樟脑,出现尿毒症时用 5%碳酸氢钠注射液、11.2％乳酸钠注射液或5％葡萄糖注射液静脉注射。

膀　胱　破　裂

　　膀胱破裂是膀胱壁裂伤或全层破裂，尿液排入腹腔的一种疾病。各种家畜均可发生，但主要发生于公牛，特别是阉牛。初生驹、犊的膀胱破裂也常见。

　　【病　因】　膀胱破裂的发生主要与尿石症密切相关，当结石阻塞膀胱颈或尿道，未及时得到治疗时可发生。另外，各种原因引起的尿道炎症使尿道肿胀、坏死和瘢痕增生，尿潴留时反复多次、不正确的直肠内膀胱穿刺导尿，也可致使膀胱穿孔及破裂。膀胱破裂也可继发于膀胱炎、膀胱肿瘤、前列腺炎及外力意外挤压等。

　　分娩时，如胎儿膀胱充盈，因产道挤压或助产不当可引起初生驹、犊等膀胱破裂。

　　【症　状】　由尿道阻塞而发生的膀胱破裂约需3d。破裂后，因排尿困难所呈现的努责、腹痛不安等症状突然消失，病畜暂时变得安静，无尿液排出，腹部逐渐增大，呼吸困难，精神沉郁。腹部冲击式触诊呈振水音，腹腔穿刺有大量棕黄色至淡红色液体流出，有氨臭味，加热时气味更为浓烈，肌酸酐含量明显高于血液中的含量，尿素氮显著升高。直肠检查，膀胱空虚，经数小时复查仍空虚，有时可隐约摸到膀胱破裂口。因尿液不断流入腹腔，可引起腹膜炎和尿毒症，出现相应症状并逐渐加重。

　　【诊　断】　根据家畜长时间无尿液排出，排尿时痛苦不安，而后突然安静却不见尿液外排的病史与症状，可以怀疑为本病。确诊应做腹腔穿刺，如穿刺液为尿液性质，肌内或静脉注射红色素百浪多息，经30～60min，或插入导尿管向膀胱注入亚甲蓝或偶氮磺酰胺，几分钟后腹腔穿刺，穿刺液出现注入染料的颜色即可确诊。

　　【治　疗】　膀胱破裂的治疗要掌握三个环节，即修补膀胱破裂口，控制和治疗腹膜炎、尿毒症，积极治疗原发病（如尿道结石、尿道炎等)。

(1)修补膀胱破裂口 即通过手术修整、缝合破裂口。尿道结石引起的膀胱破裂,在修补破裂口的同时做膀胱插管术,取出结石后再行缝合。

(2)控制和治疗腹膜炎、尿毒症 用青霉素 320 万 U、氢化可的松 80mg,0.25%盐酸普鲁卡因注射液 200ml,混合后平分为 2份,从两侧肷窝分别注入腹腔,每日 1 次,连用 5d。用 25%葡萄糖注射液、5%碳酸氢钠注射液静脉注射,治疗尿毒症。

(3)积极治疗原发病 患尿道结石、尿道炎时应及早治疗。

膀胱炎和尿道炎

膀胱炎是膀胱黏膜及黏膜下层的炎症,分为卡他性、出血性、化脓性和纤维素性等几种。尿道炎是尿道黏膜的炎症,分为浆液性、出血性和化脓性等。多见于牛、马、犬,其他家畜也有发生。

【病 因】 化脓杆菌和大肠杆菌以及葡萄球菌、链球菌、绿脓杆菌、变形杆菌等,可经血行或尿路感染;导尿时无菌操作不严格,也可造成尿路感染;导尿管粗硬,插入动作粗暴,膀胱镜使用不当,损伤尿道或膀胱黏膜,引起感染;尿石、有毒物质、强刺激药物刺激,也可引起炎症;邻近器官炎症如肾炎、输尿管炎、阴道炎、子宫内膜炎等蔓延也可引发本病。

【症 状】 急性膀胱炎的主要症状为排尿异常。病畜频频排尿或做排尿姿势,但呈尿淋漓,排尿痛苦。直肠触诊膀胱空虚,有疼痛反应。少数情况下可出现膀胱颈括约肌痉挛而呈尿潴留。尿液浑浊有氨臭味,混有多量黏液和血凝块,严重者含有脓液或坏死组织。沉渣检查见多量红细胞、白细胞、脓细胞、膀胱上皮细胞和磷酸铵镁结晶等,并可检出细菌。

尿道炎病畜表现排尿困难和疼痛,尿淋漓,尿液浑浊,含有黏液、血液或脓液,甚至坏死、脱落的尿道黏膜,有时可因大量炎性产物凝块或血块阻塞和黏膜肿胀而无尿排出。触诊阴茎腹侧肿胀、敏感，尿道口红肿，尿道探诊家畜表现疼痛不安，导尿管难以插入。

【治　疗】　原则是加强护理、抗菌消炎及尿路防腐消毒。

让病畜充分休息，保持褥草卫生，避免刺激尿道。饲喂易消化的优质饲料，给予充足、清洁的饮水，适当限制高蛋白质精饲料或酸性饲料。重剧病例，使用青霉素、链霉素、小诺霉素、四环素、新霉素、先锋霉素、环丙沙星等，同时内服乌洛托品有助于局部炎症的控制。

尿路防腐消毒先用温生理盐水反复冲洗，再选用2％硼酸溶液或0.1％高锰酸钾溶液、0.1％雷佛奴尔溶液等冲洗尿道；出血严重、血凝块较多时，可用2％明矾溶液或0.5％鞣酸溶液冲洗。慢性病例，可用0.05％硝酸银溶液冲洗尿道。

中药治疗以清热、利湿、通淋为主，可选用八正汤加减：木通25g，瞿麦25g，扁蓄20g，车前子30g，滑石60g，甘草20g，灯芯草10g，大黄15g，水煎灌服。

尿 石 症

尿中盐类物质析出结晶形成的矿物质凝聚物，称为尿石或尿结石，尿石刺激尿路黏膜造成尿路发炎、阻塞，称为尿石症。根据尿石形成和阻塞部位的不同，尿石症可分为肾结石、肾盂结石、输尿管结石、膀胱结石、尿道结石等。本病可发生于各种家畜，近几年来小型犬尤为多发。

【病　因】　关于尿石症的病因说法不一，但一般认为是多种因素综合作用的结果。下列因素常被认为是本病的成因或诱因。

第一，长期使用钙、镁等盐类含量过高饲料和饮水。如喂给大量麸皮、麦粉等富含磷酸盐的饲料可促进磷酸结石形成；饲喂大量马铃薯、大头菜、甜菜、酒糟等含硅酸盐过高的饲料可促使硅酸盐结石的形成。饲料中长期过量添加石粉、贝壳粉等，也易形成结石。

第二,饮水不足,尿液浓缩,使尿液中盐类浓度过高,容易析出结晶而形成结石。

第三,尿液潴留,其中尿素分解生成氨,使尿液变为碱性,易形成碳酸钙、磷酸钙、磷酸铵镁等,引起结石。酸性尿易促进尿酸盐尿石的形成。

第四,饲料中维生素 A 或胡萝卜素缺乏时,泌尿器官上皮细胞发生角化脱落,其脱落的细胞和炎症产物可成为尿石的核心,促发本病。一般认为长期饲喂棉籽饼和缺乏青绿饲料易发生尿石症。

第五,肾脏及尿路感染后,尿液中细菌和炎性产物积聚,成为盐类晶体沉淀的核心,尿路细菌的感染还可改变尿液 pH,促使某些盐类结晶。尿路发炎时尿流不畅,也易于形成尿石。

第六,日粮中精饲料过多,或肥育时应用雌激素,尿液中黏蛋白、黏多糖增加,有利于尿石形成,长期或大量使用磺胺类药物、甲状旁腺功能亢进、肾上腺皮质激素分泌过多、过量服用维生素 D 等也都与结石症有关。

第七,发生尿石症的犬,均有长期饲喂肉类饲料的情况。

尿石形成的主要部位是肾脏和膀胱。肾小管内的尿石多固定不动,而肾盂和膀胱内的尿石可以移动至输尿管和尿道。当尿石的体积超过管腔内径时,就可引起阻塞。因此,输尿管和尿道是结石阻塞最常发生的部位,公牛、公猪、公犬的尿道阻塞多发生于阴茎的 S 状弯曲部。

【症　状】　尿石症的症状因尿石沉积的部位、大小及有无并发症而表现有所不同。

(1)肾脏、肾盂结石　尿石细小且表面光滑,无并发症时,一般无临床症状。若尿石较大,则表现明显的肾炎症状,腰部疼痛,背腰僵硬,运步拘谨,有时呈发作性疼痛。直肠检查可触知肾脏体积增大,肾盂积液,有压痛。尿液中含有血液、蛋白质、肾小管或肾盂上皮细胞等。

(2)输尿管结石 由于输尿管强烈蠕动和痉挛,病畜呈现剧烈的阵发性疼痛,常取下蹲姿势,起卧不安,大量出汗。若尿石移动停止或排入膀胱后,则疼痛立即停止,尿石也可能随尿液排出。一侧输尿管阻塞时,排尿障碍不明显,但有血尿;两侧输尿管同时阻塞时则无尿液排出。直肠检查可发现阻塞部前端的输尿管显著紧张、膨胀,而且有波动感,甚至肾盂亦有波动感,而阻塞后位的输尿管则柔软。

(3)膀胱结石 若尿石体积小,一般不呈现临床症状,但有时呈现尿频、血尿、膀胱敏感性增高。包皮周围常附着有细砂样盐类结晶。若膀胱沉积的尿石太多或尿石停留在膀胱颈部则出现明显的疼痛性排尿障碍,病畜痛苦呻吟、腹壁抽缩。尿沉渣中有膀胱上皮、红细胞、白细胞和各种盐类结晶。

(4)尿道结石 多见于阴茎的 S 状弯曲部,主要表现为腹痛和排尿障碍。病畜频频呈排尿姿势,肛门部不断抽缩,举尾,拱背缩腹,阴茎抽动,但无尿液排出或排尿呈点滴状,会阴部尿道波动感明显,富有弹性。有时尿石常聚积于尿道口,尿道显得粗大,并略有波动感。触摸阴茎的 S 状弯曲部常可感知到硬固的结石块。直肠检查膀胱极度充盈。尿道结石导致尿闭常可引起膀胱破裂和尿毒症。

X 线检查可确诊尿石阻塞部位及尿石的大小和多少。

【治 疗】 原则是消除病因,排出尿石,促进泌尿功能恢复。

地区性尿石症发病区应注意饲料中钙、磷比例的平衡,补充维生素 A 和青绿饲料,保证足够的饮水和适量的食盐。对泌尿器官的疾病应及时给予治疗,以免尿液潴留和石核形成。舍饲的牛、羊,可在饲料中添加适量的氯化铵。犬等应注意饲料多样化。

治疗时,首先应针对发病成因或诱因,积极加以纠正,改喂矿物质少而富含维生素 A 的饲料,有炎症的还应抗菌消炎。

小块尿石可通过改善饲养管理,给予充分的饮水或内服利尿剂,促使尿石随尿液排出。为了防止尿石继续增大,可采取调节尿液 pH 的措施:碱性尿液(磷酸盐尿石)时内服氯化铵或酸性磷酸钠,酸性尿液(尿酸盐尿石)时内服碳酸氢钠或柠檬酸钠,在一定程度上可促进盐类溶解。

排石也可肌内注射尿道肌肉松弛剂阿托品,也可将导尿管插入尿道或膀胱,注入生理盐水,反复冲洗,促进粉末状或砂砾状尿石的外排。

不完全阻塞而呈现尿淋漓的病畜,可采用中药消石散:芒硝150g,滑石50g,冬葵子30g,木通50g,海金沙35g,共研为细末,开水冲调,候温灌服。或用海金沙50g,金钱草80g,扁蓄30g,瞿麦30g,酒知母21g,酒黄柏21g,延胡索24g,甘草梢15g,滑石30g,木通21g,共研为细末,开水冲调,候温灌服。

对较大(多)的膀胱尿石和完全阻塞的尿道结石,可施行膀胱切开术和尿道切开术,取出尿石。

中 暑

中暑是家畜日射病和热射病的总称,是由于物理性因素引起家畜产热过多或吸热过多且散热不足所发生的体温升高的病理现象。在炎热季节,日光直射头部,引起家畜脑及脑膜血管扩张、充血、脑实质急性病变,导致中枢神经系统功能严重障碍的称为日射病;家畜在高温、高湿环境下,新陈代谢旺盛,产热多且散热困难,体内积热过多,引起中枢神经系统功能紊乱的称为热射病。临床特征是体温显著升高、循环障碍和一定的神经症状。中暑多见于酷暑季节,各种家畜均可发生,以猪、马、牛、犬和家禽多见。

【病 因】 炎热季节,家畜因放牧、耕地、运输或长途驱赶、调运等原因在阳光下暴晒过度或活动过剧,环境温度过高、湿度过大,加上通风不良,规模化养殖场饲养密度过大,散热障碍等都可引起本病的发生。机体缺水、饮水不定、缺盐、过肥、老化、缺乏锻炼等情况是中暑发生的诱因。生活在北方地区的家畜,引进到南方地区,因机体适应力的关系,可引起本病发病率上升。

【症 状】

(1)日射病 病畜开始精神沉郁,四肢无力,共济失调,突然倒地,四肢划动,眼球外突,有时全身大汗。进一步发展,呼吸、心血管及体温调节功能紊乱,表现为静脉怒张、心力衰竭、呼吸急促、节律失调、体温升高,最后兴奋、狂暴或麻痹,皮肤、角膜、肛门反射功能减退或消失,腱反射亢进,出现痉挛、抽搐,迅速死亡。

(2)热射病 体温急剧升高(可达 42℃ 以上),全身出汗,烦渴,突然倒地,抽搐,神志不清;也有的精神兴奋,狂暴不安,而后心力衰竭,呼吸困难,闭眼,脱水,皮肤干燥,少尿或无尿,最后体温下降,因窒息、心肌麻痹而死亡。

血液中间代谢产物增多,无氧酵解旺盛,血乳酸增多,钠离子和氯离子浓度下降,血液浓缩,容易凝固。

【治 疗】 炎热季节防止阳光直射,防止高温作业,避免拥挤、过劳,加强饮水供给,注意补喂食盐,保证畜舍、禽舍通风良好,并采用一定的降温措施;加强锻炼、提高适应性;对禽可在每千克饲料中加入 100g 维生素 C 或 40g 杆菌肽锌等,以减少热应激。治疗原则是迅速降温,缓解心脏、肺脏、脑的功能障碍,纠正酸中毒,防止病情恶化。

(1)降温 将病畜迅速移至阴凉通风处,用凉水冷敷或浇头、灌肠,并灌服 1‰冷盐水。避免各种刺激,保持安静,如家畜已昏迷倒地或移动困难者,应就地搭凉棚急救。必要时,可静脉放血(马、牛 1 000～2 000ml,猪、羊 100～300ml),并补液以降低血温,血凉后可回输。也可肌内注射安痛定,以促进散热,缓解肌肉痉挛。

(2)缓解心脏、肺脏和脑的功能障碍 心力衰竭者,除用安钠咖外,也可用 0.1%肾上腺素注射液,10%或 25%葡萄糖注射液静脉注射；并发肺充血、脑水肿的病畜，可使用 25％甘露醇、山梨醇等利尿剂，降低颅内压，纠正肺水肿，同时静脉注射地塞米松 50～100mg；对性情狂躁、心动过速者，可用水合氯醛灌肠或静脉注射。

（3）纠正酸中毒，防止病情恶化　确定有酸中毒的，可用 5％碳酸氢钠注射液静脉注射；脱水严重的，应根据红细胞压积的变化进行合理的补液；后期应使用 25％葡萄糖注射液增加解毒功能，病情好转后应使用 10％氯化钠注射液兴奋胃肠功能，内服硫酸镁等盐类泻剂清理胃肠。

脑膜脑炎

由病原微生物或中毒性因素等侵害所引起的脑膜炎症称为脑膜炎，脑实质（包括脑神经组织和血管壁）的炎症称为脑炎。临床上，脑膜炎与脑炎常同时发生或相互继发，因此统称为脑膜脑炎。本病以意识障碍、运动失调、兴奋、狂暴、沉郁、昏迷等多种中枢神经功能障碍症状为特征，主要发生于马、牛、羊、猪、犬等，其他家畜少见。

【病　因】　病毒的感染是引发脑膜脑炎较常见的原因，如流行性乙型脑炎、马传染性脑脊髓炎、猪瘟、犬瘟热、狂犬病、伪狂犬病、绵羊痒病、牛恶性卡他热、鸡痘等；细菌感染特别是一些条件性病原菌在机体抵抗力降低时，毒力增强引起的感染也是导致脑膜脑炎发生的重要原因，如李氏杆菌、巴氏杆菌、沙门氏菌、结核杆菌、葡萄球菌、肺炎球菌、嗜血杆菌、变形杆菌、坏死杆菌等。

铅中毒、马霉玉米中毒、氟乙酰胺中毒、酸中毒、破伤风毒素中毒、猪食盐中毒及各种原因引起的自体中毒也可引发脑膜脑炎。

脑脊髓丝虫、弓形虫以及马圆线虫、马蝇蛆、脑包虫、猪和羊囊虫等的幼虫迷路移行，侵袭脑组织时也可发病。

中耳炎、化脓性鼻炎、鼻窦炎等邻近组织炎症的蔓延，颅骨外伤、褥疮、脓肿等转移至脑可导致发病。

维生素 A、维生素 B_1、维生素 E、微量元素硒等缺乏,过度使役、受寒、中暑、长途运输等因素也可促使本病发生。

【症 状】

(1)脑膜炎症状 病畜皮肤感觉异常,轻轻触摸颈部、背部即可引起剧烈疼痛,同时颈、背部肌肉强直性收缩,家畜后仰,个别的有举尾现象,腱反射亢进。

(2)脑炎症状 表现为各种类型的意识障碍。开始时,常表现为轻度抑制,病畜精神沉郁,低头耷耳,目光无神,呆立不动,不听使唤,严重的可呈昏睡状态。经数小时至 1 周后,可转为兴奋状态、狂躁、神志不清,有时腾空,后脚立地,鸣叫,有时无视障碍物向前冲撞,有时在原地转圈,以后又陷入沉郁状态,嗜睡或昏迷。有时兴奋与沉郁交替出现,后期则意识丧失,昏迷不醒。有的表现暴进暴退、无目的的运动、肌肉痉挛、共济失调等症状。猪常磨牙吐沫,大多有狂奔漫游、冲撞障碍物等症状。

(3)灶性症状 因脑组织病变部位和程度不同,具体表现不一,主要包括神经功能亢进(痉挛)和衰退(麻痹)两个方面。亢进时病畜眼球震颤,斜视,左右瞳孔大小不等,瞳孔反射消失,牙关紧闭,磨牙,舌肌震颤,鼻唇部和颈部肌肉痉挛;衰退时病畜口唇歪斜,耳下垂,舌脱垂,吞咽障碍,听觉减退,视觉障碍,味觉、嗅觉错乱,偏瘫。

除神经症状外,由微生物感染引起的脑膜脑炎一般有体温升高和颅顶灼热。其他原因导致的脑膜脑炎,在急性期也可能有体温升高,但脑膜脑炎的体温变化,多呈时高时低型,低时甚至可在常温以下。兴奋期呼吸疾速,脉搏增数;抑制期脉搏减少,呼吸慢而深,严重的可出现潮式呼吸或陈-施二氏呼吸式。食欲减退或废绝,采食、饮水动作异常。猪常有呕吐现象。

病程一般 3～14d,其间病情时好时坏,但多可转化为脑水肿,并有耳聋、偏瘫、单瘫等后遗症。

血液学检查初期血沉正常或稍快,嗜中性粒细胞增多,且有核左移现象,淋巴细胞相对减少,康复期可恢复正常。

【诊　断】　根据临床症状及血液和脑脊液检查,脑膜脑炎的诊断并不难。但主要应注意与脑水肿、脑软化、脑占位性疾病(寄生虫、脓肿、肿瘤、结核等)相区别。另外,也应与流行性乙型脑炎、狂犬病、低血糖症、李氏杆菌病以及霉玉米、食盐、汞、砷、铅中毒等相区别。

脑脊液穿刺可见脑脊液浑浊,其中白细胞增多,蛋白质含量增加,甚至可检出微生物。

【治　疗】　加强饲养管理和防疫卫生,防止传染病、寄生虫病发生;严防中毒性因素侵害,保持营养平衡,避免过劳、受寒、中暑等;对脑周围组织的炎症、损伤应及时治疗。治疗原则是去除病因,加强护理,降低颅内压,抗菌消炎和对症治疗。因脑膜脑炎的发病原因较复杂,因此常不易判断。

(1)加强护理　保持环境安静、通风,尽量减少各种刺激,多铺褥草,防止家畜兴奋自伤。对传染病引起的脑膜脑炎病畜,应注意隔离、消毒。

(2)降低颅内压　大家畜可先行放血 1 000～3 000ml,而后静脉注射 25％葡萄糖注射液 1 000ml。也可选用 20％甘露醇注射液或 25％山梨醇注射液脱水。

(3)抗菌消炎　可用磺胺嘧啶、四环素等药物,当肝脏、肾脏有疾病时可选用青霉素、链霉素、庆大霉素等抗菌药物。

(4)对症治疗　对狂躁不安者,可选用地西泮(安定)、水合氯醛等镇静;对心功能不全者,应以安钠咖、氨茶碱等强心,也可用 40％乌洛托品注射液(牛、马 50ml),配合维生素 C 和 5％葡萄糖氯化钠注射液静脉注射;体温过高者,用冷水淋头降温;排粪迟滞者,用硫酸钠或硫酸镁配合鱼石脂等内服,并适当补充复合维生素 B。

膈肌痉挛

膈肌痉挛是膈神经直接或间接受到刺激,兴奋性增高,引起膈肌发生有节律的痉挛性收缩的一种疾病,其特征是腹部和肷部呈现节律性的跳动(俗称跳肷),主要见于马、骡,少见于牛、犬。

【病　因】　食管扩张、食管肿瘤、主动脉瘤、纤维素性胸膜肺炎、膈炎症等压迫或病理产物刺激膈神经,或通过迷走神经反射性地刺激膈神经,是引起膈肌痉挛发生的最常见原因。

过劳、过激、运输摇撼、泌乳摇撼以及植物性毒素中毒等,使膈神经受到刺激、兴奋性增高,也可引起膈肌痉挛。

中枢神经系统和外周神经系统病变,尤其是延髓的损害,心动过速、心搏动过强等,均可促使膈肌痉挛的发生。

【症　状】　病畜躯干发生节律性的震颤,特别是腹肋部。肷部可见一起一伏有节律的跳动,即所谓的跳肷,其节律有的与心搏动一致,称同步性膈肌痉挛;有的不一致,称之为异步性膈肌痉挛。一般每分钟跳动 10～60 次。常伴有急促的吸气,可听到呃逆音。病畜痛苦,发作时常常拒绝采食、饮水。一般持续 30 分钟至几日方可消失,同时可见原发病症状。

血液生化检验,常伴有低血钙、低血钾、低血镁、低血氯和肌酸磷酸激酶(CPK)活性增高。

【治　疗】　首先排除致病因素,治疗原发病,一般原发病治愈后可自行痊愈。

纠正酸、碱和电解质的平衡,对低血钙的病畜静脉注射 10%葡萄糖酸钙注射液(马、牛 300ml);对低血钾的病畜用 10%氯化钾溶液 50ml、淀粉 50g,加水 1 000ml,混合内服或灌肠;对低血镁病畜常用适量 10%硫酸镁注射液静脉注射。

病情轻者,可加强护理,减少刺激,保持安静,常可不治而愈。

湿　疹

湿疹是皮肤表皮和真皮乳头层的轻型变态反应性炎症,属迟发型(N型)变态反应。本病以局部或全身出现各种形态的皮肤损害(如红斑疹、小水疱、脓疱、糜烂、结痂、鳞屑等),并伴有热、痛、痒等症状为特征。各种家畜均可发生。

【病　因】　湿疹发生的原因尚未完全确定,一般认为与以下因素有关。

(1)致敏因子的作用　引起湿疹的致病因子(即变态反应原,简称变应原)是多方面的,机械性的如持续的摩擦,特别是挽具的压迫与摩擦,家畜间的啃咬;物理性的有温热(如日光照射)、寒冷、潮湿、污垢的刺激;化学性的有各种化学药物刺激,包括强酸、强碱、松节油等,炎性渗出物、脓性分泌物、鼻液、眼泪和皮垢等排泄物的刺激;生物源性的见于昆虫和寄生虫的叮咬及微生物作用。

(2)机体本身属过敏性素质　即内因。机体过敏性素质主要有先天性渗出性素质和后天性的新陈代谢及内分泌紊乱等。另外,消化系统功能紊乱、肝病、肾病、维生素缺乏、恶病质、营养失调及神经调节紊乱也可导致湿疹的发生。

致敏因子的作用,必须以机体的过敏性素质为前提条件,才能引发皮肤的湿疹。在湿疹的发生上,家畜的过敏性素质起主导作用,致病因子不是对任何家畜或在任何时候都可引起湿疹发生的。

【症　状】　病畜局部皮肤瘙痒明显,多呈对称性,其发生部位多见于阴囊及周围、尾根、尾尖、颈部、背腰部、腿内侧、四肢下端、指(趾)间等。分为急性和慢性两种,急性湿疹以红斑、湿润和瘙痒为特征,慢性湿疹以皮肤增厚和细胞浸润为特征。

急性湿疹可分为以下几期。

红斑期:皮肤表皮层充血,无色素部位可见大小不一的潮红斑,指压褪色,轻微肿胀,肿胀与周围界限不明显,有向周围健康皮肤蔓延的现象,称为红斑性湿疹。

丘疹期:皮肤乳头层被血管渗出的浆液和细胞浸润,皮肤上出现界限分明的从粟粒至豌豆大小、数目不定的隆起,质地较坚实,称为丘疹性湿疹。

水疱期:渗出液增多,丘疹内充满透明的浆液,皮肤角质层分离,在表皮下形成浆液性水疱,称为水疱性丘疹。

脓疱期:水疱内感染化脓,白细胞增多,外表呈白色,内含浑浊脓液,水疱变为脓疱,称为脓疱性湿疹。

糜烂期:水疱或脓疱破裂,露出红色湿润创面,有腥臭气味,奇痒,有痛感,称为糜烂性或湿润性湿疹。

结痂期:渗出物干燥,形成凝结物,干涸后形成黄色或褐色结痂,称为结痂性湿疹。

鳞屑期:炎症好转,痂皮脱落,新生上皮增生角化,皮肤上露以细微白色糠秕样皮屑,称为鳞屑性湿疹。

临床具体湿疹病例的发展往往并非典型,马属动物多呈糜烂性湿疹,其他家畜多可从红斑期直接进入鳞屑期。

慢性湿疹,皮肤局限性增厚,被毛刚粗,由于缺乏皮脂腺和汗液的分泌,皮肤常干燥、皲裂,病程较长,易复发。

【治　疗】　原则是去除病因,脱敏、消炎、止痒、防止继发感染。

首先,去除引起湿疹的各种外因,防止各种机械性、物理性和化学性刺激,驱除体外寄生虫,防止吸血昆虫叮咬;保持皮肤的清洁干燥,加强圈舍卫生及通风,加强适当运动和日光浴;加强营养,积极治疗消化系统、内分泌系统及其他相关性疾病。

应用抗过敏类药物如苯海拉明、扑尔敏或异丙嗪、氟美松等。渗出明显的可静脉注射10%氯化钙注射液,也可用乳酸钙、葡萄糖酸钙注射液。防止感染可使用抗生素及磺胺类药物。

清除局部污垢、汗液、痂皮、分泌物等,用有收敛消毒作用的溶液（2‰鞣酸溶液、3‰硼酸溶液、0.1‰高锰酸钾溶液）清洗；为消除炎症，红斑期或丘疹期可用等量胡麻油和石灰混合涂于患部；对水疱性、脓疱性和糜烂性湿疹可用龙胆紫、5‰美蓝溶液或2‰硝酸银溶液等收敛消毒药涂布，也可撒布氧化锌滑石粉（1∶1）、碘仿鞣酸粉（1∶9）等；渗出减少后，可涂布氧化锌软膏或水杨酸氧化锌软膏。局部瘙痒明显者，可用2‰石炭酸酒精涂擦。另外，局部也可使用可的松、肤轻松等软膏涂擦，并结合应用土霉素、金霉素、红霉素等抗生素软膏涂布。牛、羊指（趾）间湿疹，可用3‰硫酸铜溶液或1‰石炭酸溶液蹄浴，也可使用焦油类软膏。慢性湿疹可使用魏氏流膏（松馏油3份、碘仿5份、蓖麻油100份）涂擦。可配合应用维生素C、维生素B$_1$等治疗。久治不愈者，可用紫外线和X线照射。

对严重瘙痒，且湿疹范围广泛者，可应用普鲁卡因封闭疗法，结合皮质类激素、抗生素等全身治疗。

荨麻疹

荨麻疹俗称风疹或风团，是畜体受内在或外在因素刺激而发生的皮肤乳头层和网状层的变态反应性疾病，属速发型（1型）变态反应。临床上以局部浆液性浸润，皮肤上迅速出现大量圆形、扁平、界限明显的丘疹，剧烈瘙痒为特征。本病多发生于马、牛，猪、犬次之。

【病　因】　致病原因依据变应原的来源，大致可归纳为内源性、外源性、感染性三类。

（1）外源性因素　某些有毒动、植物的刺激，如昆虫、外寄生虫叮咬，荨麻毒毛（本病因此得名）和羊齿植物叶片等刺激皮肤；某些药物、生物制品、化学物质（磺胺类药、血清、松节油、苯酚等）的刺激；发汗后受寒风刺激（故称风疹块）；皮肤机械性损伤（打击、摩擦、搔抓、尘埃）等。

(2)内源性因素　采食有毒、腐败饲料,寄生虫(如蛔虫、绦虫等)代谢产生的毒素或虫体崩解成分被吸收;消化功能紊乱产生的内毒素被吸收;采食荞麦、三叶草、紫苜蓿过敏,犬吃鱼、肉、奶等过敏,牛突然更换高蛋白质饲料过敏等。

(3)感染性因素　猪丹毒、犬瘟热、流行性感冒、马腺疫、传染性胸膜炎等细菌性、病毒性甚至原虫性疾病,其病原体本身或代谢产物可成为致敏原引发本病。

【症　状】　本病一般无前驱症状,常突然发生,皮肤出现丘疹(充血性肿胀)。马多见于颈侧、躯干、臀股部,牛多见于颈、肩、眼周、鼻镜、外阴和乳房,猪多发生于腹部、股内侧或颈背部。丘疹呈扁平状或半球状,高于周围组织,界限分明,质地较软,疹块如指头大至核桃大,数量不等,可迅速增多。有时遍布全身,甚至相互融合形成大面积肿胀。有的丘疹顶端有浆液性水疱,破溃后形成痂皮。多数呈急性经过,几小时至几日内消散,不留任何痕迹;呈慢性经过者,可延续数周、数月甚至数年,反复发作,常变为湿疹。

病畜瘙痒剧烈,常啃咬、蹭擦痒部,引起皮肤破溃、浆液外溢、被毛纠集、脱毛等,并可继发感染。内源性的荨麻疹痒感轻微或无痒感。有的病畜出现结膜、口黏膜和鼻黏膜的炎症,特别严重时,可出现过敏性休克。

【治　疗】　加强饲养管理,不饲喂变质、发霉饲料,驱除消化道寄生虫,缓泻止痛,排除异常内容物,避免家畜再接触致敏原。治疗原则是消除致敏原,缓解症状,防止继发感染。

一般急性病例多可自愈,对发病较急或慢性者可用抗组胺药物缓解症状,如苯海拉明、盐酸异丙嗪等;也可用肾上腺素注射,大家畜还可静脉注射氯化钙注射液或内服乳酸钙。剧痒不安者可用0.25%盐酸普鲁卡因注射液静脉注射,必要时可用石炭酸2ml、水合氯醛5g、酒精200ml混合涂搽患部。保持局部干燥。

复习思考题

1. 家畜口炎、咽炎的治疗方法有哪些？
2. 牛食管阻塞时，表现哪些症状？
3. 反刍家畜的前胃疾病有哪些？如何治疗？
4. 反刍动物的皱胃疾病有哪些？如何治疗？
5. 马疝痛的治疗原则是什么？
6. 家畜胃肠炎与腹膜炎的症状有什么不同？
7. 家畜呼吸系统疾病有哪些？如何进行防治？
8. 家畜中暑与脑膜脑炎的症状有哪些？如何治疗？

第三章　营养代谢病和中毒病防治

第一节　营养代谢病防治

酮　病

酮病是由于糖类摄入不足所致脂肪代谢障碍,体内产生大量酮体堆积,呈现酮血、酮尿、酮乳症,呼出气、排出尿及牛奶中有类似烂苹果气味为特征的疾病。主要发生于舍饲高产奶牛,以3～5胎的泌乳盛期多见。奶山羊也可发生酮血症,主要是糖类供应不足,分娩前后肝糖原消耗过多,不得不动员脂肪供能,脂肪消耗过程中产生大量酮体而引起消耗性酮病。因此,奶山羊酮病病情更重,死亡率更高。妊娠后半期和泌乳高峰期的猪也可发生酮病。

【病　因】

第一,精饲料过多且可溶性糖类及优质干草缺乏时,产生低级脂肪酸过多,超过机体代谢能力即产生酮体,发生过食性酮病。肝脏是脂肪代谢的主要场所,脂肪酸经β-氧化后产生乙酰辅酶A,直接参加三羧酸循环氧化供能,还可两两缩合成乙酸乙酰辅酶A。可见,牛采食饲料后被微生物作用生成大量脂肪酸再转化成乙酰辅酶A进入三羧酸循环。否则,当精饲料过多,不能及时生成乙酰辅酶A,就会产生大量酮体而导致酮病。即使生成大量乙酰辅酶A,还要在大量草酰乙酸和柠檬酸的共同参与下,才能完成三羧酸循环。若没有大量草酰乙酸,乙酰辅酶A便缩合为乙酰乙酸。而草酰乙酸主要来源于葡萄糖的氧化,故没有足够的糖,不能产生足够的草酰乙酸,也是酮病发生的主要原因。

第二,与采食量和干奶期过肥有关。奶牛于分娩后 6 周左右达到泌乳高峰,而最大采食量一般在 12～14 周才能达到。此时若日粮配合不符合其生理特点,就会出现供不应求,超过自身的代偿能力就可导致酮病的发生。干奶期过肥的牛产后食欲恢复较慢,最大采食量到来得过晚,体脂多且易于大量动用,酮病的发病率就更高。

第三,与反刍动物的消化代谢特点有关。奶牛饲料中的碳水化合物大部分在瘤胃内微生物的作用下发酵分解为挥发性脂肪酸,仅有少部分在小肠直接分解为葡萄糖被吸收,但这只能满足产奶需要糖量的 10％左右,其余 90％的乳糖靠肝糖异生作用来补偿。在泌乳盛期,当糖和生糖物质(主要是丙酸、生糖氨基酸和甘油等)缺乏时,就会使糖、脂肪、蛋白质的代谢及其相互转变紊乱而容易引起酮病。

第四,胰岛素分泌不足引起脂肪大量分解,产生酮体过多而发病。

此外,光照不足、缺乏运动以及微量元素、维生素 B_{12}、维生素 A 等缺乏均可诱发本病。

少量酮体是体内正常代谢产物,还是一种能源物质,易溶于水且能通过血脑屏障,供肌肉和大脑利用。但是,生成过多则易中毒,如果 100ml 血液中超过 100mg 时就有生命危险,可造成酸中毒、失钾性脱水、刺激大脑出现神经症状等。

【症　状】　酮病的临床经过有急性和慢性之分,取决于病情的严重程度。病初表现消化不良、前胃弛缓、异食癖。个别有兴奋,接着沉郁,但多半开始时就呈现沉郁。以后步态不稳,有的四肢轻瘫,头颈侧弯而卧,呈半昏睡状态。酮病的特有症状是呼出气、尿液、乳汁中有烂苹果味,乳汁加热时酮味更浓。早期心跳、呼吸加快,后期减慢,体温一般偏低。

慢性酮病往往继发或并发骨营养不良。由于酮体可通过胎盘而影响胎儿,故病畜所产仔畜常见消化不良。

　　实验室检验,血钙、血磷浓度降低,血糖、碱贮、生糖氨基酸浓度均降低,血脂升高。血液、尿液、乳汁中酮体含量均升高,奶牛可达 40～60mg(正常牛低于 20mg)。尿液呈酸性,比重低,落在地上泛起泡沫较多。剖检主要病变为肝脏肿大而脆、色黄,多半出现脂肪肝,心脏、肾脏、卵巢也有营养不良的变化。

　　【诊　断】　根据高产牛、经产牛突然发病,精神沉郁,消化功能障碍,病牛喜食粗饲料、厌恶精饲料等症状,可做出初步诊断。实验室检测血液、尿液、乳汁中的酮体即可确诊。

　　【治　疗】　加强奶牛干奶期和泌乳盛期的饲养管理,高蛋白质饲料中加入可溶性糖。干奶期过肥的牛应降低日粮标准,日粮中干草和草粉的比例不低于 30%,优质青贮饲料不低于 30%,块根类饲料约占 10%。加强运动,定期检查血液、尿液、乳汁中酮体的含量。据经验介绍,用酵母糖酒精合剂(酵母 100g,葡萄糖200g,酒精 50ml,加水 100ml 混匀)口服,有较好的预防和治疗作用,在干奶期、产前 1 个月分别间隔 10d 服用 2 次。治疗原则为补充糖和生糖物质,减少酮体生成,加速酮体氧化。

　　(1)调整日粮和补充糖　增加优质干草、块根类饲料等含有可溶性糖的饲料喂量,并增强运动,改善消化功能。静脉滴注 25%葡萄糖注射液 500～1 000ml,并配合维生素 C、维生素 A、维生素 B_1 和维生素 B_{12} 等可迅速解除症状,但不久又会复发,因为较多的高渗糖类进入血液循环很快会经肾脏排出,常常引起失水和电解质平衡失调。因此,在反复补充高渗糖的同时还应补充各种电解质。

　　(2)补充生糖物质　补充甘油、丙酸钠、生糖氨基酸等生糖物质可提高疗效,也可内服白糖、红糖等以提高瘤胃内丙酸的浓度,增加生糖物质的来源。

　　(3)促进糖异生　可用糖皮质激素如氢化可的松、醋酸可的松等缓解症状,但会产生副作用,可影响蛋白质合成,消耗机体储备,影响产奶量,对慢性或身体较虚弱的病畜慎用。

(4)补钙 对慢性酮病可缓解神经症状,预防骨营养不良,静脉滴注5％氯化钙或10％葡萄糖酸钙注射液300ml。

(5)解除酸中毒和保肝 静脉注射5％碳酸氢钠注射液500～1 000ml,应用氯化胆碱、蛋氨酸、肝泰乐等进行保肝治疗。

此外,配合使用健胃剂、瘤胃兴奋剂、强心剂等进行对症治疗。

脂肪肝出血综合征

脂肪肝出血综合征是由于高能量、低蛋白质日粮引起脂肪代谢障碍,使肝脏内积聚过多脂肪,造成肝细胞和血管壁变脆而发生的肝脏出血性疾病。多发生于蛋鸡,尤其是在笼养蛋鸡的产蛋高峰期发病最多,过肥的肉用仔鸡也可发生。

【病 因】

(1)高能量、低蛋白质日粮采食量过大 鸡采食大量以玉米为主的高能量饲料后加速脂肪的合成,此时若日粮中缺乏蛋白质,不能合成足够的脂蛋白来转运肝脏中的脂肪,加上蛋白质缺乏引起产蛋量下降,使运往卵巢的脂肪减少,从而导致脂肪在肝脏内大量沉积而引起脂肪肝出血综合征。

(2)日粮中脂肪过多 日粮中动物性油脂和油渣等添加过多,使脂肪在肝脏中堆积而引起发病。

(3)营养素缺乏 维生素B_{12}、叶酸、生物素、维生素C和维生素E等都可参与脂蛋白的合成,必需脂肪酸、含硫氨基酸和胆碱又是合成磷脂的必需原料,当这些物质缺乏时,肝脏内脂蛋白合成和运输障碍,大量脂肪就会在肝脏中沉积。

(4)饲料霉败 黄曲霉毒素易使肝脏受损而导致肝功能障碍和脂蛋白合成减少,肝脏代谢障碍,导致肝脏脂肪沉积和肝出血。

(5)气候炎热及其他因素 夏季高温、饲养密度过大、通风换气不良等应激因素会加速本病的发生,运动不足可促进脂肪沉积而引起发病。另外,也与遗传因素有关。

蛋鸡采食量大,脂肪代谢旺盛,在生理情况下,雌激素使肝脏合成脂肪的能力增强,肝脂含量增高以维持产蛋需要,使肝脂合成和转运达到动态平衡。但在疾病作用下,肝脏中脂肪合成增加而脂蛋白合成减少,肝脂的转运也相应减少,使进入肝脏的脂肪和排出肝脏的脂肪动态平衡被破坏,从而导致肝脏内脂肪大量沉积。其结果引起肝细胞变性、坏死,肝细胞和肝血管壁破裂而发生出血。

【症　状】　病初无特征性症状,雏鸡肥胖,突然昏睡、瘫痪,死后剖检多见有脂肪肝。蛋鸡过于肥胖,采食量减少,冠、髯呈白色或黄色,精神不振,产蛋减少,有时头颈前伸或向背部弯曲,突然倒地痉挛而死。尤其常在惊吓、拥挤、踩压时突然死亡,死后泄殖腔内多有 1 个完整的蛋。病鸡血清总脂、甘油三酯、磷脂、胆固醇含量升高。剖检可见皮下脂肪增多,腹腔及肠系膜均有大量脂肪沉积,并有卵黄性腹膜炎病变。肝脏明显肿大,呈黄色油腻状,表面有小出血点和白色坏死灶,质脆易碎,有的稀软如泥,有的肝被膜破裂,呈红黄相间的重叠肝,肝脏周围有大的血凝块。

【诊　断】　根据采食高能量、低蛋白质日粮的病史,结合鸡群过肥、高血脂、突然死亡及肝脏的特征性病变可做出诊断。鸡白血病、大肠杆菌病、沙门氏菌病等也可引起肝脏肿大,但没有肝脏脂肪大量沉积而变黄、变脆、大出血等病变,应注意鉴别。

【治　疗】　平时加强饲养管理,按不同品种、不同发育时期和产蛋率以及不同的气候条件合理搭配日粮,补充复合维生素 B,并根据鸡的体况及时调整日粮,必要时限制饲喂,防止过肥。同时,注意饲料保管,防止饲料霉变,还应防止热应激。有条件时定期检测蛋鸡血液中胆固醇和血脂等的含量,做到早发现、早防治。对发病鸡群在保证全价日粮的同时适当调整日粮比例,减少能量饲料,增加蛋白质饲料,尤其是动物性蛋白质饲料,使日粮粗蛋白质含量提高 1%～2%,并适当增加日粮粗纤维的含量(如麸皮、干酒糟等)。同时,每1000kg饲料加氯化胆碱3000g、维生素E 1000U、维生素B_{12} 0.012g、肌醇900g,连用10~15d,还应添加0.05mg/kg的硒,同时除去发霉饲料。

禽 痛 风

　　禽痛风是因家禽日粮中蛋白质过多或蛋白质代谢障碍,致使体内蓄积大量尿酸而引发的疾病,临床上以运动障碍、关节肿大、跛行、排白色稀便为特征。多发生于鸡,尤其是肉用仔鸡。

　　【病　因】　日粮中蛋白质过多,特别是动物性蛋白质如肉骨粉、鱼粉等,产生尿酸过多而发病;维生素A缺乏,易发生尿酸排出障碍。此外,B族维生素缺乏、缺水、饲喂高钙低磷饲料、禽舍过于拥挤、缺乏运动、阴冷潮湿、缺乏光照等均可使蛋白质形成尿酸增多,不能及时排出而发病。

　　禽类蛋白质代谢中的氨以尿酸的形式排出,当使用磺胺类药物以及患霉菌毒素中毒、肾炎、肾病、肾型传染性支气管炎、传染性法氏囊病时,引起肾功能损伤,尿酸排出受阻,则继发本病。

　　禽类的肝脏内缺乏精氨酸酶和氨甲酰磷酸合成酶,不能通过鸟氨酸循环将精氨酸转变为尿素,只能在肝脏和肾脏将氨合成嘌呤,再转变成尿酸而从尿液排出。核蛋白分解后的核酸在降解过程中也能产生嘌呤类化合物而产生尿酸。当体内产生尿酸过多,加上维生素A缺乏及肾功能障碍时,引起尿酸排出障碍,大量尿酸在体内蓄积,一方面造成酸中毒,并强烈刺激肾脏及泌尿系统;另一方面沉积于关节、内脏等处,出现一系列病理变化和临床症状。

　　【症　状】　禽痛风一般呈慢性经过,临床上分为内脏痛风和关节痛风两种。内脏型表现精神沉郁,食欲下降,逐渐消瘦,冠髯色淡,排白色黏性稀便,常常糊住肛门,产蛋减少。关节型表现脚趾、腿、翅关节肿大、疼痛,运动不灵活,跛行,站立困难。血液检查尿酸含量升高达15mg,尿酸溶解度较低,当血液中尿酸含量达

6.4mg 时就以盐的形式沉积在关节、腹腔内。剖检以内脏痛风为主者,心脏、肝脏、脾脏、肾脏、肺脏、肠浆膜、腹膜等表面有白色尿酸盐沉积,将白色沉淀物刮下镜检可见针状尿酸盐结晶。肾脏肿大,切开有大量尿酸盐结石,输尿管粗大变硬,充满尿酸盐结石。以关节痛风为主者,在关节面和关节周围组织中有白色尿酸盐沉积,关节腔内有痛风石。

【诊　断】　根据长期饲喂高蛋白质日粮,尤其是动物性蛋白质,以及维生素 A 缺乏的病史,结合排白色稀便,关节肿大、疼痛,站立行走不稳,腹腔、关节尿酸盐沉积等即可做出诊断。

【治　疗】　平时加强饲养管理,根据动物不同生物学时期的营养需要,合理配合日粮,动物性蛋白质添加量不能过高,要有充足的维生素,必要时添加鱼肝油。此外,光照要合适,饲养密度要得当,防治疾病时,少用磺胺类药物。治疗时首先去除病因,降低日粮动物性蛋白质的含量,增加维生素 A、B 族维生素的添加量,以促进糖代谢供能,减少蛋白质分解,促进蛋白质合成,从而减少尿酸形成。给予充足饮水,促进尿酸排出,可给鸡饮用 1‰碳酸氢钠溶液或 0.25％乌洛托品溶液。使用水杨酸制剂止痛和减少肾小管对尿酸的重吸收,促进尿酸排出。对于关节型痛风也可试用手术方法摘除痛风石。

维生素 A 缺乏症

由于饲料中维生素 A 和胡萝卜素缺乏,导致以黏膜皮肤上皮角化变性、动物生长发育受阻、临床上以干眼病和夜盲症为特征的营养缺乏性疾病。各种畜(禽)均可发生。

【病　因】　饲料本身缺乏维生素 A 或饲料中维生素 A 和胡萝卜素被破坏,导致消化吸收障碍是本病发生的主要原因。

维生素 A 只存在于动物性饲料中,在植物性饲料中则以胡萝卜素的形式存在,经吸收后在肝脏合成维生素 A。马、牛、羊、猪在无青绿饲料的冬、春季节长期饲喂棉籽饼、麦秸等饲料时最易发病;奶牛则因不喂或饲喂胡萝卜不足所致;笼养鸡因配合饲料未添加维生素 A 而发病。饲料久放、发霉变质、雨淋日晒等都可破坏其中的胡萝卜素,生大豆和豆饼中的脂氧化酶可使维生素 A 氧化而被破坏,胆汁分泌不足及慢性消化道疾病,会使维生素 A 和胡萝卜素的吸收产生障碍,肝脏疾病也会影响维生素 A 的吸收、合成和转运,长期服用矿物油同样会影响维生素 A 和胡萝卜素的吸收;肠道寄生虫影响雏鸡对维生素 A 的吸收。

【症　状】　共同症状是皮肤干燥,上皮角化脱落,视力障碍,生长发育受阻。

牛视力减弱,有的失明或患青光眼,冬、春季节常与棉籽饼中毒混合发生;泌尿道出现炎症,并促进尿石症的发生;常继发胎衣不下、子宫内膜炎,甚至不育;犊牛生长发育慢,皮肤粗糙,体表有大量麸皮样物质,且易继发肺炎。

猪视觉障碍不明显,神经症状典型,表现身体不平衡,四肢僵硬,共济失调,行走不稳,腰背弯曲等;母猪患病时胎儿多见畸形。

鸡眼干,角膜软化,眼内积聚大量白色干酪样物质;有的表现阵发性、痉挛性抽搐,头颈扭转,转圈,鸣叫,外界突然刺激时症状明显。另外,可见痛风发生。

【诊　断】　根据饲料中缺乏维生素 A 和胡萝卜素的病史,结合临床症状即可做出诊断。

【治　疗】　平时供给富含维生素 A 和胡萝卜素的饲料,保证日粮中维生素 A 的含量。同时,搞好饲料的调制和保管,防止发霉变质,及时治疗肝胆和消化道疾病。发病后维生素 A 要加倍添加,也可肌内注射维生素 AD 注射液或内服鱼肝油。

维生素 K 缺乏症

是指由于维生素 K 缺乏而引起的以血凝障碍、出血不止为特征的营养缺乏性疾病。各种畜（禽）均可发生，主要见于猪和笼养鸡，并以雏鸡常发。

【病　因】　日粮中缺乏维生素 K 且又添加量不足是集约化养殖场维生素 K 缺乏的主要原因。反刍动物胃肠道细菌能够合成维生素 K，并在小肠吸收利用。而猪和鸡仅在肠道后段合成维生素 K，且吸收利用率较低，若长期应用磺胺类药物、抗生素、抗球虫药物等，可抑制肠道有益细菌繁殖及维生素 K 的合成而导致缺乏。患肝脏疾病及慢性消化道疾病时，维生素 K 的吸收和肝转变凝血酶原障碍而引起发病。

维生素 K 的拮抗物双香豆素、敌鼠盐、安妥等的结构与维生素 K 相似，可与维生素 K 竞争而导致维生素 K 缺乏。

此外，黄曲霉毒素、维生素 B_1 以及维生素 A、维生素 D、维生素 E 缺乏也可影响维生素 K 的利用而导致维生素 K 缺乏。

【症　状】　鸡在维生素 K 缺乏后 2～3 周才出现症状，表现不爱活动，精神不振，呼吸困难，胸前、腹下、翅下出血不止，皮下血肿，冠髯苍白。剖检才可见到内出血，表现肺脏出血和胸腔积血，肠道出血，严重者便血。雏鸡死亡很快，成年鸡发病较轻。

仔猪亦可表现内、外出血，血凝时间延长，肩关节肿大，走路不稳，常因肝脏出血而突然死亡。

反刍动物多因草木樨中毒而发生，一般为内出血，公犊去势时出血不止。

【诊　断】　根据病因结合内、外出血以及血凝时间延长等症状即可做出诊断。

【治　疗】　平时保证畜禽维生素 K 的需要，尤其对雏鸡、仔猪及时补充维生素 K。防止饲料霉败，及时治疗肝病和消化道疾病。对发病畜（禽）可用维生素 K 治疗，并配合钙剂促进凝血。

B族维生素缺乏症

B族维生素种类繁多,主要作为辅酶参与体内代谢,缺乏时引起相应的酶活性降低及其相关物质代谢障碍。成年反刍动物瘤胃微生物可合成B族维生素,不易发生缺乏症,但高产哺乳动物为满足生产的需要或患病时也可发生缺乏。鸡和猪在低温、高温、疫苗注射、长途运输、断喙及患病时需要B族维生素较多,易患缺乏症,此时应补充B族维生素。此外,治疗任何一种B族维生素缺乏症时,在补充相应的B族维生素的同时须补充复合维生素B效果才好。

【病　因】

(1)维生素B_1缺乏症　维生素B_1亦称硫胺素,缺乏可引起糖代谢障碍和神经系统损害,多发生于鸡和幼畜。

日粮中缺乏维生素B_1、胃肠道疾病致使维生素B_1吸收及合成障碍是致病主要原因。某些饲料如菜籽饼、棉籽饼等含有抗硫胺素因子,与维生素B_1发生拮抗,蕨类植物中含有硫胺素酶,分解破坏维生素B_1,也可导致维生素B_1缺乏。

维生素B_1在体内参与糖代谢中的α-酮酸氧化脱羧反应,是α-酮酸氧化脱羧酶系中的辅酶。当维生素B_1缺乏时,丙酮酸和α-酮酸氧化脱羧酶辅酶活性降低,丙酮酸氧化脱羧受阻,不能进入三羧酸循环彻底氧化,造成丙酮酸、乳酸在组织中堆积及神经供能障碍,出现多发性神经炎;也可影响蛋白质和脂肪的代谢,伴发蛋白质和脂肪代谢障碍综合征。维生素B_1还可抑制胆碱酯酶活性,加速乙酰胆碱合成,促进胃肠道分泌,提高胃肠兴奋度,增强食欲,缺乏时引起消化功能障碍。

(2)维生素B_2缺乏症　维生素B_2缺乏可导致生物氧化障碍,临床上以被毛、唇、舌病变和鸡趾爪蜷缩为特征。多发生于鸡,常与其他B族维生素缺乏相伴发生。

　　饲料本身缺乏维生素 B_2 或缺乏蛋白质,糖过多影响维生素 B_2 的吸收,脂肪过多,维生素 B_2 亦消耗多,也可导致缺乏症。此外,本病尚与遗传因素有关。

　　维生素 B_2 在体内构成黄酶的辅酶,黄酶在机体生物氧化的呼吸链中起传递氢原子的作用,还协同维生素 B_1 参与糖和脂肪的代谢。当其缺乏时,体内的生物氧化、能量等方面的物质代谢发生障碍,出现一系列临床症状。

【症　状】

　　(1)维生素 B_1 缺乏症　依病情轻重和畜(禽)种类不同而有差异,表现消化功能障碍,生长发育受阻。鸡一般 3 周才出现症状,表现角弓反张,呈"观星"姿势。因乳酸堆积,伸肌麻痹,采食障碍,多半饿死。血液中丙酮酸、乳酸含量升高。猪、犬除神经症状外,尚有呕吐、胃肠炎及胃肠弛缓等症状。孕畜产仔减少,出现死胎、流产和胎儿发育不全等。剖检可见皮下水肿,肝脏呈淡黄色、质脆,胃肠道有炎症,脑充血并有对称性出血。

　　(2)维生素 B_2 缺乏症　鸡表现典型的趾爪蜷缩,腿麻痹,行走困难,腹泻,生长停止,常突然死亡;种蛋孵化率降低。幼畜生长发育不良,食欲不振,慢性腹泻,皮炎,局部脱毛,眼边及结膜发炎,唇、舌溃疡,晶状体浑浊。母猪早产等。

【诊　断】

　　(1)维生素 B_1 缺乏症　可根据病史结合多发性神经炎、角弓反张、血液中丙酮酸含量升高等做出诊断。

　　(2)维生素 B_2 缺乏症　依据饲料中缺乏维生素 B_2 及临床症状和病理变化进行诊断。

【治　疗】

　　(1)维生素 B_1 缺乏症　搞好饲料配合,多喂富含维生素 B_1 的谷物子实饲料、麸皮及青绿饲料,或在日粮中添加维生素 B_1,尤其是繁殖母畜和产蛋鸡日粮中应供足维生素 B_1。对发病畜(禽)尚有食欲者口服维生素 B_1 或食母生,对无食欲者肌内注射维生素 B_1 或复合维生素 B 注射液。

(2)维生素 B_2 缺乏症　搞好日粮配合,对幼畜、种畜、孕畜及生产型畜(禽)及时补足维生素 B_2。发病后在加倍补充维生素 B_2 的同时,还应补充复合维生素 B。对病情严重、缺乏食欲者进行肌内注射。

白 肌 病

【病　因】　是硒和维生素 E 缺乏导致机体抗氧化功能障碍,使骨骼肌、心肌、肝脏受到损害的一种代谢性疾病。病变部位肌肉苍白,故称白肌病。各种畜(禽)均可发生,主要见于幼龄畜(禽)。土壤中硒含量少,或酸性土壤中硒与铁结合成亚硒酸铁不易被吸收,或土壤中硫含量多,而硫又是硒的拮抗物等因素可造成地方性缺硒;饲料配合不当,或长期饲喂低硒饲料(如玉米),或阴雨过多、灌溉使土壤表层硒流失等可造成条件性缺硒。日粮中缺乏含硫氨基酸、维生素 A、B 族维生素、维生素 C 等也易发生本病。

硒和维生素 E 有抗氧化作用,可使组织免受体内过氧化物的损害而对细胞正常功能起保护作用。机体在新陈代谢过程中会产生一些使细胞和亚细胞脂质膜受到破坏的过氧化物,引起细胞变性坏死。体内的谷胱甘肽过氧化物酶在分解这些过氧化物时起很重要的作用,而硒正是该酶的活性中心,缺乏时活性下降,组织受损。维生素 E 则能抑制体内产生过多的过氧化物,特别是体内不饱和脂肪酸的过氧化过程,对细胞-亚细胞的脂质膜起保护作用。硒可破坏过氧化物,维生素 E 可减少过氧化物的产生,两者协同保护组织免受过氧化物的损伤。当其缺乏时,体内过氧化物产生增多且不能及时处理而堆积,使细胞的脂质膜和含硫氨基酸等受到破坏,从而产生一系列临床症状。

【症　状】　症状因畜(禽)种类不同而有差异,一般表现精神沉郁,机体衰弱,运动障碍,共济失调,肢体麻痹;心跳快而弱,节律不齐,有杂音,心力衰竭;角膜炎,腹泻等。慢性者尿液有变化,出现血红蛋白和肌红蛋白的混合尿,颜色由淡红色至深红色,最后为酱油色。多因心力衰竭和肺水肿而死亡,也有无临床症状而突然死亡者。血液检查可见血清谷胱甘肽过氧化物酶活性降低。剖检可见肌肉色淡,有白色条纹或点状、片状白色区。组织器官硒含量显著降低。

【诊　断】　根据缺硒病史,结合饲料硒含量测定和临床症状即可做出诊断。

【治　疗】　加强对妊娠、哺乳母畜及仔畜的饲养管理,增加蛋白质饲料和富硒饲料;在缺硒地区,饲料中应添加含硒微量元素,或定期注射 0.1％亚硒酸钠注射液;对发病畜(禽)肌内注射 0.1％亚硒酸钠注射液,马、牛 10～20ml,猪、羊 4～8ml,犊牛、马驹 5～10ml,羔羊、仔猪 1～2ml,间隔 5～10d 注射 1 次,2～3 次为 1 个疗程。一般补硒的同时要配合补充维生素 E。

仔猪肝营养不良和桑葚心

主要与硒和维生素 E 缺乏有关,肝营养不良大多发生于 3～4 周龄的小猪,体况尚好,生长也快,有的突然死亡。剖检可见肝脏肿胀或萎缩、表面不平,呈红色、白色、黄色相间。桑葚心发生于断奶前后的小猪,有的运动后突然死亡。剖检可见心脏变化明显,心肌上呈现斑点状出血,密集分布于心外膜及心内膜下层,像一颗桑葚。治疗时也应补硒和维生素 E,用 0.1％亚硒酸钠按 1.3ml/kg 体重肌内注射,用维生素 E 按 10～15U/kg 体重口服。对临产前母猪也可用硒和维生素 E 预防。

幼驹腹泻

腹泻是幼驹缺硒的主要症状之一,发生于缺硒地区及春季产驹时。急性者多于生后 1～3d 发病,以水样腹泻为特征,死亡很快。慢性者多发生于生后 10～30d,主要表现消化功能障碍,粪便稀软呈灰白色糊状,有时呈水样并带有较多肠黏膜和血液,用抗生素治疗无效。用亚硒酸钠和维生素 E 治疗效果很好,配合支持和对症治疗。

雏鸡渗出性素质

致病因素是缺乏硒和维生素 E。雏鸡于胸部、腹部、翅下及大腿皮下发生胶冻样浸润性水肿,以 40～65d 的中雏多见,又称小鸡水肿病。穿刺放出的水肿液发蓝,是渗出的血红蛋白变质而引起。预防本病可在鸡饲料中添加亚硒酸钠-维生素 E 粉,0.1mg/kg 体重。病鸡可每日每只肌内注射 0.05％亚硒酸钠注射液 1ml。

鸡脑软化症

主要是维生素 E 缺乏所引起的雏鸡以小脑软化为主要病变、共济失调为主要临床特征的疾病。多发生于 2～7 周龄的雏鸡,表现发育不良,运动障碍,共济失调,头颈弯曲,两腿有节律地痉挛性收缩,最终因极度衰竭而死亡。剖检可见小脑表面出血、软化、肿胀、坏死。治疗用维生素 E 按每日每只鸡 500U 拌料饲喂,同时配合应用硒制剂。

铜缺乏症

饲料中缺铜或饲料中含有铜的拮抗物如铂、硫等引起。幼畜较多见,尤其是仔猪。临床上以贫血为主,表现厌食,腹泻,生长发育受阻,被毛发育不良、脱色,生殖障碍,心力衰竭,以及共济失调、后肢麻痹等。防治本病主要是补铜。可用硫酸铜时应严格掌握剂量,防止发生铜中毒。

锌缺乏症

锌作为辅酶的组成成分参与物质代谢,还具有抗氧化作用和成骨作用,并维持视觉。缺锌可致物质代谢和造血功能障碍,临床上多发生于猪和鸡。表现生长发育受阻,皮肤角化过度而成"癞皮病",被毛缺损,伤口愈合缓慢及视觉、味觉减退等。防治本病主要是补锌,用硫酸锌按一定比例混于饲料或饮水中饲喂,也可使用杆菌肽锌。

钴缺乏症

钴在体内参与维生素 B_{12} 的合成,是造血原料,并有营养神经的作用。牛、羊等易缺乏,尤其是高产奶畜。临床上以少食、异食癖、消瘦、贫血为特征,俗称干瘦病。防治本病主要是补钴,可在精饲料中添加氯化钴或硫酸钴。治疗量牛每日口服 $20\sim30mg$,羊 $2\sim3mg$,也可肌内注射维生素 B_{12} 注射液。

骨营养不良

是日粮中钙、磷、维生素 D 缺乏或钙、磷比例失调所致的骨钙化不全和(或)脱钙性疾病。临床上以骨质变松、变软、变脆,肿大变形,姿势异常,易骨折为特征。骨营养不良是佝偻病、骨软症和纤维素性骨营养不良的总称。佝偻病指生长发育快的幼畜(禽)维生素 D 缺乏及钙、磷代谢障碍所致的成骨细胞钙化不全,临床上以消化功能紊乱、异食癖、跛行及骨变形为特征。骨软症指成年家畜骨钙化完全后,由于饲料中钙、磷缺乏或比例不当造成的骨骼脱钙,临床上均以消化功能紊乱、异食癖、跛行、骨质疏松及骨骼变形为特征。反刍动物主要是由磷缺乏而引起,猪主要是由钙缺乏所引起,高产奶牛也往往是由缺钙引起。纤维素性骨营养不良主要发生于马,在发生佝偻病、骨软症时被结缔组织取代,骨骼体积增大,但重量减轻,主要是由高磷低钙饲料而引起。从病理过程看,佝偻病和骨软症是骨营养不良的早期病变,而纤维素性骨营养不良则是佝偻病和骨软病的进一步发展。

【病　因】

(1)日粮中钙、磷缺乏或比例不当　饲料单一,以麸皮为主,无矿物质饲料补充或选择不当,造成钙、磷缺乏或比例不当而发病。缺乏蛋白质及矿物质饲料是造成奶牛骨营养不良的主要原因。蛋鸡发病多因钙不足和磷过量所致。日粮中钙、磷比例不当(正常为1.5~2∶1),多余的钙与磷结合成不溶性的磷酸钙,随粪便排出而影响磷的吸收;磷过多则可影响钙的吸收。

(2)机体脱钙　麸皮含植酸较多,嫩草含草酸较多,青贮饲料、糟渣饲料及精饲料酸度较大,若这些饲料在日粮中所占比例过大,则可消耗体内的钙而发生脱钙。

(3)钙、磷吸收障碍　日粮中维生素 D 缺乏且光照不足,饲料中氟含量高,患慢性肾功能衰竭、慢性消化道疾病和肝病等易造成钙、磷吸收不良而导致发病。

(4)维生素 A、维生素 C 缺乏　维生素 A 参与骨中黏多糖的合成,维生素 C 参与合成胶原纤维,缺乏时形成骨胶原合成障碍而导致发病。另外,铜、锌、锰缺乏也能影响骨骼的形成和发育。

此外,奶牛患慢性酮病,甲状旁腺激素持续升高,也易继发骨营养不良。

【症　状】　骨营养不良呈慢性经过,早期无明显症状,表现异食癖、喜卧、无力、易出汗;四肢负重差,出现无原因的跛行,随后骨骼变形,呈"X"形或"O"形腿,易骨折,马、犬等前肢变化明显;奶牛后肢变化明显,尾呈"糖葫芦"状;黄牛蹄板变薄;猪四肢骨骼变短;鸡早期产薄壳蛋,然后产软蛋,负重力差,出现产蛋疲劳综合征。剖检可见骨骼有不同程度的疏松,肋骨呈"算盘珠"状,骨膜光泽差、易剥离,骨髓腔增大;关节肿大,关节液多,关节面有凹陷或缺损;甲状腺肿大,切面外翻。

【诊　断】　骨营养不良为一种慢性消耗性疾病,早期不易诊断,仅表现消化不良、异食癖等,若出现跛行、骨变形则已到后期。实验室检查血钙含量变化不大,血磷含量偏低,但不表明饲料中缺磷。血清碱性磷酸酶活性升高,但特异性不强。羟脯氨酸富含于结缔组织中,但血液、尿液中的50%以上是从骨骼中降解而来,降解后不能再被利用而自血液、尿液中排出。因此,测定血液、尿液中羟脯氨酸的含量是早期诊断骨营养不良的特异性指标。另外,也可通过骨穿刺及X线检查尾椎骨的变化来诊断。

【治　疗】　治疗原则是在全价日粮的基础上补钙、磷和维生素D,促进钙、磷吸收。

在骨骼没有发生变形前进行合理治疗可治愈,已发生骨骼变形者,治疗只能减轻症状和控制病情发展,很难痊愈,丧失经济价值,多半被淘汰。

饲料中可添加骨粉(牛每日250g)或脱氟磷酸氢钙(牛每日100g)。若因高钙低磷饲料引起,在给予骨粉的同时静脉注射20%磷酸二氢钠注射液300~500ml,增加麸皮等含磷丰富的饲料;若由高磷低钙饲料引起,在给予骨粉、磷酸氢钙的同时静脉注射氯化钙或葡萄糖酸钙注射液(牛的用量折合钙8~10g),也可在饲料中添加贝壳粉、碳酸钙、乳酸钙、石粉等。小家畜补钙可肌内注射维丁胶性钙,也可口服糖钙片等,并根据病情内服至少15d以上。同时,调整日粮钙、磷比例。为促进钙、磷吸收可肌内注射维生素D或维生素AD注射液,也可内服鱼肝油或维生素AD粉。雏鸡以补充维生素D为主,蛋鸡主要补钙,产蛋前10d左右加大钙的给量。猪通常用钙剂治疗,而不用无机磷酸盐。骨营养不良后因骨质疏松,易受风寒侵袭,在治疗时应配合应用抗风湿药物。

在给予全价日粮的情况下注意钙、磷的添加量和添加比例。奶牛饲喂一定量的干草,增加光照,定期做血液、尿液游离羟脯氨酸的测定,早发现、早治疗。

青草搐搦

是指饲料缺镁引起的低血镁性抽搐,以阵发性或强直性痉挛为特征。多发生于春天开始放牧采食青嫩饲料时,常见于牛、羊。

【病　因】 饲料中镁含量低是主要原因;初春青草生长旺盛,含非蛋白氮较多,牛、羊采食后在瘤胃中产生较多的氨,与镁形成不易吸收的不溶性硫酸铵镁;缺钠可促进本病发生,钾、钠离子为兴奋性离子,而钙、镁离子为抑制性离子,钠离子可对抗钾离子,钙离子又可对抗镁离子,正常情况下,兴奋性离子和抑制性离子保持平衡,当缺乏钠离子时,钾离子含量升高,可导致镁缺乏。

镁离子是许多酶的组成成分,可阻止运动神经末梢释放乙酰胆碱,缺镁时乙酰胆碱释放增加,临床上出现抽搐症。另外,钙、镁都是抑制性离子,低钙、低镁都可引起神经肌肉的兴奋性增强而发生抽搐。

【症　状】 急性型表现兴奋不安,突然倒地,头颈侧弯,牙关紧闭,口吐白沫,瞬膜外突,心动过速,阵发性或强直性痉挛,粪尿失禁。如不及时抢救,死亡很快。慢性型于放牧时有异常表现,走路缓慢,随后倒地,常因全身肌肉搐搦使病情恶化而死亡。

病牛血镁含量降至 1.5mg/100ml 以下即可发病,严重程度取决于血镁降低程度。一般血镁含量在 1.1～1.8mg/100ml 者为轻型,0.6～1mg/100ml 者为重型,0.5mg/100ml 以下者为严重型。同时,伴有血钙含量降低,血钙含量在 6.1～8mg/100ml 者为轻型,6mg/100ml 以下者则为重型。

【诊　断】 根据采食青草或放牧为主的病史,结合痉挛性抽搐的神经症状及血镁、血钙含量显著降低可做出诊断。

【治　疗】 发病后立即静脉注射 25%硫酸镁注射液 50～100ml,10%氯化钙注射液 100～200ml,也可静脉注射葡萄糖酸钙注射液,但剂量要大些。钙、镁制剂应用时一定稀释,浓度不能太大,注射速度也不宜过快,并注意检测心跳和呼吸。病情严重者配合使用镇静药物。

增加饲料中的镁含量,放牧草地不宜过量施用氮肥和钾肥,可适当喷施硫酸镁。春季由舍饲转为放牧时要逐渐过渡,放牧前配合饲料中增加镁、骨粉和食盐的量。放牧期间监测血镁含量,对早期诊断和治疗都有一定意义,一般血镁含量低于正常值持续1周即可发病。

第二节 中毒病防治

亚硝酸盐中毒

家畜亚硝酸盐中毒是由于饲料中富含硝酸盐,在饲喂前加工调制不当或被反刍动物采食后在瘤胃内经硝酸盐还原菌的作用形成大量亚硝酸盐,造成高铁血红蛋白症而引起,临床上以呼吸困难、黏膜发绀、血液凝固不良和其他组织中毒性缺氧为特征。本病猪最常见,牛次之,鸡、羊、马及特种经济动物也有报道。

【病因与毒理】 亚硝酸盐中毒取决于饲料中硝酸盐的含量和硝酸盐还原菌的存在及活性。植物中的氮多以硝酸盐的形式存在,因此各种鲜嫩青草、作物秧苗以及叶菜类等饲料中硝酸盐含量较高,尤其在重施氮肥或使用除莠剂、植物生长调节剂后,上述饲料中的硝酸盐含量更高。另外,硝酸盐还原菌广泛分布于自然界,当硝酸盐含量高的饲料经日晒、踩压堆放、小火焖煮之后,温度达到 20℃~40℃、空气相对湿度达到 40％以上时,硝酸盐还原菌很快将饲料中的硝酸盐转化为亚硝酸盐,其毒性增加 5~10 倍,被畜(禽)采食后即发生中毒。对于反刍动物,硝酸盐还原菌大量存在于瘤胃内,当其采食含大量硝酸盐的饲料且日粮中糖类饲料不足时,会促进瘤胃内硝酸盐转变为亚硝酸盐而导致中毒。此外,亚硝酸盐外形如食盐,误食后也可引起中毒。

亚硝酸盐为一种血液毒,经吸收进入血液后主要表现以下毒性作用:亚硝酸盐与血液中的亚铁血红蛋白结合,形成高铁血红蛋白,使亚铁血红蛋白失去携氧能力,造成组织缺氧;直接刺激胃肠道,引起呕吐和胃肠炎;抑制血管舒缩中枢神经,使血管扩张,血压下降,外周循环衰竭;慢性中毒时,亚硝酸盐可破坏体内的维生素A和维生素E而导致流产;亚硝酸盐和体内的胺形成亚硝胺,可引起组织细胞癌变。

【症　状】　猪一般于食后0.5h内发病,表现流涎、呕吐、腹痛、腹泻、呼吸困难、心跳急促、皮肤黏膜呈青紫色、站立不稳、体温正常或低下等症状,最后抽搐倒地,昏迷窒息而死。慢性者表现流产、癌变等。反刍动物通常于采食后5h左右发病,除上述症状外,往往突然全身痉挛抽搐,口吐白沫,尿频,张口呼吸,步态蹒跚,最后倒地挣扎而死。

剖检可见黏膜呈蓝紫色,血液稀薄、凝固不良,呈酱油色;气管内有大量泡沫样液体;肺脏水肿,内脏淤血,心肌变性发软,胃黏膜脱落、充血、出血。

【诊　断】　根据调制青绿饲料不当的病史,结合发病突然、病程短且群发,临床表现黏膜发绀、血液呈酱油色、呼吸困难等可做出初步诊断,有条件时做毒物定性检验。取饲料的水浸出液2ml,加格林氏粉(α-奈胺1g、对氨基苯磺酸10g、酒石酸89g,共研为末)0.2g,出现红色反应者表明饲料中含有亚硝酸盐,也可依据颜色深浅粗略定量。

【治　疗】　注意青绿饲料的保管,不应长时间堆放;不喂冰冻、腐烂的青绿饲料;青绿饲料最好新鲜生喂,若要煮熟应急火快煮,放冷即喂;反刍动物饲喂青绿饲料时,应搭配一定量的碳水化合物饲料,一旦发病立即停喂含硝酸盐多的青绿饲料,并用特效解毒剂治疗。可用 1‰美蓝溶液（美蓝 1g 溶于 10ml 无水乙醇中,再加灭菌生理盐水至 100ml,混匀）静脉滴注,猪 1～2mg/kg 体重、牛 10mg/kg 体重。也可静脉滴注 5‰甲苯胺蓝溶液 10～20ml。大剂量的维生素 C 和高浓度的葡萄糖注射液也有一定疗效。此外,根据病畜具体情况,适当进行强心、兴奋呼吸、输液等对症和支持治疗。

瘤胃酸中毒

瘤胃酸中毒是由于反刍动物采食了大量富含碳水化合物的饲料而引起瘤胃微生物区系发生变化,形成大量乳酸堆积的一种疾病。临床上以食欲、瘤胃蠕动、瘤胃液 pH 及血浆二氧化碳结合力降低,而瘤胃内液渗透压增高,导致机体脱水为特征。

【病因与毒理】 主要是反刍动物一次大量或长期采食富含碳水化合物的谷物饲料,如玉米、小麦、高粱、糟粕等所引起。偷食大量精饲料是最常见的致病原因。正常情况下,瘤胃微生物区系维持瘤胃内环境稳定,当采食大量富含碳水化合物的谷物饲料后,很快造成食物积滞,瘤胃微生物区系发生变化,产生大量乳酸,进而产生一系列病理反应（图 3-1）,造成家畜急性中毒死亡。当乳酸生成较慢时,因瘤胃微生物群落使乳酸向挥发性脂肪酸转化的能力得到适应,病畜可耐过不死。

【症　状】 一般于过食后 4～8h 发病,呈急性经过,很快死亡。病畜表现精神沉郁、流涎、呆立、目光无神、心跳加快、食欲废绝,随之瘤胃体积增大,瘤胃冲击性触诊有拍水音,瘤胃蠕动音消失,腹痛不安;后肢肌肉震颤,眼窝下陷,少尿或无尿,粪便稀软带酸臭味。有的还伴发蹄叶炎。实验室检查,瘤胃内革兰氏阴性菌和纤毛虫死亡崩解,革兰氏阳性菌大量增殖;瘤胃液、血液、尿液 pH 降低,内毒素和组胺浓度升高;血浆二氧化碳结合力降低。剖检可见皮肤干燥,弹性降低;瘤胃液量多且有酸臭味,并可见谷物

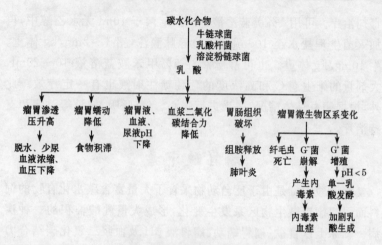

图 3-1　瘤胃酸中毒机制

颗粒;瘤胃黏膜严重脱落,胃壁常见出血,肠黏膜出血;心肌柔软,心内膜出血;肝脏略肿大,切面流出大量血液;肾脏肿大、色淡、质软,脾脏、肺脏有出血斑点。

【诊　断】　根据过食谷物或青贮饲料酸度过大等病史,临床表现发病急、严重脱水、瘤胃积液、粪便酸臭,以及瘤胃液、血液、尿液 pH 下降,血浆二氧化碳结合力降低,并有内毒素血症、蹄叶炎等特征可做出诊断。

【治　疗】　平时应加强饲养管理,搞好日粮配合,控制精饲料喂量,防止偷食。青贮饲料酸度大时,应补充优质干草,日粮中添加一定比例的碳酸氢钠。治疗以中和瘤胃酸度、解除脱水和酸中毒为主,并配合对症和支持治疗。

(1)中和瘤胃酸度　可用 10% 石灰水上清液洗胃,使乳酸形成不溶性的乳酸钙,注意不要过量,以使瘤胃 pH 达到 7 为宜,2～4h 后应再次纠正。不可灌服大剂量碳酸氢钠,因乳酸和碳酸氢钠结合会形成乳酸钠,经吸收后最终会发生严重的代谢性碱中毒,更难纠正,易导致死亡。

(2)解除脱水和酸中毒 静脉滴注5%碳酸氢钠注射液500～800ml,大剂量补给等渗溶液,如5%葡萄糖氯化钠注射液、复方氯化钠注射液等,牛每日8 000～10 000ml、羊1 000～2 000ml,分2～3次静脉注射,其中加入安钠咖效果更好。

(3)对症治疗 重症瘤胃酸中毒出现内毒素血症时,应用皮质类激素;伴发蹄叶炎时,应用苯海拉明等抗组胺药物。

饼粕类饲料中毒

饼粕是豆谷加工后的副产品,其蛋白质含量高,为畜禽常用的蛋白质饲料。但某些饼粕类饲料中含有有毒物质,大量或长期单一饲喂易引起畜(禽)中毒,临床上最常见的是棉籽饼粕和菜籽饼粕中毒。

【病因与毒理】

(1)棉籽饼粕中毒 棉籽饼粕中含有有毒物质——游离棉酚,据报道,畜禽日粮中棉籽饼粕超过10%或游离棉酚含量超过69mg/kg,饲喂15～30d即可发病。如果饲料中缺乏维生素A和钙更易诱发棉籽饼粕中毒,缺乏青绿饲料和蛋白质饲料也易引起发病。受害家畜(禽)主要是鸡、猪和牛,奶牛和蛋鸡消耗蛋白质较多,犊牛和雏鸡的解毒能力较差,故临床发病也较多。

游离棉酚为慢性蓄积性毒物,大量游离棉酚进入消化道后,刺激胃肠黏膜引起胃肠炎。游离棉酚被吸收后为血液毒和细胞原浆毒,可直接破坏红细胞,导致溶血,并使血管壁的通透性增加,引起水肿。还可与体内的铁和蛋白质结合,干扰血红蛋白的合成,造成贫血。也可与体内的硫结合,破坏一些酶的活性。游离棉酚在体内蓄积一定量后,对心脏、肝脏、肾脏、生殖细胞等产生广泛的损伤。另外,游离棉酚易溶于脂质,能在神经细胞中积累使神经系统功能发生紊乱。

(2)菜籽饼粕中毒 油菜籽压榨取油后的饼粕含有芥子苷,被畜(禽)采食后,在一定温度和水分下,芥子苷很快会被芥子酶水解成有毒的异硫氰酸丙烯酯等,对机体产生毒性作用。此外,菜籽饼粕中还含有芥子碱、芥子酸等有毒物质,将菜籽饼粕粉碎、用水浸泡后饲喂危险性最大。各种畜(禽)均可发生中毒,蛋鸡、种鸡、母猪、仔猪日粮中超过5%,生长鸡、肉鸡、生长肥育猪和牛日粮中超过10%就可能发病。

异硫氰酸丙烯酯具有强烈的刺激作用,可引起胃肠炎、肾炎和支气管炎,甚至导致肺水肿。异硫氰酸丙烯酯被吸收后,可引起微血管扩张,抑制甲状腺对碘的摄取,干扰甲状腺素的合成,引起甲状腺肿大,动物生长发育受阻。同时,异硫氰酸丙烯酯对肾上腺皮质、脑垂体、肝脏、肾脏、心脏以及生殖器官也有损害作用。

【症　状】

(1)棉籽饼粕中毒　急性中毒表现出血性胃肠炎。临床上以慢性中毒为多见,病畜表现食欲下降,体重减轻。牛表现顽固的前胃弛缓,产奶量下降,便秘与腹泻交替出现,全身水肿,尿色发红,贫血,呼吸困难,视力障碍,胎牛可能瞎眼,还有死胎、不育和流产等症状;雏鸡消瘦、死亡,蛋鸡产蛋量下降,卵黄色淡;猪可见坏死性皮炎,以耳尖、尾尖为主,全身无力,走路摇晃等。

剖检可见皮下胶冻样水肿、体腔积液、胆囊肿大、肺脏水肿、肝脏肿大呈土黄色、肾脏软、肌肉苍白等。

(2)菜籽饼粕中毒　多呈急性经过,病畜表现精神沉郁,消瘦,站立不稳;多见腹痛、腹泻、粪中带血;尿频,有血红蛋白尿;呼吸困难,可视黏膜发绀,鼻孔流出粉红色泡沫状液体;有时出现神经症状,最终因心力衰竭而死亡。此外,牛表现前胃弛缓,妊娠猪流产,胎儿呈大脖子畸形和秃毛,鸡生长发育受阻,产蛋减少,甲状腺肿大,严重者出现骨短粗症。

剖检可见血液呈暗褐色,凝固不良,胃肠黏膜、心外膜和肾脏出血,肝脏肿大质脆,肺脏水肿和气肿。

【诊 断】

(1)棉籽饼粕中毒 根据饲喂棉籽饼粕的病史,结合临床症状和病理变化综合分析,可做出初步诊断。有条件时,应检测饲料中游离棉酚的含量。可将被检物用95%乙醇或氯仿浸提,提取液经浓缩后加氯化锡,出现暗红色者为阳性反应。

(2)菜籽饼粕中毒 依据采食菜籽饼粕的病史和临床症状及病理变化可做出初步诊断,确诊尚需进行毒物分析。取菜籽饼粕少许,用适量蒸馏水浸泡过夜,浸出液加浓硝酸2滴呈现红色,或加浓氨水2滴呈现黄色者为阳性。必要时进行定量分析。

【治 疗】

(1)棉籽饼粕中毒 目前尚无特效解毒药,应采取综合治疗措施。首先停喂有毒的棉籽饼粕,改喂易消化、营养丰富的饲料。若为急性中毒,可用0.04%高锰酸钾溶液洗胃或用5%碳酸氢钠溶液灌肠。慢性中毒者采取对症和支持疗法,如制止渗出、强心补液、保肝解毒、利尿等,出现胃肠炎时还应配合使用收敛、消炎、止血等药物。在治疗的同时,增加饲料中钙和维生素C的含量。

预防本病应采取以下措施:限量饲喂,一般牛每日不超过1 500g,猪不超过500g,鸡配合饲料中不超过10%,妊娠动物、幼龄动物最好不喂;改善饲料加工工艺,棉籽饼粕最好经加热、加压处理后再饲喂,以尽可能多地破坏其中的游离棉酚;搞好棉籽饼粕的脱毒处理,用0.2%硫酸亚铁溶液浸泡24h,滤干后即可脱毒。

(2)菜籽饼粕中毒 本病无特效解毒药,主要采取对症治疗。可参考棉籽饼粕中毒的治疗方法,同时配合应用碘化钾。严格控制菜籽饼粕的饲喂量,未经脱毒处理的不得饲喂,尤其对母畜和幼畜。菜籽饼粕的脱毒方法有以下几种:坑埋法,将菜籽饼粕与水拌和(1∶1)后埋于土坑中,30~60d即可除去99%的毒物;碱处理法,将菜籽饼粕粉碎,用10%碳酸氢钠溶液喷洒使之湿润,以破坏芥子苷和芥子碱;水浸法,将菜籽饼粕用温水浸泡数小时,去除水分后再换水浸泡1～2次。

糟渣类饲料中毒

糟渣类也是家畜常用的饲料,酒糟中含有一定量的乙醇,豆腐渣中含有胰蛋白酶抑制因子等多种有毒有害物质,酱油渣中含食盐量较高,淀粉渣因其原料不同可能含有甘薯酮、茄碱等有毒物质,加上糟渣类饲料湿度大,易被霉菌污染,这些都会引起家畜中毒,现仅介绍酒糟中毒。

【病因与毒理】 酒糟是酿酒工业的副产品,酒糟中含有一定量的乙醇,经放置发酵酸败后可产生多种游离酸和杂醇油等有毒物质,以醋酸更常见。另外,酿酒原料霉败以及酒糟贮存保管不当而发霉变质,可产生多种霉菌毒素,当畜(禽)长期或突然大量饲喂,即可引起中毒,其中以猪和牛中毒最多。

酒糟中的醇和游离酸可强烈刺激消化道,引起消化不良甚至胃肠炎,吸收后对肝脏、肾脏和神经等都有损伤作用。另外,酸性物质长期进入体内,可引起机体缺钙,影响矿物质代谢。

【症　状】 急性中毒病畜主要表现胃肠炎症状,食欲减少,腹痛,腹泻。随后出现神经症状,表现兴奋不安,步态不稳,四肢麻痹,体温下降,最后因呼吸中枢麻痹而死亡。慢性中毒病畜表现食欲减退,消化不良,肝炎,皮疹,皮炎,骨质疏松、变脆,牙齿松动或脱落,孕畜流产,有时发生血尿和视力障碍等。

剖检可见皮肤发红,胃肠黏膜脱落、出血,心外膜出血,脑膜充血、出血。慢性中毒表现肝硬化和骨软化。

【诊　断】 根据长期或大量饲喂酒糟的病史,结合消化不良、胃肠炎、先兴奋后麻痹等临床症状及病理变化,基本可以确诊。

【治　疗】 严格控制酒糟喂量,一般不得超过日粮的25%,而且应逐渐添加,并与其他优质饲料搭配饲喂。贮存酒糟不宜多、时间不宜长,也不宜日晒,以防发酵霉变。对轻度酸败的酒糟可加石灰水中和,严重酸败和霉变者应坚决废弃。此外,长期饲喂酒糟时,应适当补充含钙多的矿物质饲料。

治疗时,首先停喂酒糟,用 1%碳酸氢钠溶液 1 000～2 000ml口服或灌肠,以中和酸度。静脉注射 5%碳酸氢钠注射液 250～500ml、5%葡萄糖氯化钠注射液 500～1 000ml、10%安钠咖注射液 10～20ml,10%葡萄糖酸钙注射液 50～500ml。此外,针对病情采取对症治疗,如镇静、解除循环障碍和呼吸衰竭等。

食盐中毒

食盐是畜(禽)必需的营养元素,常按一定比例添加于日粮中以增加日粮适口性,提高动物胃肠兴奋度。但摄入过量食盐或采食量虽不多而饮水缺乏时,则引起以消化道功能紊乱和神经症状为特征的中毒性疾病。临床上以猪和鸡对食盐最敏感,其他家畜也有发生。

【病因与毒理】 添加量过大(超过 2%)或配合不匀即会发生中毒。另外,饲喂含食盐量高的劣质鱼粉、小干鱼、酱渣、泔水等也可引起中毒;限制饮水,尤其夏季饮水不足,食盐中毒发生的概率较高;长期不喂给食盐,突然饲喂大量食盐时易引起食盐中毒;日粮中缺乏维生素 E、含硫氨基酸和矿物质,会增加猪和禽类对食盐的敏感性;治疗疾病时,盐类泻剂用量过大、浓度过高,均可引起食盐中毒。

大剂量、高浓度的食盐进入胃肠道,刺激胃肠黏膜造成胃肠炎,导致机体脱水。大量钠离子被吸收后,使血钠浓度升高,破坏电解质离子间的平衡,使神经肌肉的兴奋性增高。同时,钠离子使细胞外液的渗透压增高,引起细胞的水分外移而导致细胞脱水和脑组织水肿。钠离子又可抑制脑组织中葡萄糖无氧酵解供能,使神经组织缺氧、缺能,产生异常兴奋和麻痹等神经症状。

【症　状】 猪急性食盐中毒主要表现神经症状,极度衰弱,肌肉震颤,阵发性惊厥。有的无目的地徘徊,步态不稳,视力障碍;有的不安,转圈或向前冲;有的角弓反张,暴退,躺卧,四肢泳动,昏迷,多在发病后 48h 死亡。慢性中毒表现食欲不振,口渴,机体脱水,便秘,逐渐消瘦,贫血,皮肤发痒,后期出现神经症状而死亡。牛急性中毒主要表现厌食、口渴、瘤胃蠕动增强、腹泻、粪便中有黏液和血液,有的表现视觉障碍、肌肉痉挛、卧地不起等,体温一般正常,多在症状出现 24h 内死亡。慢性中毒主要表现食欲不振,体重减轻,体温降低,脱水,最后死于衰竭。鸡食盐中毒表现口渴,腹泻,兴奋鸣叫,神经过敏,惊厥,肌肉痉挛,两腿麻痹,常在虚脱中死亡。

剖检死亡病畜(禽),可见胃肠黏膜充血、水肿,脑脊髓有不同程度的充血、水肿。猪有嗜酸性粒细胞浸润性脑膜脑炎病变。

【诊　断】　根据过多饲喂食盐或限制饮水等病史,结合口渴、腹泻、兴奋、痉挛、瘫痪等症状以及脑水肿、嗜酸性血管套等病理变化,可基本做出诊断。必要时,对饲料、饮水、胃肠内容物及肝脏、脑等组织进行氯化钠含量测定。可将饲料和胃肠内容物水浸、过滤、蒸干,残渣中若有大量盐类结晶,火焰燃烧呈鲜黄色,遇硝酸银溶液有白色沉淀者,即可定性。

【治　疗】　严格控制食盐添加量,猪和禽占日粮干物质的0.5%,反刍动物可占 1%,并要混合均匀,保证饮水供应。饲喂富含食盐的鱼粉等,应将其含盐量计算在内。本病无特效解毒药,应综合治疗。首先停喂含盐多的饲料,早期可少量多次给予清洁饮水,切忌暴饮。症状明显后应限制饮水,以免加速细胞崩解。其次维持血液中阳离子平衡,可静脉注射 10%葡萄糖酸钙注射液200～400ml 或 5%氯化钙注射液 100～200ml,同时静脉滴注20%甘露醇或高渗葡萄糖注射液,以降低脑内压,改善神经症状。也可应用硫酸镁和溴化钾来对抗钠离子引起的痉挛。另外,可用氢氯噻嗪利尿和使用油类泻剂,以加速食盐排出。

尿素中毒

尿素含氮量为 46％，是一种农业速效氮肥，现代养牛业常将其作为蛋白质补充饲料，当大量误食、喂量过多或饲喂方式不当即可引起中毒。临床上以呼吸困难、强直性痉挛和循环衰竭为特征。主要发生于反刍动物。

【病因与毒理】　尿素的物理性状和食盐相似，如管理不严，将其误当食盐饲喂或被家畜偷食即可发生中毒；饲料中添加剂量过大、突然添加饲喂或搅拌不匀等也可引起中毒；家畜饮水不定，肝脏功能障碍以及瘤胃 pH 升高等亦可增加家畜对尿素的敏感性而导致中毒。

正常情况下，反刍动物瘤胃中的细菌产生脲酶，将尿素水解为二氧化碳和氨，其中的氨再转化成微生物蛋白质，最终转化为家畜自身的蛋白质。当瘤胃 pH 在 8 左右时，脲酶的活力最旺盛，尿素分解迅速，此时若食入多量的尿素或突然饲喂，瘤胃微生物尚未适应，则产生大量的中间物质氨和氨甲酰胺，不能被微生物所利用。一方面直接刺激胃肠黏膜，另一方面被吸收入血液，当超过肝脏的解毒能力，则产生明显的中毒症状。血液中的氨作用于心血管系统，引起血管通透性增加，心脏功能不全。另外，还可引起肺水肿和神经症状。

【症　状】　牛采食中毒量的尿素后 1h 内即可发病。病初表现精神沉郁，食欲不振，不安呻吟，肌肉震颤，呼吸困难，步态不稳。接着反复发生痉挛，眼球震颤，共济失调。高度呼吸困难，口、鼻流出泡沫样液体，出汗，瞳孔散大，肛门松弛，最后窒息而死。病程稍长者表现后躯不全麻痹，卧地不起。剖检可见胃肠黏膜充血、出血、脱落，瘤胃内发出强烈氨臭味。肺脏充血、水肿，脑膜充血。

【诊　断】　根据过食尿素病史，结合呼吸困难、痉挛、抽搐、循环衰竭、昏迷等症状，以及胃肠黏膜充血、出血、脱落、瘤胃内有氨臭味和肺脏充血、水肿等病理变化,可做出初步诊断。确诊尚需测定血氨值,血氨浓度达 8.4～13mg/L 时出现中毒症状,达 50mg/L 时即可中毒死亡。

【治　疗】 加强尿素管理,防止家畜误食或偷食。添加量控制在全部饲料总干物质量的 1％以下或精饲料量的 3％以下,成年牛每日用量以 100g 为度,羊不超过 30g,饲喂时逐渐添加至限量,同时搅拌均匀。大豆中含尿素酶,可加速尿素分解,故尿素不宜与豆饼合用。另外,犊牛瘤胃微生物区系尚不健全,不宜饲喂尿素。发病早期可灌服食醋 500～1 000ml,一方面抑制瘤胃内脲酶的活性,制止尿素继续分解;另一方面可中和尿素分解的氨。对于已经吸收的毒物,可静脉滴注 10％硫代硫酸钠注射液 250～500ml,同时配合强心利尿剂以促进毒物排出。此外,可静脉滴注 10％葡萄糖酸钙注射液 100～200ml,并进行对症治疗。

赤霉菌素中毒

霉菌是真菌的一部分,在自然界中广泛存在,极易污染农作物及其副产品和畜(禽)饲料,并在适宜温度、湿度下迅速繁殖,产生多种霉菌毒素。目前已知产毒霉菌有百余种,主要为曲霉菌属、镰刀菌属、青霉菌属等,可产生 200 多种霉菌毒素,其中有 30 多种对畜(禽)危害较大。霉菌毒素没有抗原性,也不具传染性,但可引起畜(禽)急性或慢性中毒,有些霉菌毒素还具有致癌、致突变和致畸等毒性作用。

【病因与毒理】 赤霉菌是镰刀菌属中的一种,玉米、小麦易受感染。赤霉菌在适宜的条件下可迅速繁殖并产生大量赤霉菌毒素,被畜(禽)采食后即可引起中毒。临床上多见于猪,其他畜(禽)也有发生。

赤霉菌产生的赤霉菌素主要有两种,一种为赤霉烯酮(F-2 毒素,亦称玉米酮),另一种为单端孢霉烯族毒素(T-2 毒素)。赤霉烯酮具有雌激素作用,能使中毒家畜的生殖器官功能和形态发生改变;单端孢霉烯族毒素具有强烈的刺激作用,可引起出血性胃肠炎,被吸收以后引起出血性素质和脑部神经症状。

【症　状】　中毒症状较轻,母猪阴唇肿大、突出,阴道黏膜充血、肿胀,乳房肿大,有发情征候,甚至出现"慕雄狂"现象。公猪乳房肿大,睾丸萎缩。据报道,食入该菌素可引起母猪不孕、胎儿干尸化、胎儿被吸收和流产、卵巢发育不全、卵泡萎缩等。单端孢霉烯族毒素中毒症状较重,中毒猪表现拒食、呕吐,由消化不良发展成出血性胃肠炎,并可影响血液的凝固性,心脏、肺脏、肝脏、肾脏等脏器出血。剖检所见赤霉烯酮毒素中毒的病理变化主要发生在生殖器官,单端孢霉烯族毒素中毒的病理变化主要在消化道,胃肠黏膜充血、出血、坏死,脑实质出血、软化,心肌变性、出血,其他脏器也见有变性和出血。

【诊　断】　根据饲喂发霉饲料的病史,结合临床症状和病理变化,可做出初步诊断。确诊需进行饲料毒物分析和家畜试验。

【治　疗】　加强田间管理,及时防治农作物赤霉菌,作物收获后及时脱粒、晒干,加强仓储管理,防止赤霉菌繁殖、产毒。对轻度发霉的禾谷类饲料,应进行脱毒处理,限量饲喂。脱毒可用4倍量的水浸泡12h,连续2次。对严重发霉饲料应坚决废弃。本病目前尚无特效治疗方法。当发现可疑赤霉菌素中毒时,应立即停喂发霉饲料。中毒在停喂发霉饲料后一般可以自愈。单端孢霉烯族毒素中毒应尽早使用盐类泻剂,以促进毒物排出。当发现胃肠炎时,可给予肠黏膜保护剂和收敛剂,配合对症和支持治疗。对于有出血性倾向的,可试用止血剂(维生素K等)治疗。

黄曲霉毒素中毒

【病因与毒理】　是由于畜(禽)采食了被黄曲霉污染并产生毒素的饲料后所引起的一种急性或慢性中毒病。黄曲霉在自然界中广泛存在,饲料保管不当易被污染,并在适宜的温度和湿度下大量繁殖和产毒。发霉的花生、玉米、黄豆和豆饼中黄曲霉毒素含量最高。产生的霉菌毒素中以 B_1、B_2、G_1、G_2 毒性最大,畜(禽)采食后极易发生中毒。各种畜(禽)均会发生,以雏鸡、雏鸭、犊牛和仔猪比较敏感。

大量的黄曲霉毒素进入消化道后,直接刺激消化道,引起腹泻或便血。黄曲霉毒素被吸收后主要作用于肝脏,引起肝炎和肝脏癌变。也可作用于神经系统,引起神经症状。另外,黄曲霉毒素抑制 DNA 和 RNA 的合成,进而影响机体代谢和蛋白质的合成。

【症　状】　2～4月龄仔猪多发,且呈急性经过。表现无神不食、后腿软、结膜苍白、粪便干燥,有时出现神经症状,一般于发病后 2d 内死亡。育成猪多呈慢性经过,表现无神、异食癖、消瘦、粪干、眼和鼻周围先发红后发绀、全身皮肤黄染、行走无力,最后衰竭而死,少数有神经症状。幼鸡、幼鸭一般为急性经过。雏鸡多发生于2～6周龄,表现食欲减退,生长不良,衰弱,贫血,冠苍白,排血性稀便。幼鸭尚有脱毛、鸣叫等症状。成年禽表现消瘦,产蛋停止,肝脏癌变。犊牛对本病较敏感,多取慢性经过,表现无神,厌食,便秘和腹泻交替发生、角膜浑浊、少数有神经症状。奶牛产奶量下降,妊娠牛流产。剖检可见消化道炎症,肝脏有特征性损害,急性中毒时肝脏肿大、色淡、质脆,有出血斑;慢性中毒时肝脏纤维化,可发现肝癌结节。

【诊　断】　根据饲喂发霉饲料的病史,结合临床症状、病理变化和饲料中黄曲霉毒素的检测即可做出诊断。

【治　疗】　加强饲料的收获、贮存加工和运输管理,搞好饲料卫生,防止发霉变质。对轻度发霉的饲料应用 3 倍量的水反复浸泡后限量饲喂,严重发霉饲料或饲料中黄曲霉毒素超过 0.05 mg/kg时则应废弃。本病目前尚无特效药物治疗,当畜(禽)发生中毒时,应立即停喂发霉饲料,改喂优质饲料,并加强护理。在对症治疗的同时用盐类泻剂加速毒物排出,兼顾保肝、解毒、强心和止血等。由于毒素侵害消化道,使消化道屏障能力下降,往往继发肠道细菌感染,故应使用庆大霉素、卡那霉素、喹诺酮类药物等抑菌消炎,但禁用磺胺类药物。

有机磷农药中毒

有机磷农药是我国使用较为广泛的杀虫剂,其种类很多,因毒性不同可分为剧毒类、强毒类、低毒类三种。目前前两类已禁止使用,低毒类若使用不当,污染饲料后也易引起畜(禽)中毒。

【病因与毒理】 畜(禽)误食被有机磷农药污染的饲料、饮水或用盛放过有机磷农药的器具饲喂畜(禽)以及畜(禽)吸入或经皮肤接触有机磷农药均是导致中毒的常见原因,用有机磷农药驱除畜禽体内外寄生虫时剂量过大、浓度过高也易引起中毒。此外,人为投毒也有可能。

有机磷农药可经消化道、呼吸道和皮肤吸收,吸收后进入体内与胆碱酯酶结合构成稳定的磷酰化胆碱酯酶,从而抑制胆碱酯酶的活性,使其丧失水解乙酰胆碱的能力,以至胆碱能神经末梢部位释放传递神经冲动作用的乙酰胆碱发生蓄积。乙酰胆碱为神经兴奋介质,引起胆碱能神经高度兴奋,组织器官功能异常,出现一系列中毒症状。有机磷农药具有高度亲脂性,可损害神经,引起神经症状。此外,对三磷酸腺苷酶、胰蛋白酶等有抑制作用,导致中毒症状复杂化。

【症 状】 主要表现毒蕈碱样症状、烟碱样症状和神经症状等。

(1)毒蕈碱样症状 病畜大量流涎,呕吐,腹痛,腹泻,尿频,甚至失禁;大汗,瞳孔缩小,可视黏膜苍白,支气管等分泌物增加,呼吸困难,肺脏水肿。

(2)烟碱样症状 病畜肌肉震颤,血压升高,脉搏加快。

(3)神经症状 病畜先兴奋后抑制,重者昏迷。

上述症状因畜(禽)品种、年龄、各种有机磷农药的毒性及染毒剂量等不同而有轻重差异。轻者表现少食、流涎、肠音亢进、粪便稀软等。中度中毒表现食欲废绝、瞳孔缩小、大量流涎、肠音亢进、腹痛、腹泻、肌肉震颤,牛还表现眼球震颤、磨牙、呻吟等,小家畜(犬、猫等)表现兴奋不安、鸣叫、蹦跳等。重度中毒除上述症状外还表现全身肌肉痉挛,高度呼吸困难,突然兴奋,随后倒地昏迷,粪尿失禁,死亡很快。鸡中毒时表现流泪、流涎、血便、痉挛,很快麻痹、昏迷而死。

剖检可见胃肠黏膜充血、出血,胃内容物蒜臭味明显。肺脏淤血、水肿,支气管中大量泡沫状液体。肝脏、肾脏、脑有淤血。

【诊 断】 根据上述症状和接触有机磷农药的病史不难诊断,但对早期和轻度中毒的确诊尚需进行毒物分析。

【治 疗】 加强有机磷农药的管理,避免污染饲料和饮水,防止畜(禽)误食拌过农药的种子,禁止畜(禽)到刚施过农药的场地放牧采食。用有机磷农药治疗畜(禽)寄生虫病时,应严格掌握剂量和给药途径,防止过量与误食。治疗时首先切断毒源,更换可疑的饲料、饮水和场地。用肥皂水清洗畜(禽)体表,或用碱性溶液洗胃或灌肠,以排除和破坏毒物,也可用 0.01％高锰酸钾溶液洗胃,以氧化破坏毒物,但对硫磷(1605)中毒时禁用。当毒物尚未吸收时,应用盐类泻剂促其排出。一旦出现中毒症状应立即用特效解毒剂阿托品治疗,成年牛、马 20～50mg,羊、猪 5～10mg,肌内注射或静脉注射均可,用药剂量和间隔时间视瞳孔状态而定,以防出现"阿托品化"(即瞳孔散大、口腔干燥)。严重中毒者应尽早配合应用胆碱酯酶复活剂如解磷啶、双解磷等。此外,应采取输液、保肝措施,但输液量不宜过多、过快,以免引起肺水肿。兴奋期有抽搐症状时可用镇静剂,肺水肿继发感染时要尽早应用抗菌药物。

氟及氟化物中毒

氟是化学元素中活性最强的元素之一，以多种化合物的形式存在于地壳中。在高氟地区，水土、农作物及饲草中含氟量过高，可引起人兽共患的氟病。在农业上将氟制成农药，主要有氟乙酸钠、氟乙酰胺等，用于防治农业害虫。现在民间仍常用氟乙酰胺灭鼠，如死鼠被畜（禽）尤其是犬、猫误食后常发生二次中毒。

【病因与毒理】

（1）无机氟化物中毒　在高氟地区通过饲料、饮水造成危害，具有明显的地区性。长期用未经脱氟处理的过磷酸钙作畜（禽）矿物质补充剂而发生中毒。另外，磷灰石中含氟，在加硫酸生产磷肥时，形成的氟化氢散落在周围环境中而引起中毒。

氟长期超量进入体内可夺取血液中的钙、镁，形成不溶性的氟化物，出现缺钙综合征；大量的氟也可抑制含金属的酶的活性，使畜（禽）生长发育受阻。另外，氟作为一种腐蚀剂，直接刺激组织，使之发炎、溃烂。

（2）有机氟化物中毒　畜（禽）采食被有机氟农药污染的饲料和饮水而中毒，但临床上最常见的是误食被氟乙酰胺毒死的动物而发生的二次中毒。

氟乙酰胺进入体内对胃肠直接刺激引起发炎的同时脱胺形成氟乙酸，氟乙酸经乙酰辅酶 A 活化，在缩合酶的作用下与草酰乙酸缩合，生成氟柠檬酸。氟柠檬酸与三羧酸循环的中间代谢产物柠檬酸的结构相似，而氟柠檬酸却是正常代谢柠檬酸的对抗物，它不仅可阻断柠檬酸的代谢，而且可抑制乌头酸酶，使三羧酸循环中断，糖代谢受阻，从而导致柠檬酸在体内大量蓄积，三磷酸腺苷生成受阻，细胞呼吸障碍，以脑和心血管系统受害最重。氟柠檬酸也可直接刺激或作用于中枢神经系统，出现痉挛、抽搐。另外，由于糖代谢受阻，出现高血糖的乳酸血症。

【症　状】

(1)无机氟化物中毒　以反刍动物最为敏感,急性中毒主要表现胃肠炎症状,出现厌食、呕吐、腹泻、呼吸困难、肌肉震颤、痉挛,最后虚脱而死。剖检可见胃肠充血、出血、水肿、坏死、黏膜脱落,血凝不良。慢性中毒最为常见,呈现缺钙综合征,表现跛行,消瘦,异食癖,骨质增生、肿大、变形,牙齿松动、形成波状齿、出现对称性黄色氟斑。

(2)有机氟化物中毒　氟乙酰胺需转变为氟柠檬酸并蓄积到中毒水平才能引起畜(禽)中毒,因而误食后3～4h才出现中毒症状,且发病很突然。犬、猫中毒以神经症状为主,表现呕吐,兴奋不安,跑跳,钻于某一角落,尖叫,抽搐,肌肉痉挛,瞳孔散大,粪尿失禁,常在症状出现后0.5h内死亡。牛、马除上述症状外,主要以心律不齐为特征,抽搐痉挛较少见。剖检无特异性病变,可见心内、外膜出血,胃肠黏膜充血、出血,犬、猫胃内容物可能发现死鼠残骸。

【诊　断】

(1)无机氟化物中毒　根据采食毒饵、毒鼠等病史,结合临床症状可做出初步诊断,采取饲料、饮水和胃肠内容物进行毒物分析可以确诊。简单的方法可用羟胺反应来定性,生成异羟肟酸并进一步与高铁离子反应生成紫色异羟肟酸铁络盐。

(2)有机氟化物中毒　根据临床症状和病理变化可做出初步诊断,确诊尚需进行饲料、血液、尿液和骨骼氟含量测定。一般饲料、饮水中含氟7mg/kg、尿氟高于15mg/kg、骨氟含量超过1 000 mg/kg时即为氟中毒。

【治　疗】

(1)无机氟化物中毒　禁止饲喂含高氟的饲料和饮水,对急性中毒可用石灰水洗胃,以形成难溶的氟化钙而排除。对慢性中毒,每日供给硫酸铝、氯化铝等,以减少骨中氟的含量。补钙可静脉滴注氯化钙或葡萄糖酸钙注射液,并配合维生素D、维生素K、维生素 C 和 B 族维生素治疗。

高氟地区的饲料和饮水需经脱氟处理后方可用于饲喂,同时日粮中增加滑石粉和矿物质饲料。使用磷酸氢钙作为矿物质添加剂时,必须经脱氟处理。养殖场要远离氟污染区。

(2)有机氟化物中毒　一旦发现中毒,立即用特效解毒剂乙酰胺治疗,按每千克体重 0.1g 的剂量,肌内或静脉注射,间隔 3～4h 重复用药,直到抽搐现象消失。同时,脱离毒源,用 0.01% 高锰酸钾溶液洗胃或灌肠以排除毒物。此外,采取支持和对症治疗以提高疗效。如静脉注射葡萄糖酸钙或氯化钙注射液控制痉挛,用甘露醇降低脑内压,并配合高渗葡萄糖、三磷酸腺苷、辅酶 A、维生素 B_1 注射液等。

加强鼠药的使用管理,及时清理毒饵和死鼠,严禁畜禽误食。禁止饲喂喷洒含氟农药的农作物。

氨基甲酸酯类农药中毒

氨基甲酸酯类农药是目前使用广泛的杀虫剂、杀菌剂和除草剂,也可用来控制家庭、仓库的害虫和杀灭蚊、蝇等,主要有甲萘威(西维因)、克百威(呋喃丹)、灭害威、灭草灵等。不同品种的氨基甲酸酯类农药毒性差异很大,一般多为中毒或低毒类,其中以克百威、甲萘威的毒性较大。

【病因与毒理】　由于采食被氨基甲酸酯类农药污染的饲料和饮水,或畜(禽)误食家庭杀灭苍蝇的毒饵和毒死的苍蝇而发生中毒。

氨基甲酸酯类农药可经呼吸道、消化道和皮肤吸收,且吸收代谢迅速。进入机体后,由于其立体结构与乙酰胆碱相似,可与胆碱酯酶结合成不稳定的氨基甲酰化酶,丧失水解乙酰胆碱的能力,造成乙酰胆碱在体内积聚,出现类似胆碱使神经功能亢进的症状。但大多数氨基甲酰化酶较磷酰化胆碱酯酶容易水解,使胆碱酯酶很快恢复原有活性。因此,这类农药属于可逆性胆碱酯酶抑制剂。由于其对胆碱酯酶的抑制速度及复活速度几乎接近,而复活速度比磷酰化胆碱酯酶快,故与有机磷农药中毒相比,其临床症状较轻,恢复也快。

【症　状】　急性中毒症状基本与有机磷农药中毒症状相似,主要表现副交感神经过度兴奋,如流涎、呕吐、腹痛、腹泻、瞳孔缩小、出汗、肌肉震颤,甚至昏迷。剖检无特异性病变。

【诊　断】　根据接触氨基甲酸酯类农药的病史,结合临床症状即可做出初步诊断。确诊需进行饲料、饮水和胃肠内容物的毒物分析,定性检查方法为:将被检材料用二氯甲烷提取,挥干,加 1 滴混有 0.5％2,6-二氯醌氯亚胺的丙酮液,再加 1 滴 5％氢氧化钠溶液,显蓝绿色者为阳性。

【治　疗】　特效解毒药物为阿托品,具体应用请参照有机磷农药中毒的治疗。防止氨基甲酸酯类农药污染饲料和饮水,并加强苍蝇毒饵的管理,防止畜(禽)误食。

氢氰酸中毒

是畜(禽)采食富含氰苷的植物,经胃内酶的水解,在酸性条件下游离出氰酸根,氰酸根被吸收而发生中毒,临床上以呼吸困难、震颤、惊厥为特征。本病多发生于牛、羊。

【病因与毒理】　由于采食富含氰苷的饲料如玉米、高粱的幼苗(尤其是二茬苗)而引起中毒。杏仁、白果、木薯、亚麻仁中含氰苷也很高,畜(禽)大量食入后也易发生中毒。另外,畜(禽)误食含氰农药或工厂废水也可发病。

氰苷本身无毒,但当富含氰苷的植物被反刍动物采食后,经咀嚼并在瘤胃中经充足的水分、适宜的温度、微生物和氰苷酶的作用下水解为氢氰酸,被吸收后氰离子会抑制组织细胞内许多酶的活性,如细胞色素氧化酶、过氧化氢酶、乳酶脱氢酶等。其中细胞色素氧化酶参与组织呼吸,氰离子能迅速同氧化型细胞色素氧化酶的三价铁结合,使其不能转变为具有二价铁的还原型细胞色素氧化酶,从而丧失其传递电子激活分子氧的作用,阻止组织细胞对氧的吸收利用,以致破坏了组织内的氧化过程,导致机体缺氧。由于组织不能从毛细血管中摄取氧,使静脉血液和动脉血液均呈鲜红色。氰离子易通过血脑屏障被脑磷脂吸收,加上脑需氧量大,对缺氧最为敏感,故中枢神经系统首先受损,尤以血管运动中枢、呼吸中枢为甚,临床表现先兴奋后抑制、呼吸麻痹等特征。

单胃家畜胃中的游离酸能破坏氰苷酶,且胃中水分又少,对氢氰酸形成具有抑制作用,故反刍动物对本病较单胃家畜敏感。

【症　状】　采食富含氰苷植物后不久突然发病,表现腹痛不安,站立不稳,呼吸困难,结膜发红,肌肉痉挛,抽搐,很快窒息而死。剖检可见血液鲜红色,凝固不良,各组织器官浆膜出血,肺充血、水肿,气管内充满粉红色泡沫样液体,瘤胃内容物呈苦杏仁味。

【诊　断】　根据采食富含氰苷饲料的病史,结合临床症状和病理变化可做出初步诊断,确诊尚需进行饲料、胃内容物中氰化物的检验。取被检物适量放于三角瓶中,加蒸馏水调成糊状,再加酒石酸或盐酸调至酸性,瓶口立即盖上制备好的滤纸(取定性滤纸1张,中央加数滴10%硫酸亚铁溶液,稍干后再加10%氢氧化钠溶液数滴,阴干备用),将三角瓶水浴加热几分钟后取下滤纸,中央再加几滴10%盐酸溶液,如有氰化物,即呈蓝色反应。

【治　疗】　一旦发病,应立即脱离毒源,采取急救措施。特效解毒剂有亚硝酸钠、硫代硫酸钠和美蓝。其中以亚硝酸钠的解毒效果最确实,与硫代硫酸钠配合应用疗效更好。成年牛可用亚硝酸钠3g、硫代硫酸钠30g、蒸馏水300ml,混合、灭菌后静脉注射。也可用2%美蓝溶液,按每千克体重1ml剂量,静脉或肌内分点注射。必要时应用强心剂、维生素C、维生素B_{12}和葡萄糖等对症和支持治疗。

限制含氰苷植物的饲喂量,喂后不宜大量饮水,加强含氰农药的管理,谨防误食。

青杠树叶中毒

青杠树又称栎树、橡树、柞树等,我国各地广泛分布,每年早春发芽,嫩枝叶被家畜采食后可引起以便秘、腹泻、水肿、胃肠炎、肾脏损伤为特征的中毒病,其中以牛、羊最为敏感。

【病因与毒理】 青杠树叶中含有有毒物质栎单宁,被家畜采食后易发生中毒。青杠树叶中毒具有明显的地区性,只发生在青杠树生长地区,具有明显的季节性,多发于早春季节(4月中旬至5月上旬),此时其他青草缺乏,而青杠树叶则生长茂盛,家畜往往贪青或饥不择食,大量采食而发病。一般采食量占日粮的50%就会引起中毒,达到75%时即可导致死亡。

青杠树叶进入胃肠道后,其中的栎单宁具有强烈的收敛和刺激作用,临床出现先便秘后腹泻的症状。栎单宁在胃肠道酸、碱、酶、微生物的作用下水解成多羟基酚类化合物,被吸收进入血液和全身组织器官,对血管和组织细胞都有毒害作用,引起水肿、体腔积液等。

【症　状】 采食后5～10d发病,病初表现精神沉郁,食欲减少,喜食干草,厌恶青草,尿量增加,清亮如水;数天后磨牙不安,腹痛,粪干、小、呈球状、外包黏液,严重者粪便腥臭,呈焦黄色糊状,肌肉震颤。后期精神极度沉郁,食欲废绝,磨牙呻吟,呼吸困难,体躯下垂部分水肿,腹围增大,体温一般正常或偏低。妊娠牛可能发生流产,病程1～3周,终因衰竭而死亡。剖检可见体躯下垂部分皮下胶冻样水肿,腹腔积有多量淡黄色液体。口腔深部黏膜溃疡,瓣胃内容物干涸,胃肠黏膜充血、出血、溃疡,大肠内有红色恶臭的糊状物。肝脏、肾脏肿大、质脆,胆囊胀大。

【诊　断】 根据早春季节牛采食青杠树叶的病史,体温正常或偏低,粪便干、小或腹泻,尿量逐渐减少,体躯下垂部水肿,腹腔积液,水肿部皮下胶冻样水肿,血液或尿液中游离多羟基酚含量升高等进行综合分析,即可做出诊断。

【治　疗】　在发病地区和发病季节禁止在青杠树林中放牧。在春草缺乏时,为充分利用青绿饲料,可限量饲喂青杠树叶,每日不超过日粮的 30%,或采食青杠树叶后给牛适量饮用 0.05%高锰酸钾溶液。青杠树叶中毒一般病程较长,早期诊治并加强护理于数日后好较,后期治愈率很低。一旦确诊应立即停喂,用石灰水洗胃,灌服油类泻剂和氧化镁,以排除毒物,阻止栎单宁进一步水解吸收。解毒可用 10%硫代硫酸钠溶液 $100\sim200ml$ 静脉注射,每日 1 次,连用 $2\sim3d$。此外,采取强心、利尿、纠正酸中毒等支持和对症治疗。

敌鼠及其钠盐中毒

【病因与毒理】　敌鼠为一种新型抗凝血杀鼠药,市售品有 1%敌鼠粉剂和 1%敌鼠钠盐,畜(禽)往往误食而发生中毒,犬、猫主要误食死鼠而发生二次中毒。

敌鼠及其钠盐被吸收后主要干扰肝脏对维生素 K 的利用,降低血液的凝固性,使凝血时间延长。此外,敌鼠可直接损伤毛细血管壁,发生血管破裂造成内出血。

【症　状】　一般在食后 3d 左右出现中毒症状,表现呕吐,厌食,精神沉郁,呼吸加快,便血、尿血及皮肤紫斑等,并可出现关节肿胀、疼痛,跛行,腹痛,卧地不起,贫血,体温偏低等。后期呼吸高度困难,结膜发绀,最终窒息而死。剖检以皮下组织、浆膜和黏膜出血为特征。

【诊　断】　根据误食毒饵和死鼠的病史以及以出血为特征的症状可做出初步诊断。通过对呕吐物或胃肠内容物的检验即可确诊,方法是:将待检病料用无水乙醇温浸 15min,过滤,挥干,再加无水乙醇溶解、过滤,滤液加 9% 三氯化铁溶液 2 滴,有红色悬浮物生成,再加氯仿 0.5ml 和蒸馏水 0.5ml 萃取,氯仿层为红色者为阳性。

【治　疗】　及时发现,尽早使用维生素 K 和维生素 C 治疗,同时配合支持和对症治疗。

汞、砷及其化合物中毒

【病因与毒理】　汞是一种毒性较大的元素,在我国古代就用其防腐、灭菌等。现代工业生产中作为催化剂使用较广泛,往往污染环境,对人、畜危害很大。农业生产中含汞农药有西力生(2%氯化乙基汞)、赛力散(2%醋酸苯汞)、新西力散(5%磷酸乙基汞)等,其毒性比无机汞更大,畜(禽)误食拌过农药的种子、毒饵或污染的饲料和饮水而发生中毒。另外,含汞消毒剂以及医用含汞软膏等如被家畜舔食也可引起中毒。

汞不仅通过消化道,也可通过呼吸道而中毒。因汞制剂具有同蛋白质化合而溶于类脂质的性质,能释放出汞离子,对皮肤及呼吸道、消化道黏膜等产生强烈刺激和腐蚀作用,引起口炎、胃肠炎、肾炎、皮肤炎等。解离出的汞离子可与多种酶蛋白的巯基结合,从而抑制这些酶的活性,阻碍细胞的正常代谢,导致重要生命器官的广泛性病理损害,甚至可通过胎盘毒害胎儿。汞制剂易溶于类脂质,因而对神经系统毒性更为明显。

砷本身毒性不大,但其化合物均有毒性,包括无机砷化物和有机砷化物。无机砷化物中以三氧化二砷(砒霜、信石)毒性最强,主要用于防腐、杀虫、灭鼠等。有机砷化物主要为农业杀虫剂,包括甲砷、甲基砷酸钙等。当畜(禽)采食含砷农药处理过的种子、饲料、饮水及误食毒饵而引起中毒。另外,医药用的雄黄、新胂凡纳明以及作为猪、禽用的含砷饲料添加剂使用不当也可引起中毒。

砷的中毒机制和汞中毒相似,一是直接刺激,二是作用于酶系统,并可使血管麻痹,血管壁的通透性增强,造成组织、器官的广泛性出血。

【症　状】　家畜汞、砷及其化合物中毒的症状基本相似,急性中毒可在食后数分钟至数小时内发病,表现流涎、呕吐,口腔糜烂,剧烈腹痛、腹泻,大便带血呈水样,尿少、血尿和蛋白尿,很快出现休克而死亡。有的病畜表现眼肌痉挛、肌肉抽搐、共济失调等症状。慢性病例表现为进行性消瘦,有口腔炎、皮肤炎及脱毛、贫血、共济失调等。剖检可见口腔溃疡,胃肠黏膜充血、出血,心脏、肝脏、肾脏等实质器官出血、脂肪变性。

【诊　断】　根据接触汞、砷制剂病史,结合临床症状和病理变化可做出初步诊断。确诊尚需采集饲料、饮水、胃肠内容物、肾脏、肝脏等进行汞和砷含量的检验。多采用雷因氏法定性检测,即将被检物处理后加酸性氯化亚锡溶液使其呈酸性,加热后加入纯净铜丝或铜片。铜片上附着银白色物质,表明含汞;铜片上附着黑色物质,表明含砷。

【治　疗】　加强汞、砷农药的管理,防止饲料被污染。治理工业"三废",防止汞、砷污染环境。使用汞、砷制剂时严格掌握用量。发病后首先脱离毒源,停喂可疑的饲料和饮水,给中毒家畜灌服牛奶、豆浆等,使汞、砷和蛋白质结合而形成蛋白质化合物,减少其对黏膜的刺激,加速毒物排出。随后用10%二巯基丙醇、二巯基丙磺酸钠、二巯基丁二酸钠等夺取与巯基酶结合的汞、砷,恢复巯基酶的活性,也可直接与被吸收的游离汞、砷离子结合成不易解离的络合物而解毒,按每千克体重2~5mg,肌内注射,每6h注射1次,连用3~5d。使用硫代硫酸钠也有效,可与组织中的汞形成不溶解的、无毒的硫化汞而解毒。此外,采取强心、补液等支持和对症治疗。注意禁用食盐,氯化物进入体内后可使中毒加剧。对砷中毒还可灌服氧化镁,与砷形成亚砷酸镁而降低砷的毒性,但不能用碳酸氢钠溶液洗胃,因其易使砷变成更易吸收的亚砷酸。

复习思考题

1. 简述酮病的发生原因及治疗措施。

2. 掌握家畜各种维生素缺乏症的临床症状。

3. 家畜矿物质代谢障碍时,会表现哪些症状?

4. 了解瘤胃酸中毒的发生原因、发病机制及治疗措施。

5. 掌握饼粕类饲料中毒的原因及治疗方法。

6. 霉败饲料中毒有哪些?主要的霉菌毒素有哪些?

7. 有机磷中毒和氟中毒的症状有何区别?各自的特效解毒药有哪些?

第四章 外科病防治

第一节 外科手术基本知识与操作

一、消毒与灭菌

(一)概 念

1. 消毒 是指用适宜的化学消毒剂来杀灭细菌或抑制其生长、繁殖等的措施或技术。例如,手术人员的手臂、病畜术部的消毒等。

2. 灭菌 通常是指使用物理方法(尤其是高热的方法),将附着于手术所用物品上的细菌杀灭。例如,手术器械和敷料的高压蒸汽灭菌或煮沸灭菌等。

消毒和灭菌是不同的,消毒通常特指化学药剂的消毒,一般仅能杀灭细菌体或抑制其生命活动,但不能杀死芽孢。灭菌则指用物理方法杀灭包括芽孢在内的所有微生物。

3. 无菌术 指预先将一切与手术区域或伤口相接触的物品彻底灭菌,防止发生接触感染的技术。

(二)手术感染的途径

通常手术感染的途径可以分为外源性感染和内源性感染。

1. 外源性感染

(1)空气感染 是细菌附着在飞扬的尘埃(常由在手术过程中病畜骚动所引起)和飞沫(手术人员说话、咳嗽、打喷嚏)中,再落入手术区、伤口或所准备的无菌器械、创巾上所引起的感染。

(2)接触感染 是细菌通过一些媒介带入创口所引起的感染,

手术器械和物品、创巾或敷料、缝合线、手术人员的手臂、手术区的皮肤和被毛等均可作为媒介。接触感染是发生手术感染的主要途径,应特别注意预防。

(3)植入感染　指长期留在创内或不慎留在创内成为感染源的物质所引起的感染。例如,灭菌不良的缝合线、剪下的线头、异物或留在创中作为引流的纱布或引流管等。

(4)术后切口的污染　属于继发性感染。

2. 内源性感染　当微生物以隐性状态存在于机体内时,如果手术过程中触动或偶然切开染菌的组织,或者因病畜机体抵抗力下降,在手术后发生感染或意外的并发症,则属于内源性感染。例如,创伤愈合后的瘢痕、脐部的瘢痕、淋巴结和已形成包膜的脓灶都可能成为隐性感染灶。

(三)手术器械、物品的准备及消毒与灭菌的方法

1. 手术器械、物品的准备　根据各种不同手术的具体需要和手术中可能发生的情况,选择必要的手术器械和物品,其数量应以保证手术能顺利进行为原则。

(1)金属器械　依据手术内容选择所用器械进行包裹,手术刀片、缝合针和小型器械都需另行包裹或单独放在金属盒内,以待灭菌。

(2)缝合材料　选好适宜的缝合线,除肠线已经消毒处理外,其他缝合线按粗细分别交叉而疏松地缠绕在一个线板上,缝合线要准备充足,避免中途用完,但也不宜太多。

(3)塑料与胶制品　用纱布包起来,然后通过煮、蒸等方法灭菌。

(4)敷料、工作服、工作帽和口罩　敷料主要包括止血纱布和创巾。术前每块纱布均叠成边缘向内的四边形,每5块或10块为1包,同创巾一起灭菌。工作服、工作帽和口罩都叠好,每1套单独包好,待高压灭菌。

(5)玻璃、瓷、搪瓷类器皿　一般均可用煮沸灭菌法或高压灭菌法。玻璃器皿、注射器或半金属注射器如用煮沸灭菌法不得在水开后放入,以免玻璃骤热而破裂。玻璃注射器的内芯要抽出,每套注射器用纱布包成一小包以免错乱或互相碰撞。较大的搪瓷器皿(如器械盘)不便煮沸灭菌的,可擦干后倒入少量酒精,使其遍布盆底,然后点燃酒精,进行火焰烧灼灭菌。

2. 消毒与灭菌的方法 目前,消毒与灭菌方法有干热法、湿热法、辐射法、气体灭菌法和化学消毒法。大多数外科器械只选用其中一种方法即可。

(1)煮沸灭菌法 采用普通常水,自煮沸开始计算时间,一般手术器械或物品灭菌需煮沸 15min 以上。对接触过细菌芽孢的器械或物品必须煮沸 60min 以上。也可使用 2%碳酸氢钠溶液,可将沸点温度提高至 105℃,加强灭菌能力,且可防止金属生锈(但对橡胶制品有损害)。金属器械、胶制品、缝合线待水沸腾后放入,玻璃制品在凉水时放入。器械或物品应放在水面以下,煮沸器的盖子应关闭严密,以保持沸水的温度。

(2)湿热蒸汽灭菌法 选择顶盖及接口较严密的蒸笼或铝制蒸锅,在箅子上垫一层纱布,放入所需要灭菌的物品、器械,从出现蒸汽后开始计时,一般需蒸煮 45min。

(3)高压蒸汽灭菌法 适用于敷料、手术衣帽及器械的灭菌。通常在蒸汽压力为 103 kPa,温度为 121.6℃,经 30min 即可达到绝对可靠的灭菌效果。每次高压灭菌前,应注意检查高压蒸汽灭菌器安全阀门的性能是否良好,以防锅内压力过高,发生爆炸;灭菌时,须将灭菌器内的冷空气排净;需要灭菌的各种器材包裹不应过大、过紧、过多,以免妨碍蒸汽透过,影响灭菌效果;瓶装药品灭菌时,要用玻璃纸和纱布包扎瓶口,用橡皮塞封口的,插入针头排气;凡灭菌过的物品,一般可保留 1～2 周,超过此期限后,需重新灭菌方可使用。

(4)化学消毒法 通常用 0.1%新洁尔灭或洗必泰溶液浸泡

30min。采用以上两种药液消毒器械时，应加入 0.5％亚硝酸钠，以防止金属生锈。器械在使用前应用灭菌生理盐水将消毒溶液洗去。

（5）酒精火焰灭菌法　通常用来消毒搪瓷盘、器械盘以及少量急用的金属器械。方法是向盘内倒入少量的酒精，燃烧后向各处转动，使盘内各处全部被烧到，酒精燃尽并待其冷却后即可应用。

（四）手术人员的准备与消毒

手术人员与手术创直接接触，必须彻底消毒。手术人员除应戴已灭菌的手术帽、口罩，穿手术衣、胶靴外，还应将指甲剪短磨平，同手臂一起用肥皂水反复刷洗，除去污垢，然后再彻底消毒，以防污染术部。

手臂消毒的方法很多，通常应用的有以下三种。

1. 碘伏消毒法　手臂清洗之后，取 5ml 左右碘伏倒在手指、手掌、手腕、臂部顺序消毒，即可进入手术。碘伏是由碘和载体络合而成的，其杀菌效力和杀菌谱与碘酊相当，对皮肤、黏膜无刺激，黄染易洗去，腐蚀性低，为高效低毒杀菌谱广的新型消毒剂。

2. 0.1％新洁尔灭溶液消毒法　取 10％新洁尔灭溶液 20ml（或 5％新洁尔灭溶液 40ml，或浓缩新洁尔灭 2g）加入 2 000ml 常水或温水中即可。术者先用肥皂水充分刷洗手臂，特别注意指甲缘下、指甲和手掌等处。刷洗完毕，用流动水将肥皂冲净。然后在盛有新洁尔灭溶液的两个盆内分别浸泡 3～5min，浸泡完毕即可进行手术。注意不要用无菌纱布擦拭手臂，以免破坏药液在手上形成的薄膜。

近年来，应用 0.5％洗必泰或度米芬水溶液消毒手臂效果也很好。

3. 1％煤酚皂溶液消毒法　将刷洗过的手臂分别在盛有 1％煤酚皂溶液的两个脸盆内浸泡 3～5min，用灭菌纱布擦干，再用 2％碘酊涂于手指皱纹等处，最后用 75％酒精脱碘。

紧急手术时，可用肥皂水初步清洗手和臂部的污垢，擦干后用

2%碘酊充分涂布,待自然干后,用大量 75%酒精脱碘,即可实施手术。

已消毒过的手臂应举于胸前,不得与任何未消毒过的器械、物品接触。

消毒后应戴上消毒过的乳胶手套,有干戴(手套经高压蒸汽灭菌)和湿戴(手套经煮沸灭菌或化学消毒)2 种方法。前者要先擦干手部,并擦上一些灭菌滑石粉后再戴;后者则要在手套内灌进一些灭菌水,才能容易戴入。

(五)术部的准备

1. 术部除毛　除毛方法有两种。一是机械法,即先用剪毛剪或电推将毛剪短,然后用直刃剃毛刀或用大号止血钳夹住人用剃须刀片将剩余毛茬刮除干净。二是化学法,即用脱毛剂脱毛。脱毛剂的配制和使用方法如下:处方Ⅰ,硫化钠 6～8g,蒸馏水100ml,制成溶液;处方Ⅱ,硫化钠 6～8g,蒸馏水 100ml,甘油 10～15ml,制成溶液;处方Ⅲ,硫化钡 50g,氧化锌 100g,淀粉 100g,用温水调成糊状。处方Ⅰ用于密毛部位,处方Ⅱ用于皮肤较薄或毛稀少的部位,处方Ⅲ可用于任何部位。对脱毛剂敏感的个体注意慎用。脱毛剂最好在手术前 1d 使用。除毛后要用温肥皂水将术区洗净擦干。

2. 术部消毒　术部皮肤消毒最常用的药物是 5%碘酊和70%～75%酒精。

在涂搽碘酊或酒精时要注意,如系清洁手术,应由手术区的中心部向四周涂搽,如是已感染的创口,则应由较清洁处涂向患处;已经接触污染部位的纱布或棉球不要返回清洁处涂搽。涂搽所及的范围要相当于剃毛区。碘酊涂搽后,必须稍待片刻,待其完全干后,再以 70%～75%酒精将碘酊脱去,以免碘沾到手和器械上,带入创内造成不必要的刺激。

对碘酊敏感家畜的皮肤,可用 0.1%新洁尔灭溶液、0.5%洗必泰醇(70％)溶液、碘伏等涂搽术部。

黏膜消毒时,可用3％硼酸溶液、0.1％雷佛奴尔溶液、0.1％高锰酸钾溶液、1％乳酸溶液。

进行会阴部手术时,应在消毒前导尿、灌肠,以防术中粪便污染术部。

3. 术部隔离 术部消毒后应以适宜大小的创巾进行术部隔离。创巾一经铺下后,原则上只许向手术区外移动,不宜向手术区内移动。创巾用创巾钳固定在畜(禽)体上,防止来回移动而失去隔离作用。

(六)施术场所的消毒

1. 手术室的消毒 在手术室内进行手术时,其地面、保定绳、手术台、保定栏、器械车等要在术前清扫干净,然后用2％煤酚皂溶液、0.1％新洁尔灭溶液或0.1％强力消毒灵喷洒或擦拭消毒。室内空气用紫外线灯照射消毒,或用乳酸、甲醛等熏蒸消毒。

2. 室外手术场地的消毒 在室外进行手术时,应选择宽敞、平坦、光线充足、避风并远离圈舍、粪堆和道路的地方。术前地面要进行清扫,并用2％煤酚皂溶液或0.1％新洁尔灭溶液喷洒消毒。有条件时可将家畜保定于垫有帆布或塑料布的地面上,以利于无菌操作。

二、麻 醉

麻醉在兽医外科手术中具有十分重要的意义。它不仅保证家畜在不加反抗的情况下顺利而精确地施术,而且给无菌手术创造了必要的条件。同时,也简化了对家畜的保定,节省了人力,防止工作人员及家畜的意外伤害。兽医外科目前所采取的麻醉方法有全身麻醉、局部麻醉和电针麻醉。在临床上应根据手术的性质、范围和时间的长短,施术家畜的种类、神经类型、全身状况和体质的强弱以及各种麻醉方法的特点、适应性等进行综合性分析并选择应用。

目前所用的麻醉药物都具有一定的毒性,它们都有各自的适应范围、禁忌证和应用上的特点。因此,不论选用哪一种麻醉药、哪一种方法,都应以安全、有效、简便、经济为原则,既要考虑到麻醉平稳、术中安全,又要顾及术后能使病畜顺利地恢复知觉。

(一)全身麻醉

应用各种对中枢神经系统有抑制作用的药物使家畜受到麻醉,称为全身麻醉。全身麻醉包括吸入麻醉和非吸入麻醉,不论选用哪种方法,临床上都应把握住两个原则,一是安全有效,二是条件许可,经济方便。我国兽医界目前推出几种经济、可靠、安全的非吸入麻醉药品,并在临床上得到广泛应用,这些药品的特点是用量小,给药方便,不需特殊设备。下面介绍几种效果较好的全身麻醉药。

1. 隆朋(麻保静、盐酸二甲苯胺噻嗪)注射液　本品具有中枢性镇静、镇痛和肌肉松弛作用,已在世界广泛应用于多种家畜,它可单独用作镇痛、镇静和基础麻醉,也可与其他药物如氯胺酮、新保灵复合用药,用于各种家畜的保定和麻醉,特别是与氯胺酮配合对肉食家畜的麻醉效果更好。本品安全范围较大,毒性低,无蓄积作用。

隆朋的拮抗药剂是苏醒灵 3 号,即苯噁唑注射液,用 10% 隆朋注射液保定家畜后,肌内注射等量苏醒灵 3 号可使家畜在 5~10min 苏醒,静脉注射复苏更快。另外,还可使用苏醒灵 4 号。

隆朋对家畜保定的推荐肌内注射剂量:马每千克体重 1.5~2.5mg,驴每千克体重 2~3mg,牛每千克体重 0.1~0.3mg,水牛每千克体重 1~2mg,骆驼每千克体重 0.5~1mg,羊每千克体重 1~3mg,鹿每千克体重 2~5mg,猪每千克体重 2~3mg,猫每千克体重 1~3mg,犬每千克体重 2~5mg,禽类每千克体重 5~10mg。

2. 新保灵注射液　本品是一种新型镇痛性保定药。它的药理作用与盐酸埃托啡甲异丁嗪注射液(M99)相似,特别对野生动物的保定作用更好,是鹿科、牛科、犬科、熊科动物理想的保定药。

用量:牛科、鹿科、犬科、熊科动物 0.01~0.02mg/kg 体重。

新保灵制剂的作用可迅速、有效地用吗啡拮抗剂所逆转,如氢溴酸烯丙吗啡注射液(回苏 1 号)和盐酸狄普诺芬注射液(回苏 2号),其用量分别是新保灵的 2~4 倍和 1~2 倍;如用苏醒灵 4 号,静脉注射 30s 即起作用。

3. 眠乃宁注射液 本品有镇静、镇痛和肌肉松弛作用,是由二甲苯胺噻嗪和盐酸二氢埃托啡(DHE)经优选配比组成的复方制剂,具有用药量少的特点和镇痛、镇静作用增强的联合药理效应。

眠乃宁注射液对以下家畜的肌内注射剂量(ml/100kg 体重)为:梅花鹿 1.5~2,马鹿 1~1.5,熊 2~4,其他家畜可参照用药。用药后 3~5min 开始出现药效反应,5~10min 动物卧地、躺倒、疼痛反应消失,安静而平稳地进入睡眠状态,1.5~2h 后自然平稳苏醒、起立。

苏醒灵 4 号是眠乃宁的拮抗药,如果静脉或肌内注射等量苏醒灵 4 号,倍量苏醒灵 3 号,则 3~5min 内动物可苏醒起立。如果眠乃宁和苏醒灵用后效果欠佳,均可重复应用。

注意事项:动物患有严重的心脏、肺脏、肝脏、肾脏疾病,饱食或剧烈运动后仍处于高度兴奋状态时,禁用本品,妊娠后期家畜慎用;应在空腹条件下使用本品(禁食 12h 以上),家畜倒地后应垫高头颈,防止瘤胃内容物逆流吸入肺脏造成意外,家畜呼吸高度困难时,应人为牵引双耳使颈伸直、头抬起,并及时静脉注射解药,防止窒息死亡;动物给药后应使之安静诱导,避免外界刺激,待自行平躺后 3~5min 再进行手术。

4. 速眠新(846 合剂) 本品是盐酸二氢埃托啡、保定宁和氟哌啶醇的复合液,具有良好的镇静、镇痛和肌肉松弛作用。本品与氯胺酮、巴比妥类药物有较好的协同作用,常用于家畜制动或手术麻醉。

本品适用于多种家畜,肌内注射剂量(ml/kg 体重):马 0.01~0.015,牛 0.005~0.015,羊、犬 0.1~0.15,猫、兔 0.1~0.2。

注意事项:本品对家畜心血管和呼吸功能有轻度的抑制,必要时可使用阿托品解除抑制;遇有过敏个体或药物中毒反应较剧时,可用等量苏醒灵 4 号静脉注射解毒。

5. 静松灵 又名盐酸二甲苯胺噻唑,是 20 世纪 80 年代国内合成的新产品,与隆朋有相同的作用和特点,其使用方法和剂量可参考隆朋。

6. 保定宁 由静松灵和乙二胺四乙酸等配制的复合剂,其麻醉、止痛效果比静松灵单独应用更好,用法和用量可参考静松灵。

7. 其他麻醉药物 水合氯醛、巴比妥类、氯胺酮、安定等都是我国兽医常用的镇痛麻醉药品,虽然新的药品不断出现,但它们之间仍有互补性,可结合临床实际情况选择应用。

(二)局部麻醉

仅仅使畜体某一部分或区域失去痛觉的麻醉方法叫做局部麻醉。它同全身麻醉相比更加安全,对全身影响少,麻醉合并症也少,应用简单,操作方便。如技术掌握适宜,适用于各种手术。

1. 表面麻醉 是用滴入、涂抹或喷雾方法将药液直接应用于结膜、角膜、口腔、鼻腔等黏膜的表面,使黏膜下感觉神经末梢麻醉。常用药物有 3%～5% 盐酸普鲁卡因溶液、0.5%～1% 丁卡因溶液或 2%～4% 盐酸利多卡因溶液。一般每隔 5～6min 用药 1 次,共用 2～3 次。

2. 浸润麻醉 沿手术切口线皮下注射或深部分层注射麻醉药物,阻滞神经末梢的传导,称为浸润麻醉。常用麻醉剂为 0.5%～1% 盐酸普鲁卡因溶液。为了防止将麻醉药直接注入血管中产生毒性反应,应该在每次注药前回抽注射器。一般是先将针头插至所需深度,然后边抽退针头,边注入药液,一般以皮肤稍隆起为好。有时在一个刺入点可向相反方向注射两次药液。局部浸润麻醉的方式有很多种,如直线浸润、菱形浸润、扇形浸润、基部浸润和分层浸润等,可根据手术需要选用。为了保证深层组织麻醉作用完全,也为了减少单位时间内组织中麻醉药液的过多积聚和吸收,可采用逐层浸润麻醉法。即用低浓度(0.25％)和较大量的麻醉药液浸润一层随即切开一层的方法将组织逐层切开。浸润麻醉的注药方法和方式见图 4-1 和图 4-2。

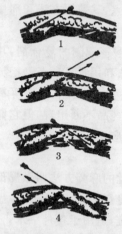

图 4-1　浸润麻醉注药方法

3. 传导麻醉　又称神经阻滞。在神经干周围注射局部麻醉药,使其所支配的区域失去知觉,称为传导麻醉。其优点是使用少量麻醉药即能产生较大区域的麻醉。常用的麻醉药是 2％盐酸利多卡因注射液或 2％～5％盐酸普鲁卡因注射液,麻醉药的浓度及用量常与所麻醉神经的大小成正比。传导麻醉常用于四肢、腹壁、头部、泌尿生殖器官等部位。

4. 脊髓麻醉　将局部麻醉药注射到椎管内,阻滞脊神经的传导,使其所支配的区域无痛,称为脊髓麻醉。根据局部麻醉药液注入椎管内的部位不同,又可分为硬膜外腔麻醉和蛛网膜下腔麻醉两种。兽医临床上通常选用硬膜外腔麻醉。硬膜外腔麻醉的部位有三处,即第一、第二尾椎间隙,荐尾间隙和腰荐间隙。马属家畜多选用第一、第二尾椎间隙;牛、羊、猪、犬、猫多采用腰荐间隙硬膜外腔麻醉,适用于剖宫产术、胃肠手术以及乳房、膀胱、阴茎、后肢等部位的手术。常用药物为 2％盐酸普鲁卡因注射液或 2％盐酸利多卡因注射液。剂量一般为:马、牛 10～30ml,羊 5～10ml,猪每5kg 体重用 1ml(极量 20ml),犬 3～10ml,猫 2～3ml。施行脊髓麻醉时须注意:对家畜要确实保定,保持家畜前高后低的体位,药液必须加温,注射速度不宜过快,施术要遵守无菌原则,不得损伤脊髓和附近的神经、血管。

(三)电针麻醉

电针麻醉是从针刺麻醉发展而来,属于针刺麻醉的一种特殊形式。针刺麻醉是在祖国医学针灸疗法的基础上发展起来的麻醉方法,是用针刺穴位并进行手法捻针以达到麻醉目的。但在兽医临床实践中,因手法捻针费力与不便,刺激量也较弱,所以目前一般多改用各种不同波型、频率和电压进行刺激,以代替手法捻针,称为电针麻醉。电针麻醉穴位选择的原则是麻醉区域广、能够适合多种手术的组穴。下面介绍部分常用组穴。

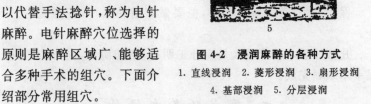

图4-2　浸润麻醉的各种方式

1. 直线浸润　2. 菱形浸润　3. 扇形浸润

4. 基部浸润　5. 分层浸润

1. 百会尾干组穴　由百会、尾干二穴组成。

2. 百会三台组穴　由百会、三台二穴组成

3. 三阳络组穴　由三阳络、抢风和夜眼三穴组成。

4. 岩池组穴　由岩池、颌溪穴组成。

5. 百会腰旁组穴　由百会、腰旁一穴、腰旁二穴、腰旁三穴组成。

6. 安神组穴　由两侧安神穴构成。

三、手术的组织和分工

小手术一般1～2人即可开展工作。对于较复杂的大手术通

常需要术者1人,手术助手2人,负责全身检查和麻醉1人,器械助手1人。

术者:是手术的执行者,应全面负责术前诊断,拟定手术计划和术后护理及总结工作。

手术助手:协助术者完成手术工作,应当了解手术进程及术中术者的意图,从扩创固定、结扎止血、组织缝合都应使术者感到得心应手,如果不能很好地同术者配合,将影响手术的正常进行。

麻醉助手:除努力做到术中麻醉平稳和安全外,还要负责病畜的全身检查和术中用药,并做好记录,有特殊情况及时报告术者,做好急救工作。

器械助手:负责器械、敷料的灭菌,术中负责传递器械、纱布及缝合针、缝合线。对胸腹腔手术,在关闭胸腹腔之前清点器械和敷料,防止术后将器械和敷料留在胸腹腔内,术后做好清理工作。

保定助手:常由畜主代替,但要做好指导工作,注意人、畜安全。

凡参加手术治疗的人员应分工明确,密切协作,同心协力,确保手术顺利完成。

四、手术的基本操作

外科手术的种类较多,手术的范围、大小和复杂程度也各不相同。但是,任何广泛、复杂的手术都是通过使用一些基本器械、用具进行一系列的基本操作步骤如组织切开、止血、打结、缝合等累积而完成。这些基本技术操作执行正确与否,对手术的成败有决定性意义。

(一)常用的外科手术器械及使用方法

手术器械是进行手术的工具,它的种类虽然很多,但其中手术刀、手术剪、手术镊、止血钳、持针钳、缝合针、创巾钳、肠钳、组织钳、卵圆钳、舌钳、牵开器、有钩探针等都是手术中经常使用的基本器械。下面简要介绍这些器械及使用方法。

1. 手术刀　主要用于切开和分离组织,有固定刀柄手术刀和活动刀柄手术刀两种。活动刀柄手术刀,是由刀柄和刀片组成,常用长窄形的刀片,装置于较长的刀柄上。装刀方法是由止血钳或持针钳夹持刀片,装置于刀柄前端的槽缝内(图4-3)。

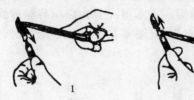

图4-3　手术刀片装卸方法
1. 安装刀片　2. 卸除刀片

为了适应不同部位和性质的手术,刀片有不同大小及外形,刀柄也有不同的规格。刀柄规格要与刀片统一,不能混装。

使用手术刀的关键在于锻炼稳重而精确的动作,执刀的方法必须正确,动作的力量要适当。常用的执刀姿势有下列几种(图4-4)。

指压式(卓刀式):为常用的一种执刀法。以手指按刀背后1/3处,用腕和手指力量切割。适用于切开皮肤及切断钳夹组织(图4-4之1)。

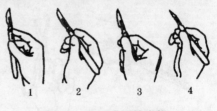

图4-4　执手术刀的姿势
1. 指压式　2. 执笔式
3. 全握式　4. 反挑式

执笔式:如同执钢笔。动作涉及腕部,力量主要在手指,需用小力量短距离精细操作,用于切割短小切口,分离血管、神经等(图4-4之2)。

全握式(抓持式):力量在手腕。用于切割范围广、用力较大的切开,如切开较长的皮肤切口、筋腱、坏死组织、慢性增生组织等(图4-4之3)。

反挑式(挑起式):即刀刃由组织内向组织外挑开,以免损伤深部组织,如腹膜切开(图4-4之4)。

2. 手术剪　用于分离粘连,分离组织或器官间隙;剪断组织或已缝扎的血管及缝合线等。手术剪又分为组织剪和剪线剪,组织剪又分大小、长短和弯直几种(图4-5)。使用手术剪时,要求准确、灵活、正确(图4-6)。

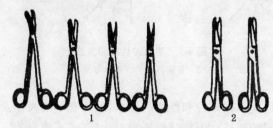

图4-5　组织剪和剪线剪

1. 组织剪　2. 剪线剪

图4-6　执手术剪的姿势

3. 手术镊　用于夹持、稳定或提起血管、神经及软组织以便于剥离、切开或缝合。手术镊有不同的长度。镊的尖端分为有齿(外科镊或组织镊)和无齿(平镊或解剖镊)两种,又有短型、长型、尖头与钝头之别,可按需要选择。手术中一般多用左手以执笔式执镊。

4. 止血钳　又叫血管钳,主要用于钳夹血管断端或出血点,钳夹需切、剪的组织,也可用于分离组织、牵引缝合线。止血钳一般有弯、直两种，并有大、中、小等型。任何止血钳对组织都有压夹作用，只是程度不同，所以不宜用于夹持皮肤、脏器及脆弱组织。执拿止血钳的方式与手术剪相同。松钳方法是：在右手执钳时，将拇指及第四指插入柄环内捏紧使扣分开（图4-7）。

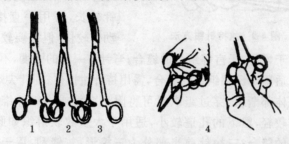

图4-7　止血钳类型及执钳、松钳方法

1.直止血钳　2.弯止血钳　3.有齿止血钳　4.执钳与松钳方法

5. 持针钳　又叫持针器，用于夹持缝合针，特别是利用小的弯针，或在深部组织进行缝合时，因为用手持针容易转变方向，在精细组织上如眼内手术、血管吻合等，为了看清术野，瞄准目标，准确缝合，就必须借助持针钳进行操作。持针

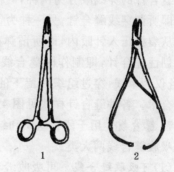

图4-8　持针钳

1.钳式持针钳　2.握式持针钳

钳分钳式和握式两种（图4-8）。使用持针钳夹持缝合针时，缝合针应夹在靠近持针钳尖端0.5cm处，若夹在齿槽床中间，一方面有碍于缝合操作，另一方面又容易将针折断。一般应夹在缝合针针尾的1/3处，若为三棱针，应夹在三棱针的后方，缝合线应重叠1/3，以便于操作（图4-9）。

图 4-9　执持针钳方法

6. 缝合针　又称缝针，主要用于闭合组织或贯穿结扎。分为直针、半弯针、弯针、圆针和三棱针等。直针较长，可用手直接操作，动作较快，但需要较大的空间，适用于胃肠、子宫等组织的缝合；弯针有一定的弧度，不需太大的空间，适用于深部组织的缝合，需用持针钳操作；圆针尖端细、呈圆锥形，体部渐粗，穿过组织时可将附近血管或组织纤维推向一旁，损伤较轻，留下的孔道较小，适用于大多数软组织如肠壁、血管、神经的缝合；三棱针前半部分为三棱形，较锋利，用于缝合皮肤、软骨、韧带以及瘢痕较多的坚韧组织，对组织损伤较大。

缝合针的穿线眼分为两种，一种是闭环式，缝合线必须从环口穿进即所谓穿线缝合针；另一种为针眼后方有一裂开凹槽，缝合线可以从裂槽压入针眼内，即所谓弹机孔缝合针。除此之外尚有一种无创性缝合针，即制作时缝合线已包在尾部的缝合针，针尾较细，且仅为单线，穿过组织后留下的孔道最小，多用于血管吻合术或缝合术。各种缝合针样式见图 4-10。

7. 缝合线　用于闭合组织和结扎血管，分为可吸收缝合线和不可吸收缝合线两大类。

(1)可吸收缝合线　可吸收缝合线分动物源性缝合线和合成性缝合线两类。前者是胶原异性移植物，包括肠线、胶原线、袋鼠腱和筋膜条等；后者为聚乙醇酸线。其中以肠线应用较多。

(2)不可吸收缝合线　不可吸收缝合线包括丝线、棉线、不锈钢线、尼龙线、合成线等。丝线是我国目前兽医临床上广泛应用的一种，其特点是组织反应小，质软，表面光滑，便于打结，不滑脱，拉力较好，耐高温，而且价廉。

8. 创巾钳　又称巾钳或创布钳(图 4-11)，用以固定创巾，有

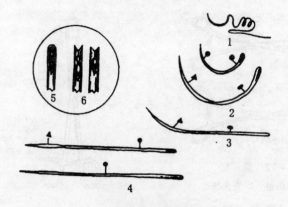

图 4-10　各类缝合针

1. 无损伤缝合针　2. 弯针　3. 半弯针　4. 直针
5. 环闭式针尾　6. 弹机孔针尾

数种样式。通常使用创巾钳的方法
是连同创巾一起夹在皮肤上，防止
创巾移动。

9. 肠钳　用于肠管手术，以阻
断肠内容物的移动、溢出或肠壁出
血。肠钳有直头和弯头两种（图 4-
12）。肠钳具有齿槽薄、弹性好、对
组织损伤小的特点，使用时，可在
肠、钳之间衬上纱布，更多情况下是

图 4-11　创 巾 钳

在肠钳上分别套以胶管，以减少对组织的损伤。

10. 组织钳　在钳子的顶部有几个小齿，加之把柄较长，所
以，主要用于深部组织和内脏器官的牵移、固定和翻动，以便于切
割、分离、摘除或缝合（图 4-13）。

11. 卵圆钳和舌钳　用于子宫、胃壁创缘的固定或者对创缘
作暂时性止血（图 4-14）。

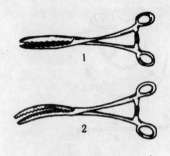

图 4-12 肠 钳

1. 直头肠钳 2. 弯头肠钳

图 4-13 组织钳

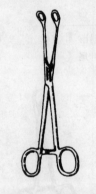

图 4-14 卵圆钳

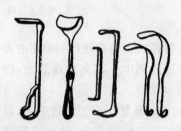

图 4-15 手持拉钩

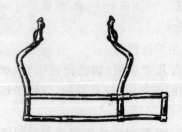

图 4-16 胸部自行固定牵开器

12. 牵开器 或称拉钩、扩创钩,有手持拉钩(图 4-15)和胸、腹部自行固定牵开器(图 4-16,图 4-17)两种,用于拉开手术区的浅层组织以充分暴露出深层操作部位,保证手术顺利进行。手持拉钩的优点是可以随手术操作的需要灵活地改变牵引位置、方向和力量,缺点是手术持续时间较久时,助手容易疲劳。当人力不足,要显露不需要改变或不能改变的区域时,可用自行固定牵开器。使用牵开器时,拉力应均匀,不能突然用力或用力过大,以免损伤组织。必要时用纱布垫将拉钩与组织隔开,以减少不必要的损伤。

13. 探针　分为普通探针和有沟探针两种。用于探查窦道,借以引导进行窦道及瘘管的切除或切开。在腹腔手术中,常用有沟探针引导切开腹膜,以保护内脏。使用时将其伸入腹膜下,刀、剪在其探针沟槽内进行操作。

图 4-17　腹部自行固定牵开器

在手术过程中,为了工作人员的安全和操作方便,手术器械的传递应当是将把柄递给对方(图 4-18)。

(二)组织切开

组织切开又叫组织分割,是利用机械方法,根据手术部位的生理解剖特点,把原来完整的组织切开、分离,以造成手术通路,显露并切除某一器官或病变的组织,从而达到治疗疾病的目的。

根据组织性质的不同,分为软组织(皮肤、筋膜、肌肉、腱)切开和硬组织(软骨、骨、角质)切开。根据施术所用的器械

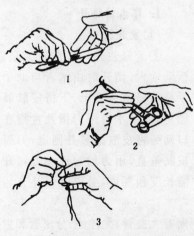

图 4-18　手术器械的传递

1. 手术刀的传递　2. 持针钳的传递
3. 直针的传递

和组织的不同,分为锐性切开和钝性切开。锐性切开是用手术刀、剪切开;钝性切开是用手术刀柄、止血钳、钝头手术剪或手指进行组织分离;在大家畜去势术中,还可用烧烙或捻转方法使组织断离。

　　组织切开的原则:所切组织既要少,又要有利于手术的操作。操作时应注意以下几点:第一,切口定位要适当,通过最短途径达到手术需要的部位或组织器官。第二,切口的长度、方向、形状和深度,要根据手术的性质、病变大小、肌纤维方向、大血管、神经、腺体导管的分布等确定,应尽可能避开横断切开,以免造成不必要的损伤和出血,并要考虑局部的张力和炎性渗出物的排出。切口的形状和深度,一般多用直线形,其次是弧形、角形、"T"字形和"十"字形,必须暴露病变组织,以便进行手术。第三,组织切口的边缘必须平滑整齐,力求一次切开,以利于创口的缝合和愈合。

1. 软组织切开

(1)皮肤切开

　　①紧张切开　皮肤较为坚韧,活动性大,切开时由术者与助手用手在切口两旁或上、下将皮肤展开固定,或由术者用拇指及食指在切口两旁将皮肤撑紧并固定,刀刃与皮肤垂直,用力均匀地一刀切开所需长度和深度,必要时可补充运刀

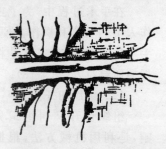

图 4-19　皮肤紧张切开法

(图 4-19)。

　　②皱襞切开　在切口的下面有大血管、大神经、分泌管和重要器官,而皮下组织甚为疏松,为了使皮肤切开位置正确且不误伤其下部组织,术者和助手应在预定切线的两侧,用手指或镊子提拉成皱襞,再切开或剪开(图 4-20)。

　　(2)皮下组织及其他组织切开　皮下疏松结缔组织的切开,多采用钝性分离。

筋膜和腱膜的切开,直接剪开或切开均可;若此处有大的血管和神经,应尽可能将其推到切口旁侧,如因手术需要无法避开时,应先进行止血钳钳夹,或用细缝合线从两端结扎后,再从中间将血管切断。

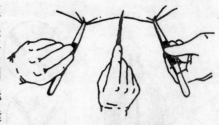

图 4-20　皮肤皱襞切开法

肌肉的切开,一般应用锐性切开和钝性切开法,但以钝性切开法最为常用;也可将锐性切开法和钝性切开法结合应用。

腹膜的切开见图 4-21。为了避免损伤内脏,可用组织钳、止血钳或镊子提起腹膜切一小口,利用食指和中指或有钩探针引导,再用手术刀或剪切开。

肠管切开前应将肠管牵拉到创口外,在纵带或肠系膜对侧切开。横断切除病变肠管时,应用肠钳固定后再截除。胃或子宫切开时,应先将其托引到创口处,然后用手或组织钳、舌形钳、假缝合等方法将其固定,顺肌纤维方向切开,但要避开大的血管。牛、羊的子宫壁,应在子叶之间切开。

对良性肿瘤、放线菌病灶、囊肿及内脏粘连部分,宜用钝性分离。

2. 硬组织的切割　切割骨骼时常用的器械有骨锯、线锯、圆锯、骨剪、骨钻、骨凿、骨钳、骨锉、骨匙及骨膜剥离器等。

切开骨骼前,先将骨膜作"十"字形或"工"字形切开,用骨膜剥离器将骨膜剥离于术部边缘,再用骨锯、骨剪等器械截断患部骨骼,但不应损伤骨膜。然后用骨锉锉平断端,并清除骨片。

(三)止　血

在手术过程中都伴有血管的损伤导致出血,这对家畜机体来说是一种损伤与伤害,严重者甚至危及生命。此外,还使手术视野

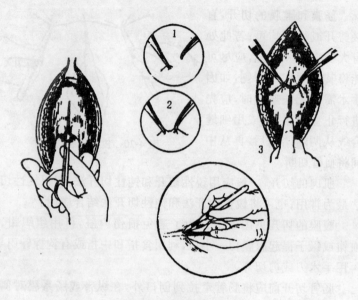

图 4-21　腹膜切开法

模糊不清,不利于解剖剥离,并有误伤重要器官、大神经和血管的危险;术中形成血肿,影响伤口的愈合,并可促进感染的发生。因此,手术中要求止血必须迅速、准确、可靠,并在手术前采取积极有效的预防性止血措施,以减少术部出血。与手术有关的止血法有两种,即预防性止血法和术中止血法。

1. 预防性止血法　分为全身预防性止血法和局部预防性止血法。

(1)全身预防性止血法　是在术前 1～2h 应用一些能够提高血液凝固性的药物,即全身止血药或输入相合性血液,以减少术中出血。

①注射全身止血药　常用的全身止血药有 10%氯化钙注射液、0.3%凝血质注射液、安络血注射液、维生素 K 注射液、对羧酸苄胺(抗血纤溶芳酸)、6%～10%白明胶溶液或仙鹤草素等。

②输血 在术前30～60min输入同类家畜的同型血液。

(2)局部预防性止血法 即手术前利用器械或药物在家畜体的局部采取止血措施,以减少术部出血。

①肾上腺素止血 在局部麻醉药中,一般是在10ml盐酸普鲁卡因注射液中加入0.1%肾上腺素0.2～0.3ml,既能延长麻醉时间,又可减少出血。

②止血带止血 多用于四肢、尾部及阴茎等处。止血带是富有弹性的橡皮管或橡皮带,必要时也可用绳索、绷带代替。止血带应装在伤口上方。装置前应垫上棉花、纱布或创巾,以使结扎部位受到均匀压迫,同时防止损伤组织、血管及神经。装置时应徐徐收紧,至伤口不流血为度。缠止血带要松紧适当,装着时间不宜过长,一般不得超过2～3h,冬季不超过40～60min,在此时间内如手术尚未完成,可将止血带临时松开10～30s,然后重新缠扎。松开止血带时,宜用多次"松、紧、松、紧"的办法,不得一次松开。

2. 术中止血法 手术中的止血是手术操作的重要环节之一,要求止血动作迅速而准确。手术中常用的止血方法如下。

(1)压迫止血法 用灭菌的纱布或泡沫塑料压迫出血的部位,以清除术部的血液,辨清组织和出血径路及出血点,以便采取止血措施。如毛细血管出血,经压迫后可停止出血;稍大血管继续出血,可再采取其他止血措施。止血时,只许按压,不许擦拭。

(2)钳夹止血法 用止血钳最前端与血流方向垂直夹住血管断端,保留数分钟,或用捻转止血钳将血管断端绞成束装,轻轻去钳,则断端闭合止血。对创伤深部血管断端,止血钳夹住后可暂时留在伤部24～48h,同时再加以固定,多用于大家畜去势后继发精索内动脉大出血时的止血。

(3)结扎止血法 即先以止血钳夹住血管断端,然后以丝线结扎。此法止血效果可靠,故又称彻底止血法,多用于明显而较大血管出血的止血。

①单纯结扎止血法　用丝线绕过止血钳所夹住的血管及少量组织而结扎,在打第一道结后,将止血钳松开,然后再打第二道结(图4-22)。

图4-22　单纯结扎止血法

②贯穿结扎止血法　将结扎线用缝合针穿过所夹组织,但不能穿透血管,然后进行结扎。常用的方法有"8"字缝合结扎及单纯贯穿结扎两种(图4-23)。

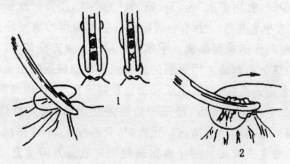

图4-23　贯穿结扎止血法
1."8"字缝合结扎　2.单纯贯穿结扎

(4)**填塞止血法**　手术部位较深或腔洞部位出血,应用其他方法止血有困难时,多采用此法。即将灭菌的纱布块或洒上止血药物的纱布、毛巾或用纱布包裹脱脂棉等填塞于出血的腔洞内,必要时再加压迫绷带包扎,或用止血钳或假缝合固定,以达到止血目的。注意必须将创腔填满,通常在12~48h后取出。如眼球摘除术、深部瘘管切除术、鼻腔手术、鬐甲瘘切除术及公畜去势后的出血等,多用填塞止血法。

(5)止血白明胶海绵止血法 术部难以制止的出血,可将白明胶海绵填塞于出血部位,缝合固定或用周围组织压迫固定。白明胶海绵可被组织吸收,起到良好的止血作用。

(6)烧烙止血法 对于增生组织,如肿瘤、放线菌肿,进行较大面积的切除时,经常采用烧烙止血法。烧烙时,烙铁应烧得稍微发红,在出血处轻轻按压一下,然后离开,创面烙成黄色痂皮即可达到止血目的,但时间不宜过长,否则组织易黏附在烙铁上,当烙铁离开时,结痂的组织随之剥离而重新出血。倘若烙铁烧得过红,则组织容易炭化,也不能达到止血的目的。基层兽医院常采用自制的烧烙器,其形状大小不同(图4-24),用于不同情况下的止血。

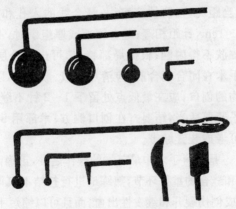

图4-24 各种烧烙器

(7)骨蜡止血法 骨骼手术时骨面出血,可涂布骨蜡,达到止血目的。骨蜡配方:蜂蜡5g、液状石蜡5ml、凡士林1g,混合后高压蒸汽灭菌即可应用。

(8)电刀止血法　利用高频电刀的高频电流,以凝固组织达到止血目的。

另外,在手术中若缝合线误穿入大的血管壁时,应将针立即退出,加压片刻后,出血即止。切不可继续将缝合针线穿过,进行结扎,以致造成更大的血管壁撕裂出血。

(四)缝　合

缝合是将已切开、切断或因外伤而分离的组织、器官进行对合或重建其通路,保证良好愈合的基本操作技术。其目的在于为手术或外伤性损伤而分离的组织或器官予以安静的环境,给组织的再生和愈合创造良好条件;保护无菌创免受感染;加速肉芽创的愈合;促进止血和创面对合以防裂开。

1. 缝合应遵守的原则　严格遵守无菌操作;缝合前要彻底止血,并清除创内异物、凝血块及坏死组织;创缘均匀对合,在两针孔之间要有适当距离,以防拉穿组织;缝合线的入孔和出孔要对称,距创缘 0.5～1cm,针距相等;缝合深部或厚组织时,不可在其下部出现死腔,皮肤不得内翻;根据局部特点,可进行分层缝合或深缝合;胸腹腔手术在闭合缝合前,应清点器械、敷料等,以防落入创腔内;有渗出物的创口,应在最低点处留下 1～2 针不缝合,以利于排液;打结时松紧要适当,结要打在创口侧方;术部用 5% 碘酊消毒;根据情况,可考虑装置绷带。

2. 打结　是外科手术中最基本的操作之一,正确而牢固地打结是结扎止血和缝合的重要环节,熟练地进行打结不仅可以防止结扎线松脱而造成创伤裂开和继发性出血,而且可以缩短手术时间。

(1)常用的手术结

①方结(平结)　结扣平坦、牢固、可靠,不易滑脱,可用于结扎血管和各种缝合手术,是手术中最常用的一种手术结(图 4-25 之 1)。

②外科结　与方结相似,只是在第一个单结上多绕一次,增大缝合线的摩擦系数,当打第二个结时不易松动。多用于大血管、张

力较大的组织和皮肤缝合(图 4-25 之 2)。

③三叠结(加强结)　是在方结的基础上再打一个结,较方结更加牢固可靠。多用于结扎粗大血管、张力较大的组织或肠线的打结。公畜结扎去势时也多用此结(图 4-25 之 3)。

常产生的错误手术结有假结和滑结。假结为两道动作相同的结所构成(图 4-25 之 4),易滑脱,不能采用;滑结是打结时两手用力不均匀,只拉紧一线而形成(图 4-25 之 5),也易滑脱,应注意避免。

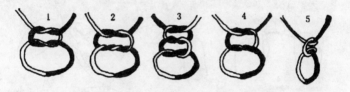

图 4-25　手术结的种类

1. 方结　2. 外科结　3. 三叠结　4. 假结　5. 滑结

(2)常用的打结方法

①单手打结　是最常用的一种方法,简便迅速。右手握持针钳,左手拇指和食指捏住缝合线游离端打结(图 4-26)。

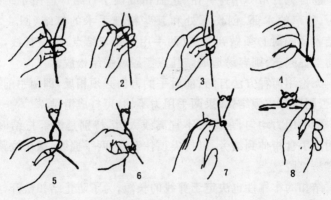

图 4-26　左手单手打结

②双手打结　是用双手握住线的两个游离端打结(图 4-27)。除用于一般结扎外,还用于深部或张力大的组织缝合,是较为方便可靠的打结方法。

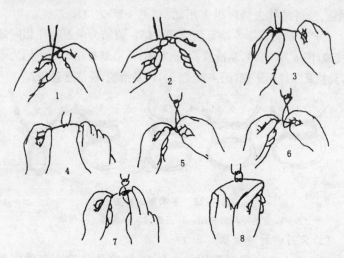

图 4-27　双手打结

③器械打结　用持针钳、止血钳或镊子打结。适用于结扎线过短、狭窄的术部、创伤深处和某些精细手术的打结(图 4-28)。打结收紧线时必须做到三点(两手用力点与结点)成一直线,切不可向上提起,否则容易造成结扎点撕脱或线结松脱。

无论用何种方法打结,前后手的方向必须相反,即两手前后交叉,否则即打成假结;如果两手用力不均,可打成滑结。

两手用力均匀,距离又不宜离线太远,特别是深部打结时,最好用两手食指伸到结旁,以指尖顶住双线,两手握线,徐徐拉紧,否则容易松脱。

结扣的牢靠性也决定于剪线的长短,为了防止结扣松开,必须在结扣处留一段线头。留下线头的长短决定于线的类型、粗细和结扣的多少。埋在组织内的结扎线头,在不引起结扎松脱的原则

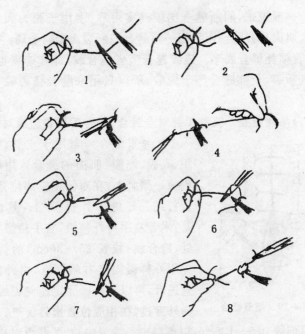

图 4-28　器械打结

下,应尽量剪短,以减少组织内的异物。丝线一般可留 1～2mm,
肠线留 3～4mm;细线可留短些,粗线可留长些;结扣次数多的可
留短些,结扣次数少的可留长些。在重要部位,为了安全,宁可稍
留长些。皮肤缝合线头不应短于 5mm。

　　正确的剪线方法是术者结扎完毕后,将双线尾提起略偏术者
的左侧,助手用稍张开的剪刀尖沿着拉紧的结扎线滑脱至结扣处,
再将剪刀稍向上倾斜,然后剪断,倾斜的角度取决于要留线头的长
短。

　　3. 缝合的种类　　缝合法根据缝合后切口边缘的形态,可归纳
为单纯缝合、内翻缝合、外翻缝合三类,每类又可分为间断缝合和
连续缝合两种。缝合技术正确与否,对组织的修复和再生有重要

意义。一般说来,间断缝合比较确实可靠,多用于张力大的组织(皮肤、肌肉)的缝合,不致因一道缝合线断裂而影响全局。但缝合时间长,损耗缝合线多。连续缝合节省缝合线,缝合速度也快,然而一旦断裂,全部缝合归于失败,所以只用来缝合张力较小的组织。

(1)单纯缝合　又称单纯对合缝合,缝合后切口边缘对合。

图 4-29　结节缝合

①结节缝合　常用于皮肤、皮下组织、黏膜、筋膜、肌肉的缝合。用短线于创缘一侧刺入,在对侧相应部位穿出,进行打结。每缝一针打一结。具体方法是:术者左手持外科镊,右手持带有缝合针、缝合线(线长 25～30cm)的持针钳,先用外科镊固定右侧创缘,由外向内垂直进针,再以外科镊固定左侧创缘,由内向外穿过,在相应位置出针。进、出针的针孔距创缘 0.5～1.5cm,以创口中心线为中轴,两孔要对称,最后将线端于创口一侧用平结或外科结固定,留线头 0.5～1cm。一般临床上为使长创口对齐采用先中间的对等平分缝合法(图 4-29)。

②减张缝合与圆枕缝合　减张缝合是采用结节缝合方式进行,但缝合针的刺入点与传出点距创缘较远些(4～5cm)。常与结节缝合并用,即先做几针减张缝合,再于减张缝合间增加数针结节缝合(图 4-30)。圆枕缝合实际上也是一种减张缝合,所不同的是以双线贯穿组织,打结前,各端两线之间置一小纱布卷或橡皮管作为圆枕,以减少缝合线对组织的损伤(图 4-31)。

③钮孔状缝合　其实也是一种减张缝合,不仅适用于皮肤的缝合,也适用于

图 4-30　减张缝合

肌肉、腱和筋膜等组织的缝合。钮孔状缝合分水平、垂直和重叠三种缝合法。水平钮孔状缝合和垂直钮孔状缝合主要用于张力较大的肌肉和腱的缝合以及子宫、阴道脱出后的缝合固定。水平钮孔状缝合和重叠钮孔状缝合常用于闭锁疝孔,垂直钮孔状缝合多用于肝脏、脾脏创口的缝合(图4-32)。

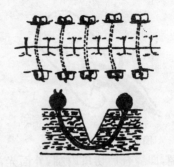

图4-31 圆枕缝合

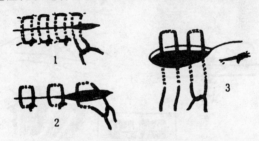

图4-32 钮孔状缝合
1. 水平钮孔状缝合 2. 垂直钮孔状缝合 3. 重叠钮孔状缝合

④螺旋形缝合 又称单纯连续缝合。用一条较长的缝合线,先在创口一端以结节缝合法缝合打结,但不剪断缝合线,用该线以等距离作螺旋形缝合,当缝到创口另一端时抽紧打结。此法常用于肌肉、腹膜及胃、肠吻合口内层的缝合(图4-33)。

⑤锁边缝合 方法和螺旋形缝合基本相似,但在缝合过程中每次均将缝合线交锁。多用于皮肤直线形创口的缝合以及用于薄又富于运动且易于撕裂的组织(图4-34)。

(2)内翻缝合 又称伦勃特缝合法。主要用于胃肠、子宫、胆囊、膀胱等腔性器官的缝合。要求被缝合的两缘,外面光滑,组织

图 4-33 螺旋形缝合

图 4-34 锁边缝合

内翻,即缝合后切口内翻,外面光滑。

①垂直褥式间断内翻缝合 缝合线分别穿过切口两侧的浆膜和肌层即行打结,使部分浆膜内翻对合,用于胃肠道外层的缝合(图 4-35)。

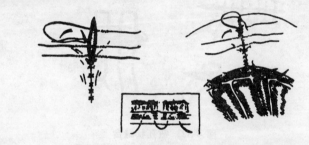

图 4-35 垂直褥式间断内翻缝合

图 4-36 垂直褥式连续
内翻缝合

②垂直褥式连续内翻缝合 于切口的一端开始,先做一浆膜肌层间断内翻缝合并打结,再用同一缝合线垂直于切口做浆膜肌层连续缝合至切口另一端,用于胃肠道的外层缝合(图 4-36)。

③水平褥式连续内翻缝合 又称库兴氏缝合。缝合方法是于切口一端开始先做一浆膜肌层间断内翻缝合,再用同一缝合线平行于切口做

浆膜肌层连续缝合至切口另一端。适用于胃、肠、子宫浆膜肌层的缝合(图4-37)。

④康乃尔氏缝合　这种缝合方法大致与水平褥式连续内翻缝合相同,仅在缝合时针要贯穿全层组织,当将缝合线拉紧时,则肠管切面即翻向肠腔。多用于胃、肠、子宫壁缝合(图4-38)。

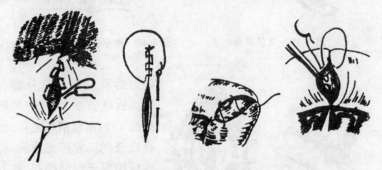

图4-37　水平褥式连续内翻缝合　　　**图4-38　康乃尔氏缝合**

⑤荷包缝合　即做环状的浆膜肌层连续缝合,用于膀胱、胃肠壁上小范围的内翻。也可用于胃肠、膀胱造瘘等引流管的固定或埋存蒂的残端或对肛门、阴门的缝合(图4-39)。

(3)外翻缝合　是将缝合组织边缘向外翻出,使其切面外翻,内面光滑。

①水平褥式间断外翻缝合　又称"U"字形外翻缝合。用于血管、肌肉等组织的缝合(图4-40)。

②连续外翻缝合　或称"弓"字形外翻缝合,常用于血管、腹膜的缝合(图4-41)。

4. 拆线　是指拆除皮肤缝合线。缝合线拆除的时间,一般是在手术后7～10d进行,凡营养不良、贫血、老龄家畜,缝合部位活动性较大,创缘呈紧张状态等,应适当延长拆线时间,但创伤已化脓或创缘已被缝合线撕断不起缝合作用时,可根据创伤治疗需要,

图 4-39　荷包缝合

图 4-40　水平褥式间断外翻缝合

图 4-41　连续外翻缝合

随时拆除全部或部分缝合线。拆线方法是：用 5%碘酊或 75%酒精消毒创口、缝合线及创口周围皮肤后，将线结用镊子轻轻提起，剪刀插入线结下，紧贴针孔将线剪断，拉出缝合线后，再消毒一次。拉线方向应朝向剪线的一侧，动作要轻巧，如强行向对侧硬拉，则可能将伤口拉开(图 4-42)。

图 4-42　拆线方法

五、绷　带

　　绷带是固定和保护创伤的材料，包括内层和外层两部分。敷料为内层，一般要求是疏松的棉织品，经过化学脱脂，柔软富有吸收能力,常用的有脱脂纱布、棉花、麻类、木棉等。棉花、麻类、木棉等敷料不可直接与创面接触,通常是在脱脂棉与创面之间放置2～3层灭菌纱布,防止棉花与创口粘连。外层是用以固定和保护内层的材料。由于使用绷带的目的不同,通常有各种名称,如压迫绷带、创伤绷带、制动绷带、冷敷绷带、热敷绷带等。根据临床和局部解剖的特点,常用的绷带有卷轴绷带、结系绷带、复绷带、胶质绷带、支架绷带、夹板绷带和石膏绷带等。其共同的作用是:保护伤口使其不与外界接触,预防感染;固定器官和组织,限制不必要的局部活动,使创伤保持安静;缓解缝合线张力,防止创伤裂开,使创缘、创壁密切结合促进愈合;吸收创伤分泌物;有助于保温、防冻和固定敷料,防止药物脱落和移动。绷带的包扎方法很多,要根据不同的部位和病情,选择不同的方法包扎患部。

(一)装绷带前的准备工作

1. 包扎材料的准备　装绷带的包扎材料包括卷轴带、脱脂棉、纱布、复绷带、石膏绷带、竹板、木板、金属板、白布、塑料布及麻绳等。

2. 其他准备工作　用于骨折部位的绷带,根据患部情况,要进行必要的处理和消毒,整复后要用夹板或石膏绷带固定。必要时可给病畜进行浅麻醉,以利于操作。

(二)绷带的种类及装置方法

1. 卷轴绷带及装置方法　卷轴绷带通常称卷轴带,是将布剪成狭长的带条,用绷带机或手卷成。现用的规格标准为长 6m,宽3cm、4cm、4.8cm、6cm、8cm、10cm 6 种,一般用纱布或棉布制成。卷轴绷带分为单头绷带、双头绷带、丁字形绷带。卷轴绷带是临床上最常用的绷带,多用于大家畜四肢游离端、尾部、角和头部以及小家畜的胸部和腹部。在四肢装置时,一般以左手持绷带的开端,右手持绷带卷,以绷带的背面紧贴体表,由左向右缠绕,当第一圈缠好之后,将绷带的开端反转盖在第一圈绷带上,再用第二圈绷带固定,然后根据需要进行不同形式的缠绕,但无论运用何种形式缠绕,均应以环形开始并以环形终止,缠绕结束后将绷带末端撕成2条,打结于肢体外侧,或以胶布将末端加以固定。具体的装置方法有以下几种。

(1)环形带 用于系部、掌部、跖部等较小创口的包扎。其方法是在同一部位缠绕数周后打结(图4-43之1)。

(2)螺旋带 以螺旋形由下向上缠绕,每后一圈遮盖前一圈的1/3~1/2。多用于患部较长、粗细近似的部位,如掌部、跖部及尾部等(图4-43之2)。

(3)折转带 又称回反带。用于上粗下细径围不一致的部位,如前臂和小腿部。方法是由下向上做螺旋形包扎,每一圈均应向下回折,逐圈仍遮盖上圈的1/3~1/2(图4-43之3)。

(4)蛇形带 或称蔓延带。类似螺旋带,螺旋之间约有一个绷带宽的距离,用于暂时固定敷料或夹板(图4-43之4)。

(5)交叉带 又称"8"字形带。用于腕关节、跗关节、球节等部位。方法是在关节下方做一环形带,然后在关节前面斜向关节上方做一周环形带,后再斜行经过关节前面至关节下方,操作至患部完全被包扎住,最后以环形带结束(图4-43之5)。

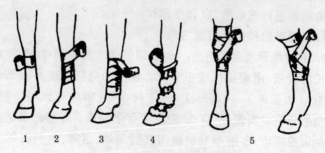

图 4-43 卷轴绷带装置方法
1. 环形带 2. 螺旋带 3. 折转带 4. 蛇形带 5. 交叉带

（6）蹄绷带　主要用于蹄部包扎。将绷带游离端留约 20cm，在蹄的系部环绕 1～2 周，以游离端作为支点，然后将绷带绕过蹄底经蹄侧壁绕回到系凹部，绕过支点并以相反方向继续包扎蹄部，按此方法将蹄部完全包好后结扎固定。

（7）角绷带　用于角外伤或断角术的包扎。患部先用消毒纱布块撒布消炎粉或止血药，然后在患部用绷带包扎固定。方法是在患角部用环形或螺旋绷带包扎，另一角作支点，用"S"字形缠绕包扎固定打结。

（8）尾绷带　用于尾部创伤或后躯、肛门、会阴等部施术前后固定尾部。其打法是在尾根部作环形带，然后向下打螺旋带，但每打一圈时把尾部背侧毛向上折转用绷带压住，一直打到尾尖将整个尾毛折转上方做数周环形带，使尾毛折转部形成 5～8cm 长的圆套，绷带末端穿过该套向前牵引固定于颈部（图 4-44）。

图 4-44　尾绷带

2. 结系绷带　是用缝合线代替绷带固定敷料的一种保护手术创口或减轻伤口张力的绷带。结系绷带可装在畜体的任何部位，其方法是在圆枕缝合的基础上，利用游离的线尾，将若干层灭菌纱布固定在圆枕之间和创口之上（图 4-45）。另外，亦可在术部创缘两侧做水平或垂直钮孔状缝合，在创口部形成线套，将消毒的数层纱布块放置在术部后，拉紧两端缝合线打结固定。

3. 复绷带　是按畜体一定部位的形状而缝制的，是具有一

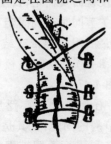

图 4-45　结系绷带

定结构、大小的双层盖布,在盖布上缝合若干布条以便打结固定(图4-46)。复绷带形式多样,但都要求装置简便、固定确实。

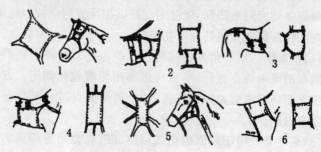

图4-46 复绷带
1. 眼绷带 2. 前胸绷带 3. 背腰绷带 4. 腹绷带 5. 喉绷带 6. 鬐甲绷带

4. 夹板绷带 是借助于夹板的作用达到保持患部安静,避免加重损伤、移位和使伤部进一步复杂化的一种起制动作用的绷带,用于骨折或关节脱位时的紧急救治或长期制动。紧急救治所用的夹板绷带可就地取材,利用胶合板、薄木板、竹板、树枝等作为夹板材料;长期制动可采用预制夹板绷带,常用金属丝、薄铁板、木料等制成适合四肢解剖形状的各种夹板。夹板绷带由作为衬垫的内层、夹板和各种固定材料构成。装置方法是先将患部皮肤刷净,包上较厚的棉花、纱布或毡片等衬垫并用蛇形带加以固定,而后装置夹板,夹板的宽度视需要而定,长度既应包括骨折部上、下两个关节,使上、下两个关节同时得到固定,又要短于衬垫材料,避免夹板两端损伤皮肤。最后用螺旋带或结实的细绳加以捆绑固定,铁制夹板可用皮带固定(图4-47)。

5. 石膏绷带 广泛应用于骨折、关节病的固定,尤其是关节附近的骨折,利用石膏绷带固定较为可靠。其方法是:将石膏绷带浸入温

图4-47 夹板绷带

水中浸透,在包扎好的患部开始环绕,边环绕边在绷带上涂抹石膏糊,大家畜四肢骨折需要5～8层,小家畜3～4层即可。

六、引 流

引流是将创口、体腔及其他任何感染部位的液体引出体外以进行治疗的方法。引流的基本目的是闭塞死腔、除去异物及减少创口并发症。

(一)引流的作用和适应证

引流的主要作用是借助引流物(纱布条、引流管等)将创口或体腔的渗血、渗液、脓液及时引出体外,以免在组织或体腔内积聚引起感染或感染扩展;胸腔和腹腔的引流有助于减轻压力和疼痛,防止呼吸困难;膀胱引流(导尿)可使膀胱空虚,处于收缩状态,以利于膀胱恢复;引流管置于深部创口或体腔内也可做清洗或注入药物之用。

引流可分治疗性引流和预防性引流两种。前者用于皮肤及皮下组织严重损伤、感染或脓肿的治疗,后者多用于手术之后防止出血、炎性渗出或刺激性液体(胆汁)漏出积聚形成死腔,影响创口愈合或引起周围组织的炎症。

值得注意的是,引流物是一种异物,不必要或不合理地使用引流物,可将细菌带入创内,或促使创内原有细菌的繁殖;堵塞过紧或质地过硬的引流物压迫、刺激组织,可引起坏死,延迟创伤愈合。因此,当炎性渗出物很少时,应停止使用引流物。对于炎性渗出物排出通畅的创伤、已形成肉芽组织坚强防卫面的创伤、创内存有大血管和神经干的创伤,以及关节和腱鞘创伤等,均不应引流。

(二)引流的选择

临床上的引流方法有纱布条引流、烟式引流和管状引流。

1. 纱布条引流 棉纱具有毛细管虹吸作用,并可导入创伤的弯曲部位和适宜的方向,因而能将创内分泌物引出创外。用做引流的纱布条可做成各种宽度和长度。但较长的纱布条必须相应的增加其宽度,否则狭长的纱布条很难达到引流的目的。纱布条必须事先经过灭菌处理,并浸以适当的药液如魏氏流膏、碘仿蓖麻油、磺胺乳剂(氨苯磺胺 5g、鱼肝油 30ml、蒸馏水 65ml)、碘仿甘油凡士林流膏等,将其一端导入创底,其另一端留于创外,要保持疏松状态,不能填塞过紧。

2. 烟式引流 用薄橡皮或旧橡皮手套卷成管状,管中填以纱布条,粗细如手指,长短按需要而定,方法同上,这就是烟式引流。它具有表面光滑、引流作用强等优点。

3. 管状引流 借助于创内分泌物、脓液的重力作用,经由橡皮管或塑料管将其引出创外。主要用于有大量液状分泌物且创腔或创道朝向下方时。如果下方不开口就必须做辅助切口。

(三)引流物的更换

引流物更换的时间,决定于炎性渗出的数量、病畜全身性反应和引流物是否起引流作用。炎性渗出物多时应常换。当创伤炎性肿胀和炎性渗出物增加、体温升高、脉搏增数时是引流受阻的标志,应及时取出引流物做创内检查,并更换引流物。待感染被消除,渗出已停止时,方可去掉引流物。引流不可长期反复应用,否则容易形成化脓性瘘管。

第二节 临床常用外科手术示例

食管切开术

【适应证】 食管异物阻塞,用保守治疗(如推下、掏出、压碎等)无效时;食管肿瘤、憩室以及重症口腔病不能饮食,可切开食管将营养物灌入胃内。

【术前准备】 牛的食管阻塞后,因嗳气不能正常排出,致使瘤胃臌气,术前应放气。阻塞物前的食管内常常存在大量唾液,为了避免切开食管后污染创口,术前要尽量吸出。

【保定与麻醉】　一般多采取横卧保定,站立保定也可,但必须将头颈固定确实。通常局部浸润麻醉或全身麻醉。

【术　部】　切口选择在异物存在部位。切开位置有两处,上切口在臂头肌下缘和颈静脉上缘之间切开,下切口在颈静脉下缘和胸头肌上缘之间切开。切口长度为 15cm 左右。

【术　式】　术部剪毛、剃毛、消毒,并覆盖创布。切开前,应压迫颈静脉使其怒张,然后切开皮肤及皮下筋膜等软组织;剥离颈静脉周围组织,将颈静脉推压到创口上方或下方;将手指伸至气管背侧面,可探到颈动脉跳动,同颈动脉平行可触到一条平滑柔软的索状物,即为食管,如有异物则更加明显;用手指钝性分离食管周围组织,将食管拉至创口处,再将消毒纱布或包有纱布的止血钳放入食管下方,使食管与其他部位隔离,并能将食管充分暴露于创口外;用套胶管的肠钳轻轻夹住食管切口上部,以防唾液污染创口。切开食管全层,如异物在切口部位,即可取出。如在切口下部,可用异物钳或有钩止血钳夹出,或用食管探子(硬胶管)由创口插入,将异物推入胃内;如阻塞物较大,在食管内停留时间较长(48h 以上),食管壁有坏死病变时,食管不能缝合,可采用开放疗法;食管内阻塞物取出后,用 0.1％雷佛奴尔或新洁尔灭溶液冲洗创部,用连续缝合法缝合黏膜和肌肉层。缝合后将食管推至原位,用上述消毒液冲洗皮下创部,撒布青霉素、链霉素粉,再将皮肤做结节缝合。最后涂搽 5％碘酊,装结系绷带。

【术后护理】　术后的病畜不能饮水或喂饲,大家畜每日静脉注射 10％葡萄糖注射液和生理盐水各 1 000ml,经 5～7d 可给予流食或柔软的饲料,但要少给勤喂。10～12d 拆线。在此期间,应避免患部与其他器物摩擦。如创口发生感染,有化脓症状时,应立即拆线,采取开放疗法。

腹部切开术

(一)马、牛腹部切开术

【适 应 证】 为腹腔内脏疾病的诊断与治疗打开通路,如马属动物的结症、肠扭转、肠套叠、肠变位以及牛的瘤胃切开等。

【保定与麻醉】 根据手术的性质和家畜的体况,可选用倒卧保定或栏内保定。采取三阳络组穴或腰旁组穴电针麻醉或腰旁、椎旁神经传导麻醉。马属动物多采用全身麻醉。

【术 部】 切口部位选择在左侧肷部。由髋结节做一条与脊柱平行的引线,与最后肋骨相交,从此线的中点为起点,向下做一长约 20cm 的垂直切口。

【术 式】 术部剪毛、剃毛、消毒,并覆盖创布;切开皮肤,结扎出血点,分离皮下组织,便可见到由前上方向后下方行走的腹外斜肌(牛有发达的腹黄筋膜覆于腹外斜肌的表面);术者用刀柄或止血钳顺着肌纤维的方向先分离一个小口,用双手的食指、中指将该肌层钝性分离,并向两侧扩开;若遇血管,应尽量避开,不予切断,倘若横跨切口,可做双重结扎,然后切断;以同样方法分离由后上方向前下方行走的腹内斜肌、由上向下行走的腹横肌,显露腹膜;孕畜和肥胖家畜在腹膜外还有一层发达的脂肪,去掉脂肪后方可见到腹膜;用镊子或止血钳将腹膜夹起,用刀或剪子先做一个小切口,然后术者将左手食指、中指伸入腹腔保护内脏,右手持钝头剪剪开腹膜;切口缘两侧垫上浸有灭菌生理盐水的纱布垫,用拉钩牵引,显露肠管;达到手术目的后,检查腹腔内有无血凝块及其他手术物品遗留,用丝线或肠线连续缝合腹膜与腹横肌;按原解剖层次,用丝线结节缝合腹内斜肌、腹外斜肌和皮肤;必要时,在切口下方留一个小口,以利于创液的排除。

(二)犬、猫腹白线切开术和旁正中线切开术

【适 应 证】 两种切开术均适用于腹腔、盆腔大部分脏器的

手术通路。

【保定与麻醉】　仰卧保定或半仰卧保定,用速眠新作全身麻醉。

【术　部】　腹白线切开术的部位分为前腹部和后腹都,前腹部是从剑状软骨向后延伸,后腹部是从耻骨前缘向前延伸,旁正中线切开术是在距腹白线 2~5cm 处做切口。

【术　式】　术部剪毛、剃毛、消毒、敷盖创布;切开皮肤,显露白线;轻轻地沿腹白线切开腹腔;给公犬做腹后切开时,应与包皮平行,沿旁正中线切开,直至打开腹腔,以免损伤阴筒;达到手术目的后,关闭腹腔。

瘤胃切开术

【适应证】　瘤胃积食,经药物治疗无效,可施术取出积食;饲料中毒发现较早,而有毒饲料尚在瘤胃中,可立即施术取出;创伤性网胃炎和创伤性心包炎,可切开瘤胃探诊或取出异物;瓣胃梗塞、皱胃积食,可做瘤胃切开及胃冲洗术进行治疗。

【保定与麻醉】　多在四柱栏或二柱栏内站立保定,采用腰旁或椎旁神经传导麻醉或局部浸润麻醉,也可采用电针三阳络组穴或腰旁组穴麻醉。

【术　部】　为髋结节至最后肋骨水平线的中点,向下垂直切开。

【术　式】　局部剃毛、消毒,由髋结节至最后肋骨水平线之中点向下纵行切开皮肤 20cm 左右,将中央带孔的创巾缝于皮肤创缘两侧;将腹外斜肌、腹内斜肌做钝性分离或用手术刀切开均可,剪开或切开腹膜;术者将瘤胃尽量向创口处牵拉固定,其固定方法是在瘤胃欲切开的周围 1.5~2cm 处,用有孔塑料布与胃壁浆膜肌层做连续缝合,切开瘤胃全层后,用舌形钳夹住胃壁切口边缘(切口边缘左右各夹 2 把,切口下边缘夹 1 把);助手用舌形钳将胃壁牵拉到皮肤切口外,在胃壁与皮肤创缘间垫上纱布,术者可将手伸入瘤胃内探查或取出异物。

病畜如为瘤胃积食,术者或助手由其胃切口取出部分内容物(1/3~1/2即可)。如胃内有产气现象,可将30％甲醛溶液8ml或稀盐酸25ml,加水1 000ml,由创口用胃管导入胃内。如内容物较硬固,可用胃导管灌入液状石蜡1 000ml、人工盐300g、温水2 000ml。

病畜如为饲料中毒,则应及时进行手术,将有毒内容物取出,而后用大量温水灌注冲洗,再用胃管导出。冲洗液导出后,要灌入500g葡萄糖和2 000ml温水。

创伤性网胃炎或心包炎时,术者的手伸入腹腔,沿胃壁和腹壁之间向前下方探查网胃与横膈膜是否有粘连或异物。如发现有粘连,应用手指钝性分离。如在网胃外面触到异物,可将异物拔出。如异物不能拔出,应将异物推送到网胃内。最后用0.1％雷佛奴尔或新洁尔灭溶液浸泡的脱脂棉,在患部擦拭,再涂敷油剂青霉素。如不能从网胃外取出异物,则可通过瘤胃取出。

瘤胃内部手术处理后,胃壁创缘先用生理盐水清洗,再用75％酒精棉球擦拭。

拆除胃壁与周围组织或有孔创巾上的缝合线,用4~5把舌钳夹住胃壁创缘提起,除去胃与腹壁创口周围的纱布,用生理盐水冲洗血凝块和污物,胃壁与腹壁之间要垫上消毒纱布。

胃壁创口做全层连续密闭缝合,用青霉素溶液喷涂创缘缝合部位,再做浆膜肌层连续平行或垂直内翻缝合,在缝合部位涂布油剂青霉素后将瘤胃送回腹腔。

腹膜、腹横肌做连续缝合,腹内外斜肌做结节缝合,在缝合肌肉时,均撒布青霉素粉。皮肤做结节缝合,涂搽5％碘酊,最后装置结系绷带。

【术后护理】 病畜术后禁食、禁水1~2d。成年牛静脉注射生理盐水2 000ml、10％葡萄糖注射液1 000ml,每日2次;每日肌内注射青霉素、链霉素2次。每日观察创口有无感染并涂布5％

碘酊。术后第三天,喂给病畜适量的柔软青绿饲料。体温、创口正常,食欲、精神较好者,在1周之后可以给予正常量的饲料,但要以干草为主。

牛皱胃左方变位整复术

【适应证】 本手术适用于牛皱胃左方变位的整复。

【术前准备】 术前禁食24h以上;可经口腔插入胃导管,导出瘤胃内液状内容物,以减轻瘤胃对左方变位皱胃的压迫。

【麻醉】 采用腰旁神经传导麻醉配合局部浸润麻醉,也可肌内注射2‰静松灵注射液2ml进行镇静。

【保定】 站立保定或前躯右侧卧、后躯半仰卧保定。

【术部】 皱胃左方变位的手术通路有四种:大网膜固定法的左、右肷部中切口;瘤胃减压整复法采用左肷部中切口;仰卧自然复位、皱胃固定法的脐后腹中线旁右切口;大网膜固定法的右肷部下切口。

【术式】

(1)左、右肷部中切口大网膜固定法 采用站立保定,先做左肷部中切口,显露变位的皱胃。若皱胃内有多量积气,应穿刺减压;如皱胃与其他组织发生粘连,要小心剥离。右肷部切开后,右侧术者左手探入腹腔,沿腹壁向后向左寻找深、浅两层大网膜的折转处,将其牵引到右侧腹壁切口之外。此时左侧术者的右手探入腹腔,向后下方压迫皱胃,并让右侧术者拉紧网膜,左右术者相互配合将皱胃整复。右侧术者继续向后上方牵引网膜,并向前下方探查皱胃,在距皱胃尽可能近的位置,将双层网膜做成的皱襞,用10号双股丝线以2～3个钮孔状缝合固定在腹壁切口下角的腹膜肌层上。最后关闭左、右肷部的腹壁切口。

(2)瘤胃减压整复法 采用站立保定,左肷部中切口显露瘤胃后,做瘤胃切开术,去除瘤胃内容物减压后,皱胃随即复位。若仍不能复位,术者手在瘤胃腔底部隔着胃壁触诊皱胃,并推动皱胃复位。若继发皱胃积食和皱胃扩张时,可采用胃冲洗排除。最后缝合瘤胃切口和关闭腹壁切口。

(3)仰卧自然复位、皱胃固定法　先将病牛右侧卧保定,将两前肢和两后肢分别固定,再使病牛滚转呈仰卧姿势,以牛背为轴心向左向右呈 60°角摇晃 3min,突然骤停,病牛仍呈仰卧姿势,躯干两侧填充装有软草的麻袋,使其保持仰卧姿势。

在脐后腹中线右侧 5cm 处向后做一条 20～25cm 的切口,切开腹壁,显露腹膜腔。术者手进入腹腔内,沿左侧腹壁探查皱胃位置,用手臂的摆动和移动动作,将其恢复至正常位置。为了防止皱胃左侧移位再度发生,应进行皱胃固定术。确定皱胃幽门部,用弯圆针带 10 号丝线,从幽门至胃底部做 5～6 个间断皱胃浆膜肌层与腹膜、腹直肌缝合,缝合线拉紧打结后,将皱胃固定在腹壁切口的右侧。为了加强固定,再在固定线的旁侧,将皱胃浆膜肌层、腹膜、腹直肌进行连续缝合,最后关闭腹腔切口。

(4)右肷部下切口大网膜固定法　在右侧腰椎横突下方 15～20cm 处,距最后肋骨一掌处,向下做一条 20cm 的直切口。显露腹腔后,手经网膜上隐窝间口后方、直肠下方向瘤胃左侧纵沟附近,探查变位的皱胃。若皱胃臌气,用一带胶管的粗针头对皱胃穿刺放气减压后,检查皱胃与邻近器官有无粘连,若有粘连,应仔细分离。然后左手在瘤胃左侧经瘤胃腹囊下方向右侧腹腔推动皱胃,右手在右侧腹腔内经瘤胃腹囊下方抓持皱胃与左手协同,用一拉一推的动作,向右侧腹腔牵引皱胃至正常位置。以幽门部的位置为鉴别皱胃正常复位的标准。在幽门部上方 8～10cm 处,将大网膜深、浅两层做一褶皱,用弯圆针带 10 号丝线,穿过折成双褶的网膜,再与相邻的腹膜、腹壁肌肉层做 4～5 个钮孔状缝合,使大网膜牢固地固定在腹壁上,以防止皱胃再度移位。

在上述四种手术方法中,第一种方法虽然需要切开左、右两侧腹壁,但操作均在直视下进行,手术安全、并发症少、治愈率高;瘤胃减压整复法较少应用,因为瘤胃切开术比较繁杂,术后恢复慢,不固定皱胃,有复发的危险;仰卧皱胃固定法更适用于其他整复术后复发的病例,但病牛仰卧有导致瘤胃臌气、逆呕和误咽的危险,容易发生切口疝和术后感染;右肷部下切口大网膜固定法操作简单,但皱胃减压需在腹腔深部穿刺放气,整复也比左、右侧肷部切口困难。

【术后护理】　术后禁饲,只有在出现反刍后才开始饲喂少量优质饲草,特别要注意少喂精饲料;术后 5～6d,每日肌内注射青霉素、链霉素,当有脱水症状时,应静脉补液纠正酸碱失衡。

犬耳整形术

(一)犬耳成形术

【适应证】　手术的目的是使垂耳品种的犬耳郭直立,外观更加美观。以 2～3 月龄时实施为宜,随着年龄的增大,手术的成功率降低。一般年龄小的犬断耳时可截得稍长些,公犬可比母犬稍长些。

【保定与麻醉】　俯卧保定,采用全身麻醉。

【术　式】　两耳剃毛、消毒,将下垂的一个耳尖向头顶方向拉紧伸展,根据不同犬种和需要的耳形,用尺子测量出需保留耳郭的长度,并在耳前缘处刺入一根大头针作为标记。将下垂的两个耳尖同时向头顶方向拉紧伸展,把两个耳尖合并对齐后用一创巾钳或止血钳固定,然后用剪刀在耳前缘标记处的稍上方剪一个小缺口,作为装置耳夹的标记点,注意必须在两耳相同的位置剪出小的缺口。去除耳尖部的创巾钳或止血钳,分别在两耳从标记点(缺口)到耳屏间肌切迹(耳后缘的下端,耳屏与对耳屏软骨下方耳与头的连接处)之间的位置上装置断耳夹,断耳夹的凸面朝向耳前缘。断耳夹装好后,两耳应保持一致形态。在外耳道中填塞脱脂棉球,以防血液流入外耳道中。沿断耳夹凹面全部切除耳外侧部分。除去断耳夹,彻底止血后皮肤连续缝合。

如果无断耳夹可利用,可选择大小适当的肠钳代替断耳夹。

【术后护理】 术后将耳郭拉向头顶,用绷带包扎,或将两耳尖拉向头顶伸展,合并对齐后作一结节缝合,再用绷带包扎。5~7d解除绷带,如耳郭仍不能直立,可继续包扎。为防止犬用脚爪抓耳部,可装置颈环。

(二)犬耳矫形术

【适 应 证】 竖耳品种犬(如德国牧羊犬)若耳郭不能直立,向头顶或外侧偏斜、弯曲,会影响犬的美观。本手术的目的就是使发生偏斜、弯曲的耳郭重新直立。

【保定与麻醉】 俯卧保定,全身麻醉。

【术   式】

(1)耳郭向头顶部偏斜的矫形术式 在耳基部与颅骨连接处的皮肤上做一纵向切口,切口距耳后缘约 0.6cm,距耳前缘约1.2~1.6cm;切开皮下组织,暴露盾形软骨,将它与连接的肌肉分离后向头顶中央稍偏向耳前缘的方向牵引,并用水平褥式缝合把盾形软骨固定到颞肌筋膜上。缝合的位置以缝合后耳郭位置恢复正常或稍偏向头外侧为宜。皮肤和皮下组织结节缝合。将一个圆锥形的纱布棉拭放在耳腹侧,把耳郭卷到棉拭上并从基部包扎。

(2)耳郭向头外侧弯曲的矫形术式 如果犬尚能很好地控制耳基部,则只需在耳背侧弯曲部位切除一椭圆形皮肤块,用改进的垂直褥式或结节缝合闭合皮肤切口(缝合过程中缝合针分2~3次穿入耳郭软骨,但不能穿透耳郭软骨),把圆锥形的纱布棉拭放在耳背侧并将耳郭卷到棉拭上包扎。切除椭圆形皮肤块的大小很关键,如果切除得太小,则耳郭仍向头外侧弯曲,而切除得太多,则可能造成耳郭向头顶偏斜。

如果耳郭在其基部发生弯曲,则先用向头顶部偏斜的矫形术式相同的切口和操作方法,把盾形软骨固定到颞肌筋膜上,使耳郭基部更接近头部;再将皮肤切口修整成椭圆形,其大小根据耳郭弯曲的程度决定,大多数犬需切除 1.2～1.6cm 宽的皮肤块(在椭圆形皮肤块的最宽处测定);然后在皮肤切口处做 3～4 针改进的垂直褥式缝合,抽紧缝合线的同时向上牵引耳郭,缝合时进针的深度和打结时的拉力大小要根据缝合线抽紧后耳郭仍向头外侧偏斜10°为宜,如果缝合线抽紧后耳郭直立,则术后由于瘢痕收紧可能造成耳郭向头顶偏斜。结节缝合其余切口部分,最后按向头顶部偏斜的矫形术式一样进行包扎。

【术后护理】　包扎 3～5d 后将绷带拆开更换,重新包扎并保留 5d 以上。如果包扎 8～10d 耳郭仍不能直立,则可在 1 个月后,在原来的皮肤切口处重新切除一椭圆形皮肤块,并按上述方法闭合切口。为防止犬用脚抓耳部,可装置颈环。

犬断尾术

某些品种的犬为了美观而断尾,尾部严重创伤、啃咬、骨折、肿瘤、麻痹等也需实施断尾术。

根据断尾犬的年龄分为仔犬断尾术、幼犬断尾术和成年犬断尾术。

(一)仔犬断尾术

仔犬断尾术一般在生后 7～10d 进行,此时断尾出血少、应激反应小。断尾长度可根据不同品种要求及畜主的选择来决定。

【麻　醉】　0.25% 盐酸普鲁卡因注射液局部浸润麻醉或不麻醉。

【术　式】　尾局部常规除毛消毒后,用橡皮筋扎住尾根。在预定截断处下方约 0.2cm 环形切开皮肤及皮下软组织,然后向尾根移动皮肤及皮下组织约 0.2cm,用剪刀齐皮缘剪断尾椎。对合背、腹侧皮肤后,做 3～4 针结节缝合。除去止血带,用灭菌纱布轻轻挤压并擦去创口的血液,每日涂搽 5%碘酊,7～8d 拆除皮肤缝合线。

(二)幼犬断尾术

【麻　醉】　全身麻醉或硬膜外腔麻醉。

【术　式】　术部除毛消毒,尾根部用橡皮筋结扎止血。用手指触及预定截断部位的椎间隙。在截断处下方(0.5～1.2cm)做背、腹侧皮肤瓣切开,皮肤瓣的基部在预定截断的尾椎间隙处。结扎截断处尾椎侧方和腹侧的血管。横向切断尾椎肌肉,从椎间隙截断尾椎。稍松开橡皮筋,根据出血点找出血管断端,用缝合线穿过其周围肌肉、筋膜进行结扎止血。修剪并对合皮瓣,覆盖尾的断端,较密地做结节缝合。术后应用抗生素 4～5d,保持尾部清洁,10d 后拆除皮肤缝合线。

(三)成年犬断尾术

与幼犬断尾术基本相同。

阉　割　术

阉割术就是摘除畜(禽)的生殖腺(睾丸或卵巢),使之更加符合人类生产、生活需要的一种兽医外科手术。其目的一是使役用家畜温驯,便于调教、使役,延长使役年限;二是使肉用动物生长迅速,利于肥育,肉质更加细嫩,改善口味,毛皮动物提高毛、皮质量;三是阉割后公、母畜可混群饲养,减少管理上的人工和费用;四是淘汰不良种畜(禽),有利于良种选育;五是用以治疗家畜的某些生殖器官疾病。古人把睾丸称为"势",所以摘除公畜睾丸的手术也称为"去势",这一说法沿用至今。

(一)公马、公驴、公骡去势术

去势的适宜年龄为 2～3 岁,去势季节多在早春或晚秋无蝇季节进行。

【术前检查】　患骨软症和传染病者不宜实施去势手术;直肠检查腹股沟内环,如术者的三根手指能伸入其内环,去势后小肠有可能由腹股沟管脱出,则应按阴囊疝的手术方法闭锁腹股沟管。

【保定与麻醉】　用双套绳或单套绳倒马法将马等放倒。通常行左侧横卧保定,后肢做前方转位固定于颈部,跗关节用猪蹄扣拴好,由助手牵拉保定。用保定宁做全身轻度麻醉,个别性情温驯的公马,可肌内注射镇静药物。

【术　式】　根据去势时是否切开总鞘膜而分为露睾去势法和被睾去势法两种。

(1)露睾去势法　术部及其周围用 0.1％新洁尔灭溶液清洗,除去阴囊上的被毛,再用 5％碘酊消毒术部。

术者左手握住阴囊基部,固定两侧睾丸,展平阴囊皮肤,阴囊中线位于两个睾丸之间。在该中线两侧约 1.5cm 处各做一个平行切口,一次切开阴囊壁及总鞘膜,切口长度以能挤出睾丸为宜。睾丸露出后,剪断附睾鞘膜韧带,再沿精索后缘将其上方与鞘膜相连的部分用手撕断,并分离出输精管且剪掉,而后摘除睾丸。常用的方法有以下几种。

①捻转法　将阴囊推向腹部,以充分暴露精索,左手持住睾丸,右手的食指、中指和拇指捏住精索,自睾丸端向体部反复捻搓,同时左手不断转动睾丸,先慢后快直至完全捻断。另一侧睾丸也用同样方法将精索捻断。

②结扎法　睾丸、精索暴露后,先在睾丸上方约 8cm 处,用消毒的缝合线做双套结结扎精索,然后在结扎处下方 1cm 处剪断精索。该方法适用于老龄家畜的去势,止血确实,安全可靠。

③火骟法　用特制精索夹板在睾丸上方 8cm 处将两条精索夹住,用烧至暗红色的烙铁将精索烙断,在精索断端涂少量植物油,再用烙铁将其断端烙成黄褐色,直至不出血为止。然后慢慢放松夹板并将其取下,精索即可缩入阴囊。

应用上述方法将睾丸摘除后,应及时清除阴囊等部位的血凝块,再用 5％碘酊消毒阴囊切口,然后给马打尾绷带,将绷带游离端系于颈部。

(2)被睾去势法　当腹股沟内环过大,去势后有发生肠管脱出危险时,宜采取被睾去势法。该法只切开阴囊壁而不切开总鞘膜,将总鞘膜与阴囊钝性分离,然后将总鞘膜与睾丸一起摘除。即在睾丸上方8cm处将被有总鞘膜的精索做贯穿结扎,在其下处切断,再将断端送至腹股沟管内,在腹股沟管外环上缝合2针。

(二)公牛去势术

【保定与麻醉】　站立或横卧保定均可。一般多采取站立保定。头部用短绳拴在柱桩上或六柱栏内,用鼻钳夹住,两后肢跗关节上方用绳子做"8"字形缠绕打结。

一般不麻醉,对于性格暴躁的公牛应进行麻醉,可肌内注射静松灵等,亦可采用盐酸普鲁卡因注射液做精索内麻醉。

【术　式】　站立保定时,术者站在牛的两后肢后面,左手由两后肢间将阴囊睾丸上部紧紧握住,右手持刀切开阴囊。切口分为纵切口和横切口两种,前者与切马的阴囊相同,后者是垂直于阴囊中线做横向切口。横向切口只切一刀即可将两侧睾丸挤出阴囊。

左手握住睾丸上部,右手将阴囊向腹壁方向上推,以充分暴露精索,然后用捻转法或结扎法将睾丸摘除。

术后用0.1%新洁尔灭溶液擦拭术部,再用5%碘酊消毒阴囊切口。做尾绷带,将绷带游离端系于颈部。

(三)公羊去势术

公羊一般在生后4~6周去势,也有在成年时去势的。

【保　定】　保定者将羊两后肢提起,用两腿夹住头颈,使羊腹部向术者倒垂。亦可采用侧卧保定。

【术　式】　将阴囊被毛剪去(大批羊去势时可用手拔去被毛),用5%碘酊消毒术部。

将阴囊和总鞘膜切开(可做横切口),切口长度以能挤出睾丸为度。撕断附睾鞘膜韧带后,手握睾丸将精索拉断即可。年龄较大的公羊去势,应采取结扎法,避免出血。切口部用5%碘酊消毒。

(四)公鸡去势术

公鸡去势最好在3～4月龄,术前停饲1d。手术时需要的器械有手术刀、扩创器、睾丸勺或用马尾毛制作的睾丸套。

【保　定】　左侧横卧保定,使鸡背部向术者,两腿用细绳拴在一起,翅膀相互交叉固定或用细绳拴住,将鸡腿拉展用绳固定在桌子上。

【术　部】　鸡的睾丸位于腹腔内腰椎两侧、肾脏前方。2～3月龄小公鸡的术部选择倒数第一和第二肋骨之间,较大的公鸡可在最后肋骨后缘。

【术　式】　将术部羽毛拔除,用5%碘酊或75%酒精消毒。将术部皮肤、肌肉切开1.5～3cm,用刀柄将腹膜划破,再用扩创器将创口扩张,睾丸勺伸入腹腔,将肠管推压至前方,睾丸即露出。

将连着马尾毛的匙状去势套套在睾丸的基部,拉紧圈套,向一侧捻转将其绞断取出。

用刀柄划破两睾丸之间的肠系膜,即可看到下边的左侧睾丸,再借助睾丸勺,用马尾套套住下面睾丸基部,用上述方法将睾丸绞断取出。

将扩创器取下,皮肤缝合2针后涂以5%碘酊。

(五)公猪去势术

小公猪去势年龄为1～2月龄,大公猪则不受年龄限制。在传染病流行期和阴囊及睾丸有炎症时可暂缓去势;对阴囊疝的公猪可结合去势进行治疗。

【保　定】　左侧侧卧保定,背向术者,术者用左脚踩住颈部,右脚踩住尾根。

【术　式】

(1)小公猪去势术　术者用左手腕部按压猪右后肢股,使该肢向上紧靠腹壁,以充分显露两侧睾丸。用左手中指、食指和拇指捏住阴囊颈部,把睾丸推挤入阴囊底部,使阴囊皮肤紧张,睾丸固定。

然后将阴囊处的被毛剪去或拔去,用5％碘酊消毒。术者右手持刀,在阴囊缝际两侧1～1.5cm处平行缝际切开阴囊皮肤和总鞘膜,显露睾丸。左手握住睾丸,食指和拇指捏住阴囊韧带与附睾尾连接部,剪断或用手撕断附睾尾韧带,向上撕开睾丸系膜,左手把韧带和总鞘膜推向腹壁。充分显露精索后,用折断法去掉睾丸,再以同样方法去掉另一侧睾丸。切口部涂5％碘酊消毒,切口不缝合。

另外,还可以通过第一切口切透睾丸中隔和另一侧总鞘膜,待睾丸从同一阴囊切口脱出后,以同样方法摘除。

(2)大公猪去势术　左侧卧保定,在阴囊缝际两侧1～2cm处平行阴囊缝际切开阴囊皮肤和总鞘膜,切断附睾尾韧带,撕开睾丸系膜后充分显露精索,用结扎法除去睾丸。皮肤切口一般不缝合。

(六)公犬、公猫去势术

为防止公犬和公猫于发情期四处游走、咬架以及杂种犬、猫的繁殖,可施行本手术。

【保定与麻醉】　手术台上或桌上侧卧或仰卧保定;肌内注射复方846注射液全身浅麻醉。

【术　式】　犬的阴囊在股间下垂,猫的则靠近肛门。阴囊局部剪毛、剃毛,常规消毒。术者在犬、猫仰卧保定时站于其右侧,侧卧保定时站于背侧。用左手拇指和食指从前方固定睾丸并使阴囊皮肤紧张,与阴囊中隔平行纵向切开阴囊皮肤后再切开总鞘膜,睾丸露出后,缓慢牵出精索;用丝线靠近腹股沟外环处结扎精索并切断。确认断端无出血时剪除丝线的两游离端;将精索断端用镊子还纳入总鞘膜内。同法除去另一侧睾丸,创口用5％碘酊消毒。有时部分总鞘膜露于阴囊创外不易还纳时可切除。阴囊创一般不做缝合。

(七)小挑花母猪卵巢摘除术

即卵巢子宫切除术,适用于1～3月龄的小母猪。

【保　定】　保定方法正确与否,是手术成败的关键。保定方法为:术者左手握住小猪的左后肢,将猪倒立提起,右手以中指、食指和拇指抓住猪耳,向下扭转半周,将其头部右侧耳、面贴于地面,术者右脚掌踩住右侧耳朵(如耳朵小可踩颈部),然后左手将其后躯放低贴于地面,两手抓住左后肢用力将体躯和左后肢拉直(猪蹄前面朝上),使猪呈半仰卧势,术者左脚踩住其左后肢小腿部。

【术　部】　术者左手中指指肚顶住猪的左侧髋结节,拇指用力按压其同侧皱襞边缘下方 1～2cm 处的腹壁,其按压点与中指顶住的髋结节相对应,髋结节与腹壁按压点成一垂直线。术部切口在拇指按压点稍下方。

【术　式】　将术部剪毛或拔毛,用 5%碘酊消毒后即可施术。切口方法有以下两种。

(1)描口法　用柳叶刀将皮肤切开,再用刀柄垂直捅入腹腔,在左手拇指紧压腹壁的同时,右手持刀柄顺切口向前后滑动,以扩大肌肉和腹膜的创口。此时拇指用力按压腹壁,子宫角即可随刀柄的前后滑动由创口涌出。然后左手食指第二关节顶住创口外缘,左手拇指与右手拇指和食指相互交替向外捻拉子宫角,直至将左右卵巢导出,用手紧紧捏住两侧卵巢和子宫角将其拉断。最后在皮肤切口部涂搽 5%碘酊。

(2)透口法　右手握住柳叶刀柄,以食指贴住刀柄距刀尖约 1cm 处,以便于控制切口深度。左手拇指用力下压术部,右手持刀向术部垂直刺入,同时左手拇指轻压术部,借助腹腔压力,一次透破腹壁。此时用刀向外推压创口,左手拇指紧压术部,子宫角即可涌出切口。如子宫角不能涌出时,可用刀柄伸入腹腔钩出。同上法除去两侧卵巢和子宫角。

术中可能出现的问题包括以下几个方面。

第一,子宫角不能自动涌出。切透腹膜后,不见子宫角涌出的常见原因是保定方法不当、切口位置不准或术者左手拇指按压无力。如果切口位置基本正确,子宫角不涌出时,应在左手拇指紧压术部的配合下,将刀柄钩端伸入腹腔内轻轻做弧形滑动,并向外钩引,子宫角即可涌出。

第二,出血。正常情况下切口出血不多。如遇大出血则是柳叶刀损伤了腹腔内较大的血管所致,应立即停止手术。

第三,膀胱圆韧带涌出切口。这是因切口偏后所致,如若切口偏前或饱食后施术则可能涌出肠管。遇到这些情况应用刀柄钩端伸入腹腔向相反方向做弧形滑动,并向切口钩引,使子宫角涌出。

第四,卵巢遗留在腹腔内。在摘除子宫角和卵巢时,由于子宫角断裂而使卵巢遗留在腹腔内,这就需要待卵巢发育较大后再进行手术摘除。

(八)大挑花母猪卵巢摘除术

即单纯卵巢摘除术,适用于 3 月龄以上的或成年母猪。在发情期最好不进行手术,因发情时卵巢、子宫充血,容易造成出血。

【保　定】　左侧卧或右侧卧保定均可。术者位于猪的背侧,用右脚踩住猪颈部,助手将两后肢向后下方伸直保定,成年猪则由保定人员保定猪头部和控制两后肢。

【术　部】　3 月龄的母猪,在髋结节下方 3cm 左右处;6 月龄的母猪,在髋结节下方约 5cm 处;经产母猪,在髋结节下方约 7cm 处。

【术　式】　术者屈膝站于猪的背侧,将术部剪毛,用 5％碘酊消毒;左手抓住膝皮皱襞将皮肤拉紧,右手持桃形刀将皮肤切开3～7cm 的月牙形或直线切口,用手指或刀柄钝性分离腹肌及腹膜,使切口与腹腔相通;右手食指伸入腹腔,沿脊柱侧腹壁,由前向后探摸卵巢和子宫角;摸到后,用手指将子宫角钩出。对于过肥的母猪,术者的右手食指和中指应一同伸入腹腔探摸,如仍探摸不到时,可在倒卧侧腹壁下方垫一块砖或石头,使子宫上浮,便于探摸取出。

子宫角拉出创口后,继续向子宫末端牵拉,一边牵拉一边向腹腔内还纳,直至将卵巢拉出创口,在卵巢根部用缝合线结扎后剪掉。用同样方法将另一侧卵巢拉出后结扎剪掉。将子宫角末端送回腹腔,创口撒布少量碘仿磺胺粉后,将皮肤和肌肉做结节缝合。如母猪肥大,创口较长时,应将腹膜、腹横肌一起做连续缝合。最后在术部涂搽5％碘酊。

也可用白线切开法,母猪呈倒挂或倒立保定,使腹下部面向术者;在倒数第一至第二对乳头之间的腹白线做切口,锐性切开腹壁各层组织,切口长4～5cm;术者食指及中指伸入腹腔内探查卵巢。在骨盆腔入口处的膀胱侧上方找到子宫角,将其拉出切口外并引出卵巢,有时可直接探查到卵巢将其引出切口外,将两侧子宫角和卵巢结扎后一并摘除。连续缝合腹膜,肌层和皮肤结节缝合。切口用5％碘酊消毒后解除保定。

(九)母犬卵巢摘除术

【保定与麻醉】　全身麻醉,仰卧保定。

【术　部】　选择脐后腹中线作切口部位,依据母犬大小,切口长4～8cm。

【术　式】　术部常规消毒,切开皮肤和腹膜外各层组织,剪开腹膜。将手指伸入腹腔,沿腹壁向肾脏后区仔细探摸卵巢,将其拉出。也可先在膀胱背侧探摸到子宫角(体),进而引出卵巢。当向外牵拉卵巢阻力过大时,可用手撕断卵巢系膜韧带,但应注意不要撕破卵巢动脉、静脉血管,防止出血。在卵巢系膜上用止血钳尖端捅一小口,同时引入两根丝线,一根结扎卵巢动脉、静脉血管和卵巢系膜,另一根结扎子宫动脉、静脉血管以及子宫阔韧带和输卵管。

幼龄犬卵巢较小,也可将上述血管、韧带和输卵管一并结扎。在结扎部与卵巢之间切断,除去卵巢。断端确实无出血后,将其还纳腹腔。用同样方法摘除另一侧卵巢,然后连续缝合腹膜和腹横肌膜,在闭合最后一针前,向腹腔中注入抗生素。结节缝合腹直肌鞘膜和腹黄筋膜,结节缝合皮肤。切口部涂搽5％碘酊,做结系绷带。

如果子宫患病需进行子宫全摘除时,在摘除卵巢后,展开两侧子宫阔韧带,沿子宫角向后撕开阔韧带至子宫体,在子宫颈前方做贯穿结扎,摘除子宫。

(十)母猫卵巢摘除术

其保定、麻醉、手术方法基本与犬相同,但因猫的体型小,手术应更加细心。

(十一)化学阉割术

应用化学药物直接注入公畜睾丸内,终止其产生精子,抑制其性行为,以达到阉割目的方法称为化学阉割法(化学去势),简称药阉。化学阉割法操作简单,容易掌握,节省开支,适宜于大批量公畜的阉割,而且还可防止有血阉割而造成破伤风、伤口感染及术后出血等不良后果。化学阉割仅限于公畜。

【原理及药物】 原理是利用高浓度的药物或某些药物的毒性反应,致使睾丸组织发生无菌性炎症、坏死,直至萎缩而丧失其生殖生理功能。

化学阉割使用的药物种类较多,较常用而价廉易得的有10%～20%氯化钙注射液、甲醛与盐酸普鲁卡因合剂(简称甲普合剂)、氯化钙与普鲁卡因合剂(简称钙普合剂)、30%碘酊和95%酒精等。

【施术最适年龄】 目前,化学阉割施术的最佳年龄尚无定论。国外同类试验研究证明,施行化学阉割的年龄越小,越容易保定,药物阉割对家畜机体的刺激越小,阉割效果也越好。

一般猪以10～30日龄,羊以15～40日龄,牛、马、驴以30～90日龄为宜。以上资料,仅供参考。

【术 式】 将家畜保定后,阴囊按常规消毒,然后将准备好的药物分别向两侧睾丸实质均匀注射,即进针后,边抽出针头边推进药液或做扇形注射。注射药液时不可漏出睾丸外。

【用药剂量】 畜种不同,年龄不同,使用药物也不同,用药剂量也随之而异,可根据具体情况和临床经验把握在下列范围内。

(1)20%氯化钙注射液 猪、羊2～10ml,牛、马、驴10～15ml。

（2）甲普合剂　猪、羊 2～10ml，牛、马、驴 10～15ml。

（3）钙普合剂　猪、羊 2～6ml，牛、马、驴 10～15ml。

（4）30％碘酊　猪、羊 1～2ml，牛、马、驴 2～5ml。

以上剂量均为一侧睾丸的用量，药物可根据具体情况任选一种。由于家畜个体不同，对药物的反应也不同，加上在注入药液时，因技术的关系（如注入药液外漏或注射不均匀等）可能导致阉割失败。但是，只要注意避免药液外漏，保证每侧睾丸内的药量，就可降低阉割失败率，提高成功率。

【动物反应及临床表现】　药物注入睾丸实质后，造成睾丸实质组织的无菌性炎症反应过程，家畜似有疼痛反应，有的小家畜躲在窝内卧地不动或起卧不安。大家畜的疼痛反应以马、驴最为明显，约 1h 后可慢慢恢复正常。再经数小时阴囊开始肿胀，3～4d肿至最大，睾丸实质组织细胞从无菌性炎症进入无菌性坏死过程。7～10d肿胀逐渐消退，经 15～20d 睾丸显著萎缩，直至呈花生米或枣核大小，丧失性功能，终止产生生殖细胞，从而达到阉割目的。

【效果评定】　施行化学阉割术后，经数月阴囊变小，从外观可见阴囊空虚无物，触诊两侧睾丸质地较硬，睾丸萎缩呈花生米或枣核大小。性行为消失，到性成熟月龄也不发生爬跨母畜或其他公畜的行为，性情温驯。此为化学阉割成功的标志。

乳房切除术

乳房切除术适用于乳房坏疽、乳房恶性肿瘤、久治不愈的化脓性乳腺炎、乳房多发性脓肿和瘘管等病例。

乳房切除术的关键是麻醉和止血，因为本手术施术时间较长，需要病畜安静。乳房上分布的血管较多，尤其是在泌乳期时，血管还很粗大，如不能确实止血，势必会危及病畜生命。

【麻　醉】　以全身麻醉配合局部浸润麻醉。为便于皮肤与乳腺组织的分离，可在术部皮下广泛注射 0.25％盐酸普鲁卡因注射液,注射液中加入适量止血剂,分离皮肤时可减少疼痛和出血。

【止　血】　进、出乳房的血管来自下腹、会阴和腹股沟。来自下腹和会阴部的血管,位于浅表,比较容易找到,可在分离乳房的同时先行结扎。来自腹股沟的血管,位于深部,在整个乳房剥离前才能找到,在没有结扎确实前就行断离,断端很容易缩回腹股沟内,给止血带来困难。较大血管的结扎,一般需要 2 道,以结扎确实为准。

切除乳房时,除乳头部外,要尽可能多保留些皮瓣,以便缝合,尤其在部分切除时,为尽量减少出血,组织分割尽可能采取钝性剥离。

【术　式】

(1)一侧乳房切除法　先在乳头外侧(患区外侧)皮肤上做一弧形切口,切口的前端约达到前乳头与基底前缘中间,切口后端在乳镜下方。必须多留皮瓣,以便切除乳腺后容易将创缘拉拢缝合。以左手指引导,右手用剪刀进行钝性剥离,将皮肤和乳腺分开,剥离到乳旁基底线时,沿此线切断腹壁和乳腺之间的筋膜。在后乳头正上方、腹股沟外环处,找到阴外动脉,切实结扎 2 道,在第二道结扎之下剪断,另外在阴外静脉上做 2 道结扎,在结扎之间剪断。腹皮静脉、会阴动脉和静脉以同法处理。

钝性剥离乳房基底与腹壁的联系,再切开患侧乳头与乳房间沟之间的皮肤,向间沟剥离皮肤,分离中间悬韧带至乳房基底,并将患侧悬韧带切断。取下切除的乳腺,用灭菌生理盐水和纱布清洗创腔,然后在其中撒布适量抗生素或磺胺类药物。为了缩小创腔,可将外侧皮瓣与腹壁缝合数针,也可在创腔内松松地填充纱布。结节缝合皮肤切口,最下端留引流口,3d 后抽出填充纱布。

术后每日常规使用抗生素。

(2)坏疽乳房切除术　即将患区乳腺连同皮肤一齐切除。将坏死乳腺切除后,仔细清除与健康组织相连接的坏死组织,用消毒药仔细地清洗创面。充分止血后,在创面上撒布抗生素。

因患区皮肤被切除,皮瓣保留得少,将创缘缝到一起是很困难的,因此须用减张缝合和结节缝合。缝合后,留有大的创腔,其中必须填充纱布。

第三节 常见外科病防治

创 伤

创伤是由于各种外力作用造成皮肤或黏膜以至深部组织发生的开放性损伤。临床上主要表现出血、哆开、疼痛和功能障碍等。

创伤由创缘、创口、创壁、创底、创腔、创围组成(图 4-48)。在临床上有时不完全具备上述所有创伤组成部分,如浅的创伤没有创腔,有些创伤需要应用特定名称,如贯透创没有创底,只有入口和出口以及贯通的孔道创道;盲管创有入口没有出口;浅创的创底称为创面;创腔微小时叫创隙;皮肤撕裂而有部分和机体相连的叫创瓣。

【病 因】 多因外力作用,如车辆碾压或挤压、棍棒的打击、锐性物体的刺入、锐利刀片类的切割、枪弹伤害、摔跌等。

【种类及临床症状】

(1)按致伤物的性状分类 包括刺创、切创、砍创、挫创、裂创、压创、搔创、缚创、咬创、毒创、复合创、火器创等。

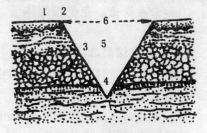

图 4-48 创伤各部名称
1. 创围 2. 创缘 3. 创壁
4. 创底 5. 创腔 6. 创口

(2)根据创伤的时间长短和是否感染分类

①新鲜创 有出血、哆开、疼痛和功能障碍等症状。创口裂开

大小、疼痛的程度以及出血量的多少,取决于创伤的部位、组织的性状、神经血管的分布、致伤物体的性质和速度、受伤的程度。如果创伤面积大、创道深且部位要害,则可因疼痛剧烈、失血过多而引起全身反应,如黏膜苍白、脉搏微弱、呼吸急促、冷汗淋漓、四肢发凉,甚至出现休克以至死亡。

②感染创　创伤被细菌感染引起明显的感染症状,如创伤局部肿胀、增温、疼痛,创腔内有脓液,创围有脓痂。如机体吸收了坏死组织的分解产物和细菌毒素,往往会引起全身反应,严重时感染扩散引起全身性化脓性感染(即败血症)。

③肉芽创　炎症反应和感染化脓逐渐缓和并消退,创内出现新生的肉芽组织。肉芽表面黏附少量黏稠、灰白色的脓性分泌物。

【检查与诊断】

(1)局部检查　重点检查创伤发生的部位、大小、形状、深度、哆开、组织挫灭、出血情况以及有无异物及污染程度等。如创伤处缠有绷带,应拆除后检查其分泌物的性质及创面有无肉芽组织。

(2)全身检查　包括检测体温、脉搏、呼吸数、可视黏膜色彩等。

根据检查结果,即可做出诊断。

【治　疗】　治疗原则是彻底清洗创伤,防止感染,注意全身的治疗,防止创伤并发症。

(1)新鲜创　如创伤仍在不断出血则首先止血。止血方法很多,可用压迫、钳夹、结扎或注射止血药等方法。

接着清洁创围和创口,用灭菌纱布覆盖创面后除去创围被毛和血痂,然后用5%碘酊和75%酒精消毒创围皮肤,用消毒液洗刷创围之外的皮肤,注意勿使清洗液流入创内。洗净后用灭菌纱布擦干,揭去覆盖的纱布块,创口用0.1%新洁尔灭溶液清洗后,再用生理盐水冲洗,用灭菌纱布擦干创口皮肤,用5%碘酊和75%酒精涂搽创口及其周围皮肤。

　　首先用生理盐水冲洗等方法除净创面上的异物、血凝块和积液,用手术器械切除坏死组织,消灭创囊,疏通引流、修整创缘。然后用 0.1％新洁尔灭溶液和生理盐水清洗创腔,为使清创顺利,可事先局部麻醉创伤部位或全身镇静、镇痛。

　　对于受伤时间在 6h 以内、污染较轻或清创彻底的创伤,消毒后缝合创口;对受伤时间长、污染严重的创伤,清创后撒布青霉素粉或灌注青霉素液,也可撒布磺胺粉、碘仿磺胺粉后,部分缝合创口,设引流口。

　　完全缝合的创伤可包扎,部分缝合的创伤不做包扎。

　　(2)感染创　凡是超过 12h 未及时处理的创伤,首先应消除感染因素,保证引流通畅,使脓液或分泌物、渗出物彻底排出。

　　与新鲜创处理相同。创腔用 0.1％新洁尔灭溶液、0.1％高锰酸钾溶液、3％过氧化氢溶液等冲洗,直至将脓液或分泌物冲洗干净为止。

　　扩大创口,切除坏死组织,清除深部异物,以利于排脓。若排脓不畅,可在创腔最底部皮肤上做一反对孔,使脓液畅通流出。

　　急性化脓阶段用 10％硫酸钠溶液等灌注或用纱布条浸透药液,导入创伤深部最低位,另一端留在创口外的下角引流。当急性炎症减退,脓液减少时,可用魏氏流膏或磺胺乳剂灌注或引流。然后行开放疗法,同时注意配合全身治疗。

　　(3)肉芽创　为了促进肉芽组织生长,保护肉芽组织不受损伤或继发感染,加速上皮新生,可用生理盐水冲洗创面后,用 10％磺胺鱼肝油涂布,也可用磺胺软膏、红霉素软膏等。肉芽快要长平时,可涂布氧化锌软膏或龙胆紫。若肉芽生长过度时,可切除赘生肉芽或用高锰酸钾腐蚀。上皮缺损过大则可采取植皮手术或上皮成形术帮助上皮生长。

　　另外,对损伤严重或污染严重的新鲜创和重症化脓创,应及时采取抗生素疗法。当大失血、营养不良或创伤愈合缓慢时,可考虑输血、补液,补给葡萄糖、维生素等。感染创处于急性炎症阶段,为预防和治疗中毒,可应用碳酸氢钠。为制止炎性渗出,提高机体抗病应激能力,减少毒物吸收,可静脉注射氯化钙注射液或给予可的松等。

挫　伤

挫伤是机体受钝性外力作用,使体表组织发生的非开放性损伤。受伤部位的皮肤保持完整,但皮下组织如肌肉、血管、淋巴管、筋膜、腱、骨膜等组织受到损伤。

【病　因】　家畜被钝性物体撞击、跌倒、压挤、砸等均可引起挫伤。

【症　状】

(1)软组织挫伤　患部组织有轻重不同的伤痕,被毛逆立或脱落,局部出现溢血、肿胀、增温、疼痛和功能障碍。如体表浅层神经发生挫伤,可出现疼痛、轻瘫、神经支配区的知觉及运动失调,呈现不同程度的麻痹状态。

(2)四肢部或关节挫伤　除具有一般挫伤症状外,常出现不同程度的跛行。关节挫伤时,根据受损伤的程度不同,可出现肿胀、疼痛、增温和功能障碍。如关节出现血肿时,触诊或他动运动关节时,可出现捻发音,患部皮肤常伴有擦伤。

(3)腹部挫伤　严重的腹部挫伤,可造成腹壁疝、血肿、淋巴外渗,也可能造成肝脏、脾脏破裂,发生内出血,病畜沉郁,可视黏膜苍白。

【诊　断】　根据症状即可确诊。但应注意与其相近疾病的区别,如关节扭伤是由于间接外力所引起,疼痛比挫伤严重,患部皮肤无任何伤痕。而挫伤是外力直接作用于患部,体表皮肤出现不同程度的擦痕,患部疼痛较扭伤轻微。

【治　疗】　原则是制止溢血,镇痛消炎,促进肿胀的消散,防止感染,加速组织的修复能力。病初可用冷疗法,2d 后改用温热疗法,也可局部涂搽刺激性药物,如樟脑酒精或鱼石脂软膏等。局部涂搽复方醋酸铅散促进肿胀的消退,或用中药栀子粉加淀粉或面粉,以黄酒调成糊状外敷。亦可服用疏经活血的药物,如跌打丸、小活络丹等,还应及时治疗并发症和继发症。

血 肿

血肿是由于外力作用,导致血管破裂,溢出的血液分离周围组织,形成充满血液的腔洞。

【病　因】　主要是由软部组织的挫伤所致。血肿可发生于皮下、筋膜下、肌肉间及内脏器官的浆膜下。依损伤血管不同,血肿分为动脉性血肿、静脉性血肿和混合性血肿。动脉性血肿多形成弥漫性血肿,静脉性血肿多形成局限性血肿。

较小的血肿,血清被组织吸收,血凝块在蛋白分解酶的作用下软化、溶解,亦可被组织吸收。其血肿腔洞以新生的肉芽组织、结缔组织所代替。较大的血肿周围,可形成较厚的结缔组织囊壁。

【症　状】　发生损伤后,局部肿胀迅速增大,触诊患部有明显的波动或弹性感。4d 以上者出现纤维素性捻发音,沿血肿周围形成坚硬的分界线,其中心部出现明显的波动。穿刺有血液或混有血液的渗出液流出。血肿感染后,局部出现热痛性肿胀,局部淋巴结常肿大,触诊时有痛感。感染后继续发展可形成脓肿。

【诊　断】　依据患部迅速肿胀,触诊有波动或弹性感,穿刺患部时有血液或混有血液的渗出液流出即可确诊。

【治　疗】　原则是制止溢血、防止感染和排除积血。血肿轻微、肿胀不大的,局部涂搽 5％碘酊后,再包扎压迫止血绷带,4d 后解除压迫绷带,患部少量血凝块可被溶解吸收。血肿较大的,在解除压迫绷带后,必要时可穿刺或切开血肿,清除血凝块和坏死组织,然后做皮肤缝合(方法可按创伤处理)。血肿很大、出血较多时,应立即手术止血,切开血肿后结扎出血管,清除血液或血凝块后,用 0.1%雷佛奴尔溶液冲洗,撒布青霉素粉后缝合。

淋巴外渗

淋巴外渗是在钝性外力作用下,由于淋巴管断裂,致使淋巴液聚积于组织内的一种非开放性损伤。

【病　因】　多由钝性外力在家畜体上强行滑擦,致使皮肤或筋膜与其下部组织发生分离,淋巴管发生断裂所致。常发生于淋巴管较丰富的皮下结缔组织,而筋膜下或肌间则较少发生。

【症　状】　淋巴外渗在临床上发生缓慢,一般于伤后 3～4d 出现肿胀,并逐渐增大,有明显的界限,呈明显的波动感,皮肤不紧张,炎症反应轻微。穿刺液为橙黄色稍透明的液体,或其内混有少量的血液(损伤血管时)。时间较久,析出纤维素块,如囊壁有结缔组织增生,则呈明显的坚实感。

【诊　断】　根据患部受伤后,缓慢形成明显的肿胀,触诊患部无热感,皮肤松弛,无明显疼痛,穿刺肿胀波动处有淋巴液流出即可确立诊断。

【治　疗】　首先使病畜安静,有利于淋巴管断端的闭合。较小的淋巴外渗可于波动明显处,剪毛消毒后,用注射器抽出淋巴液,然后注入酒精或酒精甲醛液(95%酒精 100ml,30%甲醛溶液 1ml,5%碘酊数滴,混合备用),用量为抽出淋巴液的一半,停留片刻后,再将其抽出,以使淋巴液凝固堵塞淋巴管断端,达到制止淋巴液流出的目的。较大的淋巴外渗,可行切开,排出淋巴液和纤维素,用酒精甲醛溶液冲洗,并将浸有上述药液的纱布填塞于渗出腔,做假缝合。当淋巴管完全闭合后,可按创伤治疗。

冷敷、温热疗法、刺激剂和按摩疗法,均可促进淋巴液流出和破坏已形成的淋巴栓塞,故不宜应用。

脓　肿

在组织或器官内形成的外有脓肿膜包裹,内有脓液潴留的局限性脓腔称为脓肿。它是致病菌感染后所引起的局限性炎症过程,如果在解剖腔内(胸膜腔、喉囊、关节腔、鼻窦)有脓液潴留时则称之为蓄脓,如关节蓄脓、额窦蓄脓等。

【病　因】　引起脓肿的致病菌主要是葡萄球葡,其次是化脓性链球菌、大肠杆菌、绿脓杆菌和腐败性细菌。静脉内注射水合氯醛、氯化钙、高渗盐水及砷制剂等刺激性强的化学药品时,如误注或漏注到静脉外也能发生脓肿,注射时不遵守无菌操作规程常引起注射部位脓肿。也有的是由于血液或淋巴液将致病菌由原发病灶转移至某一新的组织或器官内所形成的转移性脓肿。牛结核杆菌、放线菌感染,可形成冷性脓肿。

【症　状】　根据脓肿发生的部位,可分为浅在性脓肿和深在性脓肿。

(1)浅在性脓肿　浅在性热性脓肿常发生于皮下结缔组织、筋膜下和表层肌肉组织内。初期局部肿胀,界限不明显,稍高于皮肤表面,触诊局部增温、坚实、明显疼痛。以后肿胀局限化,界限清楚,液化成脓液,中间有波动。因脓液溶解脓肿膜和皮肤,使皮肤变薄,脓肿自溃,排出脓液。浅在性冷性脓肿一般发生缓慢,局部缺乏急性炎症的主要症状,即虽有明显的肿胀和波动感,但缺乏温热和疼痛反应或反应非常轻微。

(2)深在性脓肿　发生于深层肌肉、肌间、骨膜下、腹膜下和内脏器官。由于脓肿部位深在,增温及波动不明显,但脓肿表层组织常有水肿和压痛。如脓肿破溃,脓液流入邻近组织,影响器官功能,则全身症状明显。

【诊　断】　根据临床症状,对浅在性脓肿易诊断。对某些深在性脓肿诊断有困难时,可行穿刺诊断,如有脓液抽出即可确诊。

【治　疗】　脓肿初期以消炎、止痛及促进炎症消散为主。局部可用0.5%盐酸普鲁卡因青霉素溶液做病灶周围封闭，或涂搽樟脑软膏，或用冷疗法（如用复方醋酸铅散、鱼石脂酒精、栀子酒精等冷敷）。炎症渗出停止后，可用温热疗法、微波透热疗法、超短波疗法，局部涂搽强刺激剂，如鱼石脂软膏或5%碘酊，以促进脓肿形成。必要时可配合全身抗生素疗法。对于已成熟但未破溃的脓肿，应及早以手术方法排脓。常用手术方法有以下两种。

（1）脓液抽出法　用注射器抽取脓液后，针头以生理盐水或消毒液反复冲洗，排净冲洗液后，注入少量混有青霉素的0.5%盐酸普鲁卡因注射液。这种方法多用于关节脓肿。

（2）脓肿切开法　在脓肿波动最明显处切开排脓，然后按化脓创处理。切口的位置、大小、方向要有利于脓液的排流。

蜂窝织炎

在疏松结缔组织内发生的急性弥漫性化脓性炎症称为蜂窝织炎，多发生在皮下、肌肉间、筋膜下等部位。

【病　因】　引起蜂窝织炎的主要病原体是链球菌，特别是溶血性链球菌，其次是葡萄球菌，也有被腐败菌和厌气菌感染所致的。疏松结缔组织内误注或漏注刺激性强的药物也能引起蜂窝织炎的发生。细菌多由皮肤小创口侵入，也可继发于其他化脓性感染。

【症　状】　本病的特征是发病迅速，蔓延广泛，与正常组织无明显界线，组织破坏严重，局部症状和全身症状均较明显。局部症状主要是肿胀、增温、疼痛、组织坏死和化脓，并出现相应的功能障碍。全身症状表现体温升高、精神沉郁、食欲不振、白细胞增多等，甚至可引起败血症。由于发病部位不同，症状各有特点。

（1）皮下蜂窝织炎　初期皮肤紧张坚实，肿胀明显，热、痛显著。以后局部化脓，出现波动，被毛脱落，皮肤变薄，破溃流脓。程度严重时，脓液向深部组织扩散。

　　(2)筋膜下和肌间蜂窝织炎　初期症状不明显,但触诊有痛感,以后随着炎症的迅速蔓延,患部热、痛加剧,功能障碍显著,炎症向肌间蔓延,逐渐发展为结缔组织和肌肉的坏死,化脓,破溃后流出大量的灰红色血样稀薄脓液。

　　【治　疗】　局部治疗的原则是限制炎性渗出,控制感染蔓延,减轻组织内压。发病早期,用复方醋酸铅散冷敷,也可以用0.5%普鲁卡因青霉素封闭病灶周围。急性炎症缓和后可改用温敷。如果在冷敷后炎性渗出不但不减轻,反而肿胀加剧,全身状况恶化,应立即采取手术切开的方法,不必等待形成脓肿时再进行。切口的长度、深度和数目,依据实际情况而定。皮下蜂窝织炎仅切开皮肤即可,深部组织的蜂窝织炎则应充分切开皮肤、筋膜和肌肉。切口长度以排液通畅为宜。炎症蔓延广泛时可做多处切开,但要注意保护神经干、大血管,不要损伤腱鞘以及关节腔。切开并充分止血后,用中性盐类高渗液反复冲洗并做引流,每日处理1次,连续处理4~5d,然后撒布碘仿磺胺粉。

　　全身治疗要在早期进行,以增强机体抵抗力,可用抗生素疗法、磺胺疗法和碳酸氢钠疗法,也可内服中药"降痈活命饮",黄芪45g、当归75g、金银花60g、甘草30g,水煎灌服,每日1剂。体虚者黄芪加至90g,再加党参45g;脓肿未破者加皂刺、炮甲珠各15g;肿痛剧烈者加白芷30g。

风　湿　病

　　风湿病是经常反复发作的急性或慢性非化脓性炎症。其特征是胶原结缔组织发生纤维蛋白变性以及骨骼肌、心肌和关节囊中的结缔组织出现非化脓性局限性炎症。本病常侵害对称性的肌肉、关节以及心脏。在寒湿地区的冬、春季节发病率较高。

　　【病　因】　一般认为本病是一种变态反应性疾病,并与溶血性链球菌感染有关。机体过劳、受冷、受潮、雨淋及圈舍贼风都是引起本病的诱因。

【症 状】 共同症状是突然发病,肌肉或关节疼痛,有转移游走性。症状随运动而减轻。

(1)肌肉风湿病 急性时突然发病。触诊患部肌肉表现疼痛不安,肌肉紧张有坚实感。体温常升高,脉搏稍快,口色红,食欲减退。慢性风湿持续时间较长,患部肌肉弹性降低,萎缩,患部肌肉疼痛不如急性时敏感。

(2)颈部风湿病 颈部一侧肌肉发病时,健侧头颈部向患侧方向弯曲,呈现斜颈。两侧肌肉同时发病时,头颈僵硬,低头困难。

(3)背腰风湿病 背腰强拘,转弯时背腰僵硬不灵活。驻立时多呈现拱腰,运步时后躯强拘,步幅短缩,常以蹄尖擦地前进,卧下后起立困难。

(4)四肢风湿病 病畜运步僵硬,患肢迈步困难,步幅短缩,呈现黏着步样。两肢以上发病时,病畜喜卧地,起立困难,患肢跛行有时转移到另一肢体,跛行症状随运动而减轻。

(5)关节风湿病 通常突然发生或以转移形式发生于关节,前肢多发生于肩关节和肘关节,后肢多发生于膝关节和跗关节。急性发作时常伴有剧烈疼痛。

【诊 断】 目前为止,本病尚无特异性的诊断方法,临床上主要还是根据病史和临床症状加以诊断。要注意与软骨病、肌炎、关节炎、神经炎、颈和腰部的损伤等疾病相区别。

【治 疗】 治疗要点是消除病因,加强护理,祛风除湿,解热镇痛,消除炎症。

可用水杨酸钠、阿司匹林、保泰松、氨基比林、消炎痛、安痛定、安乃近等药物解热、镇痛、抗风湿。

应用醋酸可的松、氢化可的松、地塞米松、氢化泼尼松(强的松龙)注射液等能明显地改善风湿病的症状。

使用抗生素控制急性风湿病的链球菌感染,首选青霉素,肌内注射,每日 2 次,连用 10d。

应用碳酸氢钠、水杨酸钠和自家血液疗法对急性肌肉风湿病疗效显著,慢性风湿病可获得一定的好转。

另外,还可用中草药、针灸、物理疗法、局部涂搽刺激剂等疗法。

预防本病尚缺乏行之有效的方法,主要是加强平时的饲喂管理,增强家畜抵抗力;对溶血性链球菌感染引起的风湿病应及时治疗原发病;注意防止机体过劳、受冷、受潮、雨淋和圈舍贼风。

跛　行

跛行是因病态或疼痛而引起的家畜四肢功能障碍,在运步中出现异常状态的综合症状,不是一种疾病的病名。引起跛行的原因很多,跛行的诊断比较复杂,需要细致地按一定方法和顺序从多方面了解症候,以便于做出确切的诊断。

【病　因】

(1)四肢疾病　如关节炎、骨损伤、脱臼、骨膜炎、骨瘤、捻挫、挫伤、腱炎、腱鞘炎、黏液囊炎、神经炎、神经麻痹、皮肤炎、淋巴管炎、蜂窝织炎以及各种蹄病、装蹄失宜等四肢的急、慢性疾病,均可引起患肢的运步障碍。

(2)腰荐疾病　鬐甲、背部、腰部、荐部等处的疾患也能引起家畜运步障碍。

(3)其他疾病　骨软症、肌红蛋白尿病、氟中毒、风湿病、口蹄疫、四肢下部的坏死杆菌病、马脑脊髓丝状虫和蝇尾丝虫病、难产、子宫脱出等,均可引起家畜运步障碍。

【症　状】　跛行是指家畜的悬垂肢或支柱肢的任何一肢发生异常状态。健康家畜的步幅,其前半步与后半步相等。而发生跛行时,步幅的前半步或后半步出现不同程度的延长或缩短。确定跛行的种类,有助于判定引起跛行的部位。

(1)跛行的种类 根据四肢运动生理,可将跛行分为悬跛行、支柱跛行、混合跛行和特殊跛行四种。

①悬跛行 家畜患肢抬举或向前伸时,呈现异常状态。其特点是抬不高、伸不远、运步慢,呈现前方短步。严重者患肢有时完全不能抬举,呈现拖地前进。其病变部位主要在腕部和跗部以上部位。如肌肉、肌膜、关节、神经、淋巴结等部位患病时会出现悬跛行。

②支柱跛行 患肢负重时疼痛,出现功能障碍。其特点是患肢不敢负重,落地慢,负重时间短,呈现后方短步。站立时,患肢前伸或屈曲,以蹄尖着地。

③混合跛行 患肢抬举、前伸和负重均发生功能障碍。

④特殊跛行 指家畜患某些疾病而引起的特殊姿态的跛行,通常表现的有以下三种。

紧张步样:运步时呈现速抬速迈,步幅短缩,多见于两肢以上的蹄叶炎或有剧烈疼痛的其他蹄病、腱炎等。

鸡跛:运步时患肢高举,膝关节和跗关节高度屈曲,蹄离地面较高,像鸡走路时的样子。

间歇跛:家畜在使役或运步中,突然发生剧烈的跛行,甚至卧地不能起立,但经一段时间后,跛行消失,运步恢复正常。此种跛行多见于前肠系膜根动脉寄生虫性动脉瘤引起的动脉栓塞及习惯性膝盖骨脱臼等。

(2)跛行的程度 根据跛行症状表现的轻重程度不同,可分为以下三种。

①轻度跛行 家畜站立时,患肢蹄底全部着地负重,但负重时间比健肢短。患肢提伸运步稍有不充分,跛行症状轻微或不甚明显。

②中度跛行 家畜站立时,患肢蹄底不完全着地,负重时间比轻度跛行短促。患肢提伸迈步不充分。

③高度跛行 家畜患肢不能负重或提伸,仅以三肢跳跃前进。

【诊 断】 跛行的诊断较为复杂,尤其是轻微跛行或两肢以上的跛行更难诊断。由于导致跛行的因素很多,必须细致地按一定方法与顺序全面地收集症候,以确定患肢,查明患部和病灶,为合理治疗提供依据。

(1)问诊 向畜主询问病畜的饲养管理、使役、发病原因和时间、病程、治疗与否及经过等情况,作为诊断检查时的参考。

(2)一般检查 为了得到正确的诊断及判断其预后,应对病畜进行全身检查,包括营养、精神、外貌、年龄、性别、体温、呼吸、脉搏、血常规、尿常规等检查项目。

(3)驻立视诊 是跛行诊断中一项重要的手段,通过视诊可发现疾病的线索。

驻立视诊时,检查者距离病畜 1~2 m,由前方、侧方、后方围绕病畜观察一圈,注意发现各部位的异常情况。视诊应着重注意肢势、蹄形、面骨、被毛、外伤、肿胀、萎缩、新生物、瘢痕、异常活动等。

病畜有提伸功能障碍时,患肢一般无异常状态。长期跛行者,患肢肌肉萎缩。

病畜有支柱功能障碍时,患肢负重疼痛,患肢不断提举、移动、前踏、后踏,严重者患肢不敢着地。

病畜两前肢支柱功能障碍时,两前肢频频交替负重,好似原地踏步,或两后肢前伸至腹下,头高举,重心后移,以减轻两前肢负重。

病畜的一后肢有支柱功能障碍时,患肢出现前踏、后踏或外展肢势,各关节多呈现屈曲,以蹄尖着地。疼痛严重者,患肢提起不敢负重。

病畜的两后肢有支柱功能障碍时,其两后肢出现踏步样或两前肢后伸腹下,头下低,以减轻患肢负重。

病畜的同侧前后肢均有支柱功能障碍时,病畜的头颈、躯干偏向健侧,患肢交替负重。

病畜的一前肢和对侧后肢有支柱功能障碍时,病畜两健肢伸到腹下,而患肢交替提起向前方或后方伸出。

病畜三肢以上均发生支柱障碍时,视诊较为困难,疼痛严重时常卧地不起。

(4)运步视诊 观察病畜在不同条件和不同形式运动中的跛行肢及患部情况。

①直线运动 在病畜以慢步、快步、跑步或骑乘等方式直线运动时,对其进行检查。一前肢支柱跛行时,病畜呈现后方短步,患肢着地负重时,头高举,健肢着地时头低下,形成点头运动;两前肢支柱跛行时,呈现紧张步样,即运步快、步幅小、拱腰、频频点头、两后肢前伸、臀部下降、体躯重心后移,以减轻患肢负重。

对病畜做直线运动检查,可采用下述方式。

硬地或不平坦石子地运动:支柱跛行者在运步中负重时,地面对负重肢的反冲力大,疼痛加剧,跛行症状明显。

软地运动:悬跛行者,在软地运步中跛行症状明显。

上坡运动:前肢和后肢发生悬跛行者,在上坡运动时跛行症状明显。后肢支柱跛行时,跛行症状也加重。

下坡运动:前肢支柱跛行者,下坡运动中跛行症状加重。

后退运动:后肢支柱跛行者,强制其后退时疼痛症状明显。患髋关节炎时,后退也困难。

②圆周运动 手握缰绳末端,让病畜快步或小跑做圆周运动,身体重心向内倾,增加内侧肢的负重。支柱跛行者跛行症状显著。悬跛行者,内侧肢跛行症状不加重,外侧肢悬跛行者跛行症状明显。

③回转运动 让病畜先做直线小跑运动,再突然令其回转,在回转的时候,观察其患肢运动有无异常情况。

④乘挽运动 如用上述检查方法不能看出患肢时,可进行骑乘或拉挽运动,观察其异常运动状况,从而发现患肢。

(5)触诊 在触摸、按压、钳压、他动运动、叩诊和针刺等检查时,观察病畜有无疼痛、增温、肿胀、软硬度、损伤、痂皮、干涸、多汗等异常情况。触诊时要将患肢与健肢进行对比检查。

(6)麻醉止痛检查 对于难以确诊部位的跛行可用此法。在可疑患部与健部交界处环行注射2％盐酸普鲁卡因注射液30ml，经15min后，观察病畜运步情况，如跛行症状消失，证明患部在注射点下方；如跛行症状不消失，证明患部不在可疑部位，可由下部逐步向上部进行麻醉诊断。

(7)直肠检查 通过直肠检查，可诊断骨盆骨折、血肿、腹主动脉及其分支血栓或血管瘤等引起的后肢功能障碍。

(8)X线检查 四肢的骨骼、关节有增生和软部组织有弹片等异物时，可用X线检查确诊患部。

【治 疗】 根据跛行发生的不同原因，应采取相应的防治措施，如由于外力作用或使役不当所引起的跛行，应从加强饲养管理方面着手防治。如因其他疾病原因而引起的跛行，可根据其疾病的病因采取相应的防治办法。

骨　折

骨骼在外力作用下，其连续性或完整性遭到部分或完全破坏时，称为骨折。发生骨折的同时，常伴发周围软组织的损伤。马、骡发生骨折较其他家畜多，其中四肢骨折比其他部位发病率高。

根据骨骼和软组织被破坏的程度不同，将骨折分为两类，一类是根据骨折部与体表、体腔或天然孔是否相通，分为开放性骨折和非开放性骨折。另一类是根据骨骼的损伤程度，分为完全骨折（包括单骨折、复骨折、粉碎性骨折）和不完全骨折（骨裂和部分骨折）。

【病 因】 外伤性骨折多因直接或间接暴力所引起，如车祸、枪击、重物轧压、奔跑、跌倒、跳跃时扭闪、肌肉突然强烈收缩等引起。病理性骨折是因骨质松脆，应力抵抗降低（如骨髓炎、骨软症、骨肿瘤等）引起，即便外力作用并不大，也常会发生骨折。

【症 状】 主要症状是骨变形、异常活动、有骨摩擦音、疼痛和功能障碍、出血、肿胀。

(1)变形　骨折后常发生骨折段的移位,如成角、侧方、旋转、延长、重叠或嵌入等,因而患部形态改变,患肢异常弯曲或伸长、缩短。

(2)异常活动　骨折后(完全骨折)在负重或被动运动时患肢出现异常扭转、伸屈。

(3)骨摩擦音　活动骨折断端可听到或感觉到断端间的骨摩擦音。

(4)疼痛和功能障碍　直接触诊不易区别软组织痛和骨痛,间接触诊,即握住长轴两端向中央压迫引起的疼痛表现是骨痛,严重时出现全身发抖和局限性出汗,甚至引起休克。功能障碍主要是由于疼痛和机械支持力丧失或减弱所引起,均在伤后立即发生。

(5)出血和肿胀　骨折时骨膜、骨髓及周围软组织的血管破裂出血,经创口流出或在骨折部发生血肿,加之软组织水肿,造成局部显著肿胀。

【诊　断】　根据外伤史和上述症状基本可以诊断。但有时容易与脱臼相混淆,故应注意鉴别。如要确定骨折的性质、类型和骨折程度,则须进行 X 线诊断。

【治　疗】　严重骨折常伴有危重急症,因此检查时应首先检查有无威胁生命的全身反应,检查头部、脊柱、胸、腹、内脏等有无严重损伤,以及大出血和休克趋向。若有,应先予以急救,如防止出血、休克,改善循环,支持呼吸,防止感染等。对骨折局部也应采取先行止血消肿,临时固定或保护患肢等措施。

开放性骨折在全身麻醉后,清除挫伤组织,对骨折断端进行对合复位,创内撒布抗生素粉剂后,缝合创口,再用夹板或石膏绷带固定。也可在整复后,用内固定方法进行固定。术后继续用抗生素控制创口的感染。

闭合性骨折应尽早整复,在麻醉后,根据变形情况,采用旋转、屈伸、托压、牵引、按压、摇晃等手法以纠正成角、旋转、嵌入、侧方移位等情况,然后对骨折部进行固定。固定部位剪毛,衬垫棉花,再安装石膏绷带或夹板,金属支架固定,固定范围一般应包括骨折部上、下两个关节。

【术后护理】　全身应用抗生素预防或控制感染,加强营养,补充鱼肝油及钙剂等。早期限制家畜活动,以后适当对患肢进行功能恢复锻炼,防止骨质疏松、关节僵硬、肌肉萎缩等的发生。

关 节 扭 伤

关节扭伤又称关节挫伤,是关节在突然受到间接的机械外力作用下,使关节超越了生理活动范围,瞬时间过度伸展、屈曲或扭转而发生的关节损伤。本病是家畜多发的关节病,最常发生于系关节、肘关节、跗关节、膝关节、肩关节、髋关节等。

【病　因】　在不平道路上重剧使役,急转、急停、转倒、失足登空、嵌夹于穴洞急速拔腿、跳跃障碍、不合理的保定、肢势不良、装蹄失宜等均可引起本病。亦可因误踏深坑或深沟、跨越沟渠、跌倒等引起。

【症　状】　损伤局部呈现肿胀、增温、疼痛,并出现跛行。治疗不及时转为慢性时可继发骨化性骨膜炎,在韧带、关节囊或骨的损伤部位形成骨赘,致使跛行长期存在。

(1)轻度关节扭伤　有轻微的肿胀和疼痛,轻度跛行,站立时患肢稍屈曲,并以蹄尖负重。以后由于炎症的发展,患部肿胀、疼痛、跛行加重。进行关节被动运动时,疼痛显著。

(2)重度关节扭伤　由于损伤引起关节腔及关节周围组织的出血,使局部肿胀和疼痛在伤后立即出现,以后因出现较大面积的炎性水肿,肿胀和疼痛加剧。当关节腔有积血或因继发滑膜炎引起渗出增加时,关节囊突出、紧张、触诊有波动。驻立时患肢减负体重或免负体重,运动时呈中度或重度跛行,严重的关节扭伤能引起脱白。

【治　疗】　原则是制止出血和炎症发展,促进吸收,镇痛消炎,预防组织增生,恢复关节功能。

(1)制止出血和渗出　在伤后24h内,进行冷疗和包扎压迫绷带。症状严重时,可注射凝血剂,并保持病畜安静。

(2)促进吸收　24h后使用温热疗法,如温水浴、干热疗法、酒精温包、石蜡疗法等促进血液和渗出液的吸收。如关节腔内积血太多不能吸收时,可行关节穿刺排出,然后注入适量盐酸普鲁卡因青霉素或可的松溶液。

(3)镇痛消炎　注射镇痛剂或涂搽轻刺激剂。对转为慢性经过的病例,患部涂搽碘樟脑醚合剂。

此外,可内服中药跛行散,配合针灸疗法等。

关节脱臼

关节脱臼亦称关节脱位,是关节骨端的正常位置关系失去其原来状态的一种疾病。常突然发生,有的间歇发生。最常发生于肘关节、膝关节、肩关节、髋关节等。脱臼可分为全脱臼和不全脱臼,全脱臼是指关节头脱出关节窝,并向侧方移位;不全脱臼是指关节头与关节面有错位但未完全脱出。

【病　因】　最常见的是外伤性脱位,多因直接或间接外力作用,受害关节在超过生理范围的活动状态下,关节韧带和关节囊遭到破坏所引起。

【症　状】　共同症状是关节变形、异常固定、关节肿胀、肢势改变、功能障碍。外伤性关节脱位必然伴发关节囊、关节韧带的破坏,如股胫关节脱臼常伴发侧韧带和十字韧带的撕脱;肘关节、髋关节、跗关节等脱臼常伴发关节骨骨折,关节肿胀明显,疼痛剧烈。

【诊　断】　通过视诊、触诊、他动运动以及与对侧肢的比较观察,关节脱臼并不难诊断。诊断难度较大时,用 X 线检查可正确判断有无骨端变位和并发骨折。

【治　疗】　原则是整复、固定和功能锻炼。

(1)整复　即将变位的关节头通过关节囊的破裂口整复回原来的位置,整复的时间越早越好,否则炎症发展影响复位。整复时要熟悉关节解剖知识,并要麻醉动物,使其肌肉、韧带弛缓,减少疼痛,消除阻力,便于复位。复位可用按、揣、揉、拉、抬等手法。复位正确可感觉到一种音响,同时患关节的变形和异常固定消失,关节活动恢复正常。整复后必须绝对安静1～2周。整复困难的脱臼,可行手术整复。

(2)固定　整复后,为了防止再发,促进关节韧带愈合,可用夹板绷带或石膏绷带固定,或用5％灭菌盐水或自家血液向脱臼关节周围皮下注射数个点(全量20ml),使患部组织发生炎症以达固定。

屈 腱 炎

屈腱炎是指(趾)浅屈肌腱和指(趾)深屈肌腱及系韧带的炎症,多见于役用畜。马、骡、驴的屈腱炎多发生在前肢,牛多发生于后肢。深屈肌腱发病较多。一般是急性无菌性屈腱炎,其次是慢性屈腱炎。

【病　因】　使役不当,挽驮过力,长时间在泥泞或凸凹不平的碎石子路上劳役、骑乘,或由于机械性的外力撞击屈腱,均可起屈腱炎的发生;肢势不正,修蹄、装蹄不当也是其发病的诱因;锐性物体撞击,使患部发生损伤感染化脓则引起化脓性屈腱炎;寄生虫性屈腱炎是蟠尾丝虫侵入屈腱所引起。

【症　状】　深屈腱炎的肿胀位于掌(跖)后上半部。副腱头发炎时,肿胀位于掌后上半部的内侧,驻立时以蹄尖接地,运步时呈支柱跛行。副腱头发炎时出现以支柱跛行为主的混合跛行。转为慢性时跛行不明显,患腱肥厚、坚硬,与周围组织粘连,常因腱挛缩甚至骨化而形成突球。

浅屈腱炎的肿胀位于掌(跖)部后方下1/3处,呈鱼腹样肿胀;

上部副腱头发炎时,肿胀位于前掌部下 1/3 处。驻立时,患肢前伸、系部直立;运步时,呈轻度和中度支柱跛行。转为慢性时跛行不明显,但运动不灵活,患腱肥厚,常与深屈腱粘连。

系韧带炎时,肿胀位于掌部下端靠近球节的一侧或两侧,驻立时关节半屈曲,运步时出现轻度支柱跛行。

蛾尾丝虫性屈腱炎临床很少见。发病后呈慢性炎症过程,局部以组织增生包围虫体,使患部钙盐沉积或组织瘢痕化,腱束失去正常弹性。

化脓性屈腱炎,局部多因创伤感染而化脓,先由腱质的周围结缔组织开始,若不及时处理可蔓延到腱质。

【诊　断】　根据临床症状即可诊断。

【治　疗】　原则是消除病因,控制炎症,促进吸收,恢复功能。

首先检查病畜肢势和装蹄情况,发现不正常时,立即进行矫形装蹄或削蹄。

急性屈腱炎在病初 1～2d 内用冷疗法制止出血和减少渗出,随后用酒精、酒精鱼石脂或复方醋酸铅散涂布并包裹,再用醋和饱和盐水温敷,以促进吸收,消除炎症。

慢性炎症可用电疗法、离子透入疗法和石蜡疗法,也可涂搽刺激剂,或用烧烙疗法。患部皮下注射氢化泼尼松和等量 2%盐酸普鲁卡因的混合液,每周 1 次,3 次为 1 个疗程。

当屈腱挛缩引起突球时需施行屈腱切开术。

中药雄黄拔毒散治疗屈腱炎有行淤、止痛作用。雄黄 24g,黄柏18g,栀子 15g,五灵脂 15g,红花 12g,将药研碎过筛,用醋调成面团状,敷于患部,包扎绷带,随时浇醋,保持湿润,每 3d 换药 1 次。

蹄　叶　炎

蹄叶炎是蹄壁真皮乳头层和血管层的弥漫性、浆液性、无菌性炎症,是马、骡的常发病,有时也见于牛。

【病　因】　致病原因尚不确切,但本病常发生于下列情况。

(1)饲养失调　饲喂过多的蛋白质饲料,运动量小等。

(2)经火车或轮船长途运输　由于四肢强力负重而致使蹄的局部发生充血或发炎。

(3)蹄形不正、护蹄不良、装蹄不当　机械性刺激蹄知觉部,致使局部发炎。

另外,胃扩张、结症、肠炎、感冒等也可继发本病。

【症　状】　急性蹄叶炎时,突然发病,驻立和运步均发生困难,不愿负重。两前蹄患病,驻立时两后肢伸于腹下,两前肢向前伸出,以蹄踵着地,头颈高举,运步时步幅小而迅速,病势严重者,卧地不起;两后蹄患病时,两前肢后踏于腹下,头颈低下,运步时步幅短缩,尻部上举,步样紧张;四肢同时发病时,病畜四肢频频交替负重,站立不稳,肌肉发抖,出汗,体温升高,脉搏、呼吸加快等。

慢性蹄叶炎常由急性蹄叶炎转变而来,由于没有及时治疗,或治疗不合理而转为慢性,临床症状减轻。病程长者,蹄发生变形,可能形成芜蹄。

【诊　断】

(1)视诊　观察蹄冠有无损伤、肿胀,蹄匣是否有畸形、裂缝、外伤,以及蹄形和着地负重状况。检查蹄底时,应先将其清洗,然后观察蹄叉、蹄踵、蹄尖和蹄壁,检查其局部是平整还是突出,蹄支角及蹄铁装置情况,注意有无踏伤、蹄叉腐烂或异物,必要时可拆除蹄铁进行检查。

(2)触诊　检查蹄踵、蹄壁和蹄冠的温度、肿胀程度,以及指(趾)动脉的搏动情况。如蹄部增温和指(趾)动脉亢进,表示患蹄真皮的急性炎症或风湿性蹄叶炎等蹄病。用蹄钳检查蹄底和蹄壁等部位,可判断蹄的各部位有无压痛点。也可用蹄钳进行叩诊,以发现疼痛部位。

(3)被动运动　将可疑患肢提起,用手握住蹄部进行屈曲、伸展、内收、外展和往返旋转等运动,观察其疼痛反应,以判断病变部位和性质。

【治 疗】 针对发病原因加强饲养管理和合理使役,可大大减少本病的发生。发病后可采取下列治疗措施。

急性蹄叶炎可采取蹄头放血疗法、湿敷疗法、封闭疗法、脱敏疗法、可的松疗法、水杨酸制剂疗法、中药疗法以及止痛、消炎、抗内毒素疗法和扩血管疗法、抗血栓疗法等,合理削蹄和装蹄,必要时进行手术疗法。

慢性蹄叶炎当蹄匣尚未变形时,可进行温蹄浴,如已形成芜蹄,可采用矫正装蹄的办法。

加强护理,除去病畜蹄铁,饲养在温度适宜的圈舍,铺以褥草,减少精饲料喂量,多喂柔软干草和多汁饲料。

蹄叉腐烂

蹄叉腐烂是蹄叉角质腐烂和崩坏的疾病,是家畜常发蹄病。

【病 因】 家畜蹄叉角质营养不良是发生本病的主要内因;运动不足、护蹄不当、圈舍阴暗潮湿、粪尿堆积均能诱发本病。

【症 状】 蹄叉腐烂多从蹄中沟开始,出现裂隙,腐烂、崩坏的角质变为污秽、灰白色、带有恶臭味的分解物。病变进一步向深部扩展,形成大小不等的空洞(故又称漏蹄)。当腐烂侵至真皮时,家畜跛行,在软地上行走跛行更明显,这是蹄叉腐烂的一个特征性症状。病程拖长者,蹄叉全部消失,露出肉叉,病变可扩展到蹄球,引起蹄轮变形,呈现出高低不平的蹄轮。真皮暴露时常常引起出血,长久不愈可继发蹄叉癌。

【治 疗】 首先除去病因,改善蹄部卫生。要适应肢势、蹄形进行合理地削蹄、装蹄,促进蹄功能恢复。对于病变的局部,除去腐败和崩坏的角质,用0.1%高锰酸钾溶液清洗后,注入5%碘酊,用灭菌纱布块浸以2%甲醛溶液填塞病变部,除去蹄铁,病部塞以浸透松馏油的麻丝,包扎蹄绷带。待治愈后再行装蹄。

腐蹄病

腐蹄病是牛、羊、猪蹄间皮肤和组织的以腐败、有恶臭味为特征的一种疾病。

【病　因】　蹄部发生外伤又被污物感染而引起发病。

【症　状】　牛患腐蹄病先由蹄间裂的后面开始,而后蹄冠周围组织及关节发炎,可见有红肿和坏死组织及黄色脓液。皮肤表面溃疡,有恶臭味。有的牛食欲下降,产奶量显著降低。

羊腐蹄病是从蹄间裂的角质和皮肤处开始,而后蹄冠软组织红肿、化脓。

【治　疗】　加强预防,减少蹄部的损伤。治疗方法包括全身治疗和局部治疗。

全身治疗即用抗生素、磺胺类药物对症治疗。对轻症者每日用 10% 硫酸铜溶液浴蹄,或包扎硫酸铜溶液绷带。当皮肤化脓坏死时,在除去坏死组织和脓液后,再用硫酸铜溶液浴蹄或在患部撒布磺胺粉、硫酸铜、甘汞粉等并包扎绷带。

蹄 裂

蹄裂亦名裂蹄,是指蹄的角质部分(主要是蹄壁)出现形状不同的裂口。

【病　因】　长期缺乏维生素 A 和 B 族维生素,引起角质脆弱而发病。在湿润温和环境中生长的家畜,一旦饲养在高寒干燥地区,容易发生本病。

【症　状】　蹄的角质部分出现长短不同、深度不一的裂缝。慢性陈旧的裂缝中角质变形,增生部分突出蹄壁。浅部蹄裂病畜没有跛行症状,只有蹄部角质增生;深部蹄裂病畜在负重时其裂口开张,有时流血,呈现支柱跛行症状。治疗、护理不当时,裂缝四周组织增生,造成蹄变形。

【治　疗】　轻度蹄裂病畜,先在其裂口两端造一沟,深度达角壁层,以防裂口延伸。蹄冠部的角质纵裂,将蹄冠部角质薄削至生发层,患部中心涂鱼肝油软膏,包扎绷带,每日1次,经过一定时间,会逐渐生长出蹄角质。或用医用高分子黏合剂黏合裂隙,在黏合前先削蹄整形或进行特殊装蹄,清洗和整理裂口,并进行彻底消毒,最后用医用高分子黏合剂黏合。

疝

腹腔内脏器官连同腹膜脱至皮下或其他解剖腔内时称为疝,又称赫尔尼亚。各种家畜均可发生。

疝由疝孔、疝囊、疝内容物等组成。疝孔是疝内容物和腹膜脱出时经由的孔道,可能是解剖孔的异常扩大,也可能是腹壁肌肉的撕裂缺损;疝囊通常由腹膜、腹壁筋膜和皮肤构成;疝内容物多为小肠和网膜,有时是盲肠,较少见到子宫和膀胱(图 4-49)。

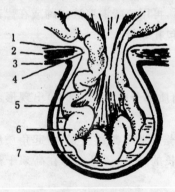

图 4-49　疝构造模式

1. 腹膜　2. 肌肉　3. 皮肤　4. 疝孔
5. 疝囊　6. 疝内容物　7. 疝液

疝有先天性和后天性之分,先天性疝多见于幼畜,是解剖孔先天性过大引起的;后天性疝常因外伤和腹压过大而发生。当家畜体位改变或用手推送疝内容物时,能通过疝孔还纳于腹腔的叫可复性疝;如因疝孔过小,疝内容物与疝囊粘连,或疝内容物嵌顿在疝囊孔内,使脏器遭受压迫,造成局部血液循环障碍甚至

发生坏死,出现一系列临床症状时,则称为嵌闭性疝。最常见的疝

有脐疝、腹股沟阴囊疝和外伤性腹壁疝。各种家畜均可发病。

(一)脐　疝

多见于仔猪和幼犬,一般是先天性的,疝内容物多为小肠及网膜。

【症　状】　脐部出现局限性、柔软无痛的半球形肿胀,大小不定,多为可复性疝。陈旧性病例可发生粘连。当发生嵌闭性脐疝时,家畜出现腹痛症状,猪、犬可见到呕吐。

【诊　断】　脐疝一般易诊断。但应与脐部肿胀、感染和肿瘤相区别,必要时做诊断性穿刺。

【治　疗】　装置压迫绷带多无效果,最好采取手术疗法。对可复性疝,先切开疝囊,但不切开腹膜,将腹膜与疝内容物送入腹腔之后,对疝孔组织进行破坏,造成新鲜创面,再进行钮孔状缝合或袋口缝合,皮肤结节缝合。当疝内容物与疝囊粘连时,应小心切开疝囊,将粘连处仔细剥离,防止损伤肠管。切开疝囊后如发现肠管已经坏死,应截除坏死肠段,进行肠管吻合术。人为破坏疝孔后的组织进行关闭缝合,最后修剪皮肤并做结节缝合。

(二)腹股沟阴囊疝

腹腔脏器经过腹股沟管进入鞘膜腔时,称为鞘膜内阴囊疝;肠管经腹股沟内孔稍前方的腹壁破裂孔脱至阴囊皮下和总鞘膜外面时,称为鞘膜外阴囊疝。本病常见于公猪和幼驹。

【症　状】　鞘膜内阴囊疝时,患侧阴囊明显增大,触诊柔软且无热、无痛。可复性疝有时能自动还纳,因而阴囊大小不定;如是嵌闭性疝,则阴囊皮肤水肿、发凉,并出现剧烈疝痛症状,若不立即施行手术就有死亡危险。

鞘膜外阴囊疝时,患侧阴囊呈炎性肿胀,开始为可复性的,以后常发生粘连,外部检查时很难与鞘膜内阴囊疝相区别,只有在直肠检查时,才能发现腹壁破裂孔和脱出的肠管;而在鞘膜内阴囊疝时,直肠检查能发现腹股沟内孔过大和脱出的肠管。猪与幼驹只能依靠外部检查,触诊其扩大了的腹股沟外孔。

【治 疗】 唯一的办法是手术治疗。

鞘膜内阴囊疝通常采用腹股沟管栓塞法。即在腹股沟管外环附近,纵切阴囊颈 10～14cm,剥离总鞘膜,并将包有精索和睾丸的总鞘膜引至创外,将疝内容物送还腹腔后,切开总鞘膜盲端,按去势法在副睾上方 2cm 处结扎精索,摘除睾丸,沿纵轴捻转总鞘膜,并在靠近外环位置做贯穿结扎,并使结扎线两端分别从外环两侧引出,在结扎处下方剪去多余的总鞘膜,将其遗留部分推送至腹股沟管内,然后线端打结,并在外环上再缝合 1～2 针,最后结节缝合筋膜和皮肤。

公猪的鞘膜内阴囊疝,按去势法进行,在切开总鞘膜,送回脱出的内容物后,在精索根部结扎 1～2 道,摘除睾丸,腹股沟管外环做钮孔状缝合。

对鞘膜外阴囊疝则须缝合腹壁破口。

(三)外伤性腹壁疝

由于外伤或腹压加大,致使腹壁肌肉撕裂而引起。

【症 状】 病初局部发生炎性肿胀,有热、痛。炎症减退后,肿胀变柔软,无热,稍痛,能听到肠蠕动音,外部触诊能摸到疝轮。可复性者,疝内容物能送回腹腔,发生粘连后则不能完全送回。疝内容物被嵌闭时出现疝痛症状。

【诊 断】 外部检查和直肠检查结合,可准确判明疝孔位置、大小、形状,以及脱出的脏器是否粘连,从而确定治疗方案。

【治 疗】 对新发生的、疝孔较小且患部靠上方的可复性疝,可在还纳疝内容物后装置压迫绷带,或在疝孔周围分点注射少量酒精等刺激性药剂,令其自愈。除此之外均须采取手术疗法。

手术方法:切开疝囊,还纳脱出的脏器,闭锁疝孔。新发生的可复性疝,一般应早期施行手术。但对破口过大、早期修补有困难的病例,可在急性炎症消退后再施行手术。如遇嵌闭性疝必须立即进行手术。

凡发病时间较久的病例,往往发生粘连,在切开疝囊时要十分谨慎,剥离粘连处要非常仔细,尽量不损伤肠管。如果剥离时造成肠壁破口,应立即缝合。如果粘连的肠管发生坏死,则应截除,然后进行肠管断端吻合术。

闭锁疝孔必须做到确实可靠,使其不再脱出,尤其是疝孔过大时更应注意。为此,在切开疝囊时要保留增厚的皮肌,以备修补缺口。闭合疝孔多采用钮孔状缝合。疝孔大腹压也大时,最好能借助皮肌用重叠钮孔状缝合法闭合。

直 肠 脱

直肠脱是指后段直肠黏膜层脱出肛门(称为脱肛)或全部直肠翻转脱出肛门(称为直肠脱)。

本病多见于猪和犬,马、牛和其他家畜也可发生,幼龄和老龄家畜易发。

【病　因】　直肠韧带松弛,直肠黏膜下层组织、肛门括约肌松弛和功能不全。因长时间腹泻、便秘、病后瘦弱、难产,或用刺激性药物灌肠等引起强烈努责,腹内压增高促使直肠向外突出。此外,马胃蝇蛆在直肠、肛门停留,阴道脱出,仔猪维生素缺乏,饲料突变等也可诱发本病。

【症　状】　直肠脱出后呈暗红色的半圆球状或圆柱状,时间较长则黏膜水肿、发炎、干裂甚至损伤、坏死或破裂,常被泥土、粪便污染。如伴有直肠或小结肠套叠时,脱出的肠管较厚而硬,且可能向上弯曲。病畜表现排粪姿势,频频努责,病程长者可能出现全身症状。

【诊　断】　依据临床症状即可做出诊断。

【治　疗】　及时施行整复术并防止其再脱出。若脱出的直肠不能整复或已经坏死时,应手术切除。整复方法如下。

对新发的、没有炎性水肿的病例,用高渗盐水或 2%明矾溶液、0.1%高锰酸钾溶液彻底冲洗干净后,自肛门基部开始,将脱出的肠管还纳于肛门内,在肛门周围做荷包缝合。脱出的直肠若水肿严重,经温高锰酸钾溶液清洗消毒后,可用针头将其水肿部的黏膜刺破,使水肿液流出;如脱出的黏膜发生坏死,可将其剪掉,清洗消毒后,再推送还纳原位。

努责过强的病畜可做尾荐部硬膜外腔麻醉,整复后应加强饲养管理,给予易消化饲料,以防粪便干燥,同时可内服中药补中益气汤、人参健脾丸等。

眼　病

(一)结膜炎

结膜炎是指眼睑、眼球结膜的炎症,各种家畜均可发生,以马、牛、犬最为常见。

【病　因】　各种有害异物及光线对眼的刺激是其发病的主要原因,如鞭梢抽打、物体撞击、异物落入眼内及强光、强紫外线长时间照射等。流行性感冒、马腺疫、犬瘟热、羊痘等传染病可继发本病。

【症　状】　眼结膜充血、潮红、肿胀、羞明、流泪,有浆液性或脓性分泌物。根据其病情经过和分泌物性状可分为急性、慢性和化脓性 3 种。

(1)急性结膜炎　突然发病,结膜充血呈赤红色,眼睑结膜和结膜囊肿胀,热痛,羞明,流泪。严重者眼睑肿胀,热痛显著,眼分泌物增多,最初为浆液性,逐步变为黏液性或脓性,这些分泌物蓄积于结膜囊内和内眼角处。病程继续发展,可波及眼球结膜,使眼球结膜、角膜呈现蓝色或灰白色。

(2)慢性结膜炎　症状一般较为轻微,结膜有轻微充血,呈暗红色,分泌物稀薄、量少或无。

(3)化脓性结膜炎　眼内排出多量脓性分泌物,眼睑肿胀、热痛。病程长者,多波及角膜,引起角膜炎或溃疡。

【治　疗】　清除病因,消炎止痛,改善饲养管理。用生理盐水、氯霉素眼药水等冲洗眼结膜囊,将分泌物或异物冲洗出来。选用金霉素、红霉素或可的松软膏等点眼。如眼内分泌物较多,可用2％硫酸锌溶液、脱脂乳或羊胆汁点眼。

配合内服中药,草决明 18g,石决明 18g,菊花 21g,大黄 18g,白蒺藜 18g,生地黄 18g,车前子 18g,夜明砂 18g,龙胆草 21g,青葙子 18g,栀子 18g,云苓 15g,共研为末,用开水冲成粥状,灌服,每日 1 剂,连用 3d。

(二)角膜炎

眼球前面隆凸的透明纤维膜,称为角膜。正常的角膜内无血管和淋巴管组织。透明的角膜因各种原因引起发炎,称为角膜炎。

【病　因】　最常见的原因是外伤(鞭梢打击等)或异物误入眼内(碎玻璃等),也见于温热性和化学性灼伤,有时继发于结膜炎、周期性眼炎和某些传染病过程(如犬瘟热、恶性卡他热等)。

【症　状】　羞明、流泪、疼痛、眼睑闭合、角膜浑浊、角膜缺损或溃疡。角膜受到轻微损伤时,角膜面呈灰白色云雾状或蓝白色不透明状。时间长者可转为慢性,在浑浊的角膜上出现树状新生血管。角膜受到严重损伤时,角膜全层可被穿透,房水流出,被感染后可引起化脓性角膜炎或化脓性全眼球炎。

【治　疗】　主要是消除炎症和促进浑浊的消散吸收。消除炎症可参照结膜炎的治疗方法。促进角膜炎症的消散吸收可选用等量的甘汞、乳糖吹入眼内;或用 40％葡萄糖注射液或自家血点眼;或用自家血眼睑皮下注射;或用醋酸可的松眼药水或 70％新鲜元鱼胆汁眼药水点眼;每日静脉注射 5％碘化钾溶液 20～40ml,连用 1 周,或每日内服碘化钾 5～10g,连用 5～7d;也可内服中药决明散、拨云散、光明子散、明目散等。对疼痛剧烈的,可用 10％颠茄软膏涂于患眼内。如角膜发生穿孔时,要严格消毒,必要时应进行角膜缝合,涂敷金霉素软膏,装眼绷带。

笔者将药用鱼肝油 10ml、氢化泼尼松 1ml、青霉素粉 30 万 U 混合,每日点眼 2～3 次,治疗角膜炎取得了非常好的效果。如果角膜有外伤或患周期性眼炎,则用维生素 B_2 注射液 1ml 替换氢化泼尼松。

治疗中的病畜,最好停止使役,不要在强光下拴放,圈舍应清洁卫生。给予富含维生素 A、维生素 B、维生素 C 和 B 族维生素的饲料,有助于患眼的恢复。

(三)周期性眼炎

周期性眼炎又称再发性色素层炎、月盲症,是一种初期表现为虹膜、睫状体和血管膜炎症的一种周期再发性炎症,其后侵害整个眼球组织。常发生于马、骡,是马、骡失明的主要原因。有时在一个地区或一个马群中呈流行性发生,夏、秋季多发,春季次之,冬季较少。其特征是突然发病,以后呈周期性反复发作,最后失明,以至眼球萎缩。

【病　因】　有人认为本病由钩端螺旋体引起,但看法尚未统一。另外,地势低洼潮湿,环境卫生不良,饮水不足或水源质量不佳,饲料中缺乏维生素 B_2、维生素 A,饲喂霉败的饲料以及过劳等,对本病的发生均有一定的影响。

【症　状】

(1)急性发作期　突然发病,呈现急性角膜炎和结膜炎的症状,1～2d 后虹膜发生纤维素性炎症,眼房液浑浊,3～4d 后角膜周围开始发生浑浊,5～6d 后浑浊弥散到整个角膜,通常在 1 周左右达最高峰,以后逐渐减轻,角膜恢复透明,该期一般为 2～3 周,最长可达 45 天。

(2)慢性间歇期　眼的外观正常,但病理过程仍在进行,只是炎症转为慢性阶段。检查眼内部时可看到虹膜萎缩粘连,瞳孔边缘不整齐,晶状体上有色素斑点,玻璃体上有絮状混合物,视网膜部分剥离,视神经乳头萎缩,视力减退。该期长短不定,多数为1~6个月。

(3)再发期　经间歇期后,又突然出现急性发作期的症状,其症状较初发病时的症状为轻,但眼内病变一次比一次严重。如此反复发作,直至晶状体和玻璃体完全浑浊,视网膜脱落,患眼失明。

【诊　断】　诊断要点是突然发病,以后呈周期性反复发作,一次比一次加重。检查时着重观察虹膜、眼底和眼房液的病变。瞳孔缩小,感光迟钝。随病程的发展,角膜也出现病变。

【治　疗】　改善饲养管理,搞好环境饮水卫生,多喂些富含维生素 A、维生素 B_1、维生素 B_2 和矿物质的饲料,放养在避光的圈舍内。消除炎症和促进吸收可参照结膜炎和角膜炎的治疗,防止虹膜粘连可用 1% 阿托品点眼(每日 5~6 次),待瞳孔散大后改用 0.5% 阿托品点眼(每日 1~2 次)。应用上述方法的同时,可肌内注射链霉素,每日 2 次,每次 2~3g,连用 7d。也可用链霉素、可的松、盐酸普鲁卡因注射液(每毫升 0.5% 盐酸普鲁卡因溶液中加入链霉素 0.1~0.2g、可的松 2mg)做眼球结膜下注射。此外,病初可内服中药石决明散,中期以后用明目地黄散。

肿　瘤

肿瘤是家畜机体中正常的组织细胞,在不同的始动与促进因素长期作用下,产生细胞增生与异常分化而形成的病理性新生物。它与受连累组织的生理需要无关,无规律生长,丧失正常细胞功能,破坏原器官结构,甚至转移到其他部位,危及生命,是机体整体性疾病的一种局部表现。

【病　因】　肿瘤的病因迄今尚未完全清楚,根据大量实验研究和临床观察认为与外界环境因素有关,其中主要是化学因素,其次是病毒和放射线。另一方面是机体的内因,如免疫状态、内分泌、遗传因子、神经系统、营养因素、微量元素、年龄,以及有关的癌前期病变等。总之,肿瘤的致病因素是多方面的。肿瘤在机体的发生和发展,可能是很长时间内接受许多致癌因素综合作用的结果。

【分　类】　根据肿瘤对机体的影响,分为良性肿瘤与恶性肿瘤两大类。

(1)良性肿瘤　其细胞分化程度较高,近似起源组织,组织结构也与正常组织相似。良性肿瘤多呈膨胀性生长,发展缓慢,有包膜,因而与周围组织之间有明显界限。其瘤体多呈圆形或椭圆形,表面光滑,有活动性,在生长或手术后不发生转移。但也有少数良性肿瘤可发生恶变。

良性肿瘤通常称为瘤,冠以组织来源和部位的名称,如皮肤纤维瘤、直肠腺瘤等。

(2)恶性肿瘤　肿瘤生长迅速,瘤体形状不规则,呈菜花样、蕈状或表面粗糙、凹凸不平。瘤体常有破溃,与周围组织界限不清,无活动性。如为膨胀性生长者,一般稍有活动性。肿瘤组织细胞分化差,其细胞形态和组织结构与起源组织不相似,细胞呈现不成熟和幼稚形。

恶性肿瘤通常分为以下几种:凡来自上皮组织的恶性肿瘤称为癌,加上组织来源和部位的名称,如眼鳞状细胞癌、腺癌;凡来自间质组织、淋巴组织、网状组织和骨骼的恶性肿瘤称为肉瘤,同样加上组织来源和部位的名称,如纤维肉瘤、淋巴肉瘤、脂肪肉瘤等;对部分的恶性肿瘤,因其组织来源不单一或者无法肯定,则加上恶性二字,如恶性畸胎瘤、恶性淋巴瘤(白血病)。

【症　状】　肿瘤症状取决于其性质、发生组织、发生部位和发展程度。早期多无临床明显症状,但如果发生在特定的组织器官上,可能有明显症状出现。局部症状包括以下几方面。

(1)肿块(瘤体)　发生于体表或浅在的肿瘤,肿块是主要症状,常伴有相关静脉的扩张。

(2)疼痛　肿块的膨胀生长、损伤、破溃,使神经受到刺激或压迫,可有不同程度的疼痛。

(3)溃疡　体表、消化道的肿瘤,若生长过快,引起供血不足继发坏死或感染导致溃疡。恶性肿瘤呈菜花状,表面常有溃疡,并有恶臭和血性分泌物。

(4)出血　表在性肿瘤易损伤、破溃、出血,消化道肿瘤可能引起呕吐或便血。

(5)功能障碍　肠道肿瘤可致肠梗阻,乳头状瘤发生于上部食管可引起吞咽困难。

(6)全身症状　良性和早期恶性肿瘤,一般无明显全身症状,或有贫血、低烧、消瘦、无力等非特异性全身症状。如肿瘤影响营养摄取或并发出血与感染时,可出现明显的全身症状。恶病质是恶性肿瘤晚期全身衰竭的主要表现,瘤发部位不同,恶病质出现的迟早各异。

【诊　断】　诊断的目的在于查明有无肿瘤及确定其性质、程度,以便拟定治疗方案和估计预后。肿瘤的诊断方法包括病史调查、患部检查、全身检查、病理检查(活检与尸体剖检)、X线检查、超声波检查、放射性同位素标记及免疫诊断等。还有血清学检查及电子计算机断层扫描(CT)等。

一般肿瘤特别是表在性肿瘤,通过上述某些诊断方法,即可确诊。恶性肿瘤的早期诊断难度较大,必须进行系统全面的检查。

【治　疗】

(1)良性肿瘤

①手术切除　即切开皮肤后剥离瘤体与周围连接的组织,尽可能将瘤体组织剥净,以免复发。

②结扎法　用于有蒂的瘤体,即在瘤体蒂根部紧贴体表处,用缝合线进行结扎,使瘤体失去血液供应,经一段时间后瘤体可脱落。

③烧烙法　瘤体组织不能完全被切除干净或止血困难时,可用烧烙法。

④冷冻疗法 适用于大小家畜,可直接破坏瘤体,在短时间内阻塞血管而破坏细胞。被冷冻的肿瘤日益缩小,直至消失。

(2)恶性肿瘤 如能及早发现与诊断则可望获得临床治愈。

迄今为止早期手术切除仍不失为一种治疗手段,前提是肿瘤尚未扩散或转移,手术切除病灶及部分周围健康组织,特别要注意切除附近的淋巴结。

另外,还有放射疗法、激光治疗、化学疗法、免疫疗法等,各地可根据具体情况适当选用。

【常见的体表肿瘤】

(1)纤维瘤 是在结缔组织发生的良性肿瘤,临床上最为常见。其常发部位为头部、胸腹侧或下部、四肢上部或下部的蹄冠等处。纤维瘤的外形呈圆形或椭圆形。如以间质为主的纤维瘤,其质地硬,生长缓慢;如间质少的纤维瘤,是由疏松的结缔组织组成,瘤体内混有脂肪组织,则质地较软;黏液性纤维瘤,质地软,瘤体内含有一定量的黏液,有一定活动性。

(2)脂肪瘤 是局限性脂肪组织增生形成的良性肿瘤,凡有脂肪组织的部位均可发生。多发生于眼睑、上下唇、颈部下侧、胸腹下侧以及肠管、大网膜等处。肿瘤生长缓慢,瘤体一般较小而软,常呈圆形、椭圆形或大小不一的结节状,活动性大,是家畜常见的一种肿瘤。

(3)基底细胞瘤和乳头状瘤 是由家畜的皮肤和黏膜上皮细胞增生形成的良性肿瘤,它分别发生于基底细胞和皮肤乳头层,前者称为基底细胞瘤,后者称为乳头状瘤。常发生于口唇部、头颈下侧部、腹侧、四肢下部等处。瘤体生长数目、大小不等,通常以密集形式生长,形成菜花状新生物。瘤体损伤后可引起出血或形成溃疡。常见于马、骡、牛。

(4)黑色素瘤 是黑色素细胞所形成的肿瘤,有良性和恶性两种。恶性黑色素瘤多发生于白毛、青毛的老龄马,常发生在肛门和尾根周围,其次是胸下和肩前等部位。当体表的瘤体生长较大时,往往在其他体表部位和胸腹腔内发生转移性黑色素瘤,瘤体生长在体表部位,容易破损形成出血或溃疡。瘤体切开呈黑墨汁色,手术后易复发和转移。

(5)皮肤癌　是由皮肤、黏膜和腺体上皮组织增生而形成的恶性肿瘤。常见的皮肤癌有两种,即鳞状上皮癌和柱状细胞癌。瘤体呈浸润性生长,与周围组织界限不清,瘤体多呈结节状,常发生破溃,引起继发性感染,有恶臭的分泌物,局部容易出血。常发生于家畜的头部、眼睑、鼻腔、颈部、肛门、阴道、阴茎和包皮等部位,以老龄家畜多见。

(6)淋巴肉瘤　为淋巴样组织的恶性肿瘤,是奶牛多发的一种恶性肿瘤,常发生于中年以上的牛。发病后有许多淋巴腺显著增大,尤其以鼠蹊淋巴腺和肩前淋巴腺肿大较多见。肿瘤细胞可转移到全身各个组织器官。发病初期白细胞显著增多,病情发展到后期,病畜迅速消瘦而死亡。

睾丸炎与附睾炎

睾丸炎是睾丸实质的炎症,由于睾丸与附睾紧密相连,所以常合并发生附睾炎。两者常同时发生或互相继发。

【病　因】　睾丸炎常因直接损伤或由泌尿生殖道的化脓性感染蔓延而引起,发病以一侧性为多。某些传染病,如布鲁氏菌病、结核病、鼻疽、马腺疫、沙门氏菌病、马媾疫等亦可继发睾丸炎和附睾炎,以两侧性为多。

【症　状】　急性睾丸炎时,家畜的一侧或两侧睾丸呈现不同程度的肿胀、热痛,阴囊皮肤紧张。驻立时同侧后肢外展,运步时两后肢呈外展肢势前进。病情严重时,病畜表现精神沉郁、食欲不振和体温升高等全身症状。

慢性睾丸炎时,睾丸发生纤维变性,萎缩,坚实而缺乏弹性,无热痛症状。病畜精子生成功能减退,甚至完全丧失。

由传染病如结核病和放线菌病引起者,睾丸硬固隆起,结核病通常以附睾最常发病,继而发展到睾丸形成冷性脓肿;布鲁氏菌和沙门氏菌引起的睾丸炎,睾丸和附睾常肿得很大,触诊硬固,鞘膜腔内有大量炎性渗出液。其后,部分或全部睾丸实质坏死、化脓,破溃形成瘘管或转变为慢性。

鼻疽性睾丸炎常取慢性经过,并伴发阴囊的慢性炎症,阴囊皮肤肥厚肿大,丧失可动性。由传染病引起的睾丸炎,除上述局部症状外,尚有其原发病所特有的临床症状。

根据临床症状区别是一般睾丸炎,还是由传染病引起的睾丸炎,如怀疑是传染病引起的,可进行传染病诊断以做区分。如睾丸或阴囊较大,应做触诊检查,以判定阴囊内是否有肠管、脓肿等。

【治　疗】　主要应控制感染和预防并发症,防止转化为慢性,导致睾丸萎缩或附睾闭塞。

急性病例应停止使役,安静休息,24h 内局部冷敷,以后改用温敷、红外线照射等温热疗法;局部涂搽鱼石脂软膏或 5%碘酊。睾丸严重肿大的,可用少量雌激素,同时配合全身应用抗菌和止痛药物。无种用价值的,可在抗菌消炎的同时或炎症有所缓解后去势。已形成脓肿的最好早期进行睾丸摘除。继发感染的病例,应先治疗原发病,再进行上述治疗。

复习思考题

1. 掌握消毒与灭菌的概念和方法。

2. 手术部位的准备工作有哪些?

3. 掌握麻醉的概念及各种麻醉方法。

4. 兽医临床上有哪些常用的麻醉方法?

5. 掌握各种基本手术操作方法。

6. 掌握各种缝合方法和打结技巧。

7. 掌握各种手术中的止血方法。

8. 掌握瘤胃切开术和皱胃变位整复术术式。

9. 掌握犬耳整形术、断尾术的术式。

10. 掌握各种家畜的阉割术。

11. 兽医临床上新鲜创和感染创的处理方法有什么不同？

12. 简述脓肿的概念及治疗方法。

13. 简述家畜跛行的种类、诊断方法及治疗措施。

14. 简述骨折的概念及治疗（固定）方法。

15. 简述各种蹄病的诊断与治疗。

16. 什么是疝？疝的手术治疗如何操作。

17. 简述各种眼病的诊断方法及治疗。

18. 简述良性肿瘤与恶性肿瘤的鉴别诊断要点。

第五章　产科病防治

第一节　妊娠期疾病防治

妊娠期间,母体除了维持本身的正常生命活动以外,还要供给胚胎及胎儿生长发育所需的各种物质并提供安全的环境。如果饲养管理不符合妊娠的特殊要求,母体或胎儿的健康发生紊乱或受到损害,正常的妊娠过程就会转化为病理过程,从而发生妊娠期疾病。

流　产

流产是由于胎儿或母体的生理过程发生紊乱,或它们之间的正常关系受到破坏而导致的妊娠中断。流产可发生于妊娠的各个阶段,但以妊娠早期较为多见,各种家畜均可发生。流产不仅使胎儿夭折,而且危害母畜的健康,使奶畜的产奶量减少,役畜的使用能力降低,繁殖效率也常因并发生殖器官疾病造成不孕而受到严重影响,使畜群的繁殖计划不能完成,因此必须特别重视对流产的防治。

【病　因】　流产的原因极为复杂,可以概括为普通性流产(非传染性流产)、传染性流产和寄生虫性流产,每类流产又可分为自发性流产与症状性流产。自发性流产是胎儿及胎盘发生反常或直接受到影响而发生的流产,症状性流产则是孕畜患某些疾病的一种症状或是因饲养管理不当导致的结果。常见的流产病因及分类见表 5-1。

第五章 产科病防治

表 5-1 流产的病因及分类

	普通性流产	传染性流产	寄生虫性流产
自发性流产	胎膜及胎盘异常：无绒毛、绒毛发育不全、胎膜水肿、子宫某一部分黏膜发炎变性 胎膜发育停滞：卵子和精子有缺陷、卵子衰老、染色体反常而囊胚不能附植 胎儿过多：发育迟缓的胎儿受邻近胎儿的排挤，不能和子宫黏膜形成足够的联系，血液供应受到限制	布鲁氏菌病、沙门氏菌病、支原体病（牛、羊、猪）、衣原体病（牛、羊）、SMEDI 病毒病*（猪）、胎儿弧菌病（牛）、病毒性腹泻（牛）、结核病（牛）、繁殖与呼吸综合征（猪）、马副伤寒	马媾疫、滴虫病（牛）、弓形虫病（羊、猪）、新孢子虫感染（犬、牛、绵羊、马、猫）等
症状性流产	生殖器官疾病：局限性慢性子宫内膜炎、阴道炎、子宫粘连、胎水过多 非传染性全身疾病：马疝痛及牛、羊的瘤胃臌气可反射性地引起子宫收缩，起卧打滚；顽固性前胃弛缓及皱胃阻塞，拖延时间较长；马、驴患妊娠毒血症，都有可能发生流产 生殖激素失调：孕酮分泌不足，母畜食入富含雌激素作用的植物 饲养不当：维生素 A 或维生素 E 不足、矿物质不足、硒缺乏、饲喂方法不当、饲料霉败或含毒物、长期饲料不足或不全价 损伤性和管理性流产：腹壁的碰伤、抵伤和踢伤，孕畜在泥泞、结冰、光滑或高低不平的地方跌摔，抢食、争卧以及出入圈时剧烈挤撞，剧烈运动、跳越障碍或沟渠、上下陡坡，使役过久、过重，驮载和长途跋涉、车船运输，应激、惊吓、粗暴地鞭打头部和腹部，或打冷鞭、惊群、打架等使子宫和胎儿受到直接或间接的机械性损伤，或孕畜遭受各种逆境的剧烈危害，引起子宫反射性收缩而流产 中毒性流产：铅中毒、镉中毒、有机磷中毒、棉籽饼中毒、霉玉米中毒、疯草中毒、西黄松叶中毒、大肠杆菌内毒素中毒等均可引起流产的发生	病毒性鼻肺炎（马）、病毒性动脉炎（马）、传染性贫血（马）、钩端螺旋体病（牛、羊、马）、李氏杆菌病（牛、羊）、流行性乙型脑炎（猪）、O 型口蹄疫、传染性鼻气管炎（牛）	马型锥虫病、马纳塔锥形虫病、牛锥形虫病、环形泰勒锥形虫病、边虫病、血吸虫病等

续表 5-1

	普通性流产	传染性流产	寄生虫性流产
症状性流产	医疗错误:全身麻醉,大量放血,服用过量泻剂、驱虫剂、利尿剂,注射引起子宫收缩的药物(如氨甲酰胆碱、毛果芸香碱、槟榔碱或麦角制剂、雌激素、前列腺素、皮质类激素等)和孕畜忌用的药物、疫苗,给孕畜误服刺激发情的药物,粗鲁的直肠、阴道检查,假发情时误配,均可能引起流产		

* 即死产、干尸化、胚胎死亡及不孕的英文缩写,主要是由肠病毒、细小病毒和日本乙型脑炎病毒引起

【症状与诊断】

由于流产的发生时期、原因及母畜反应能力不同,流产的病理过程及所引起的胎儿变化和临床症状也不一样,可以归纳为 4 种,即隐性流产、排出不足月的活胎儿、排出死亡而未经变化的胎儿和延期流产。

(1)隐性流产 亦可称为胚胎早期死亡,常见于马、驴、牛、猪,发生在妊娠初期,囊胚附植前后。这时胚胎尚未形成胎儿,死亡后组织液化,被母体吸收,或随尿液排出,未被发现,母畜也不表现明显症状。猪的隐性流产可能是全部流产,也可能是部分流产,发生部分流产时,妊娠仍能继续维持下去。隐性流产主要表现为屡配不孕。

猪、羊的胚胎死亡主要发生在妊娠的第一个月内,大部分发生在附植以前。猪胚胎死亡的第二个阶段发生在妊娠 50d 左右,是子宫角内胎儿过度拥挤所致。如为营养不良导致的胚胎死亡,其表现为返情延迟,产仔数下降。

隐性流产的发生率是很高的,在马有时可达 20%～35%。在马、驴和牛,常表现配种后通过直肠检查已肯定妊娠,而后又发情,

直肠检查发现原妊娠现象消失。在猪,若交配后经过 1 个性周期未见发情,则认为妊娠,但过一段时间又再发情,并且由阴门中流出较多分泌物,则可能是发生了隐性流产。

(2)排出不足月的活胎儿　这类流产的预兆及过程与正常分娩相似,胎儿是活的,但未足月即产出,所以也称为早产。产前预兆不像正常分娩那样明显,往往仅在排出胎儿前 2~3d 乳房突然膨大,阴唇稍微肿胀,乳头内可挤出清亮液体,阴门内有清亮黏液排出。

(3)排出死亡而未经变化的胎儿　这是流产中最常见的一种,亦称小产。胎儿死后,其对于母体来说,好似异物一样,可引起子宫收缩反应(胎儿干尸化例外),于数日之内将死胎及胎衣排出。妊娠初期的流产,因为胎儿及胎膜很小,排出时不易发现,有时被误认为是隐性流产。妊娠前半期的流产,事前常无征兆。妊娠末期的流产,其征兆和早产相同。胎儿未排出前,直肠检查摸不到胎动,妊娠脉搏变弱。阴道检查发现子宫颈口开张,黏液稀薄。如胎儿小,排出顺利,预后较好,以后母畜仍能妊娠。如胎儿腐败可引起子宫炎或阴道炎症,以后母畜不易妊娠。偶尔还可能继发败血病,导致母畜(主要是马、驴)死亡,因此必须尽快使胎儿排出来。

(4)延期流产(死胎停滞)　胎儿死亡后由于子宫阵缩微弱,子宫颈口不开张或开张不大,死胎长期滞留于子宫内,称为延期流产。依子宫颈口是否开放,其结果有以下两种。

①胎儿干尸化　胎儿死亡后未被排出,其组织中的水分及胎水被母体吸收,变为棕黑(褐)色,好像干尸一样,称为胎儿干尸化,亦称木乃伊胎儿。按照一般规律,胎儿死后不久,母体就会将其排出体外,但如果母畜黄体不萎缩,仍保持其功能,则子宫并不强烈收缩,子宫颈口也不开放,胎儿仍可留于子宫中。因为子宫腔与外界隔绝,阴道中的细菌不能侵入,如果细菌也未通过血液进入子宫,则胎儿就不会腐败分解,随后胎水及胎儿组织中的水分逐渐被

母体吸收,胎儿变干,体积缩小,头和四肢蜷缩在一起而逐渐形成干尸。

胎儿干尸化常见于牛、羊。给猪接产时,经常发现正常胎儿之间夹有干尸化胎儿,这是由于发育慢的胎儿尿膜绒毛膜和子宫黏膜接触的面积受到邻近发育快的胎儿限制或侵扰,胎盘发育不够,得不到足够的营养,中途停止发育,变成干尸,发育快的胎儿则继续生长至足月出生。

干尸化胎儿都在子宫中停留一段相当长的时期。母牛一般是在妊娠期满后数周内黄体作用消失后再发情时,才将胎儿排出,有时也可发生在妊娠期满以前,个别的干尸化胎儿则长久停留于子宫内而不被排出。排出胎儿以前,母牛不表现外部症状,所以不易发现。但如经常注意母牛的全身状况,则可发现母牛妊娠至某一时间后,妊娠的外部征象不再发展,直肠检查感到子宫呈圆球状,且较妊娠月份应有的体积小得多,内容物很硬,这就是胎儿,在硬的部分之间较软的地方,是胎体各部分之间的空隙,子宫壁紧包着胎儿,摸不到胎动、胎水和子叶。卵巢上有黄体。摸不到妊娠脉搏。

干尸化胎儿只要能顺利排出,则预后较好,母畜仍能继续生育。

②胎儿浸溶　妊娠中断后,死亡胎儿的软组织分解,变为液体流出,而骨骼仍留在子宫内时,称为胎儿浸溶。胎儿死后,如果黄体萎缩,子宫颈口就会开张,病原微生物即沿阴道侵入子宫和胎儿,胎儿的软组织先是气肿,2d左右开始分解液化而排出,骨骼则因子宫颈口开张不够大而滞留在子宫内。胎儿浸溶主要见于牛、羊,猪也可发生。

胎儿浸溶时,因细菌感染母畜往往出现败血症及腹膜炎的全身症状。在气肿阶段,母畜精神沉郁,体温升高,食欲减少,瘤胃蠕动减弱,并常有腹泻,母畜经常努责。随后,胎儿软组织分解变为红褐色或棕褐色难闻的黏稠液体,在母畜努责时流出,其中夹杂有小的骨片。最后则仅排出脓液,沾染在阴门周围、尾根和后腿上,干后成为黑痂。

阴道检查可发现子宫颈口开张,在子宫颈内或颈前可摸到胎骨,视诊可看到阴道和子宫颈黏膜红肿。

直肠检查可发现子宫颈粗大,子宫壁较厚,能摸到胎儿凹凸不平的骨片,捏挤子宫可能感到骨片互相摩擦。

胎儿浸溶发生在妊娠初期时,因胎儿小,骨骼间的软组织容易分解,所以大部分或全部骨骼可以排出,或仅留下少数。最后子宫中排出的液体也逐渐变得清亮。

猪发生胎儿浸溶时,体温升高,心跳呼吸加快,不食,喜卧,阴门中流出棕黄色黏性液体。

发生胎儿浸溶时,预后必须谨慎,因为这种流产可以引起腹膜炎、败血症或脓毒血症而导致母畜死亡。对于母畜以后的妊娠能力预后不良,因为它可以造成严重的子宫内膜炎或子宫与周围组织发生粘连,使母畜不能妊娠。

【治　疗】　首先应确定属于何种流产以及妊娠能否继续进行,在此基础上再确定治疗原则和措施。

(1)先兆性流产的处理　孕畜出现腹痛、起卧不安、呼吸和脉搏加快等临床症状,即可能发生流产。治疗原则为安胎,使用抑制子宫收缩药。措施为肌内注射孕酮,马、牛 $50\sim100\text{mg}$,羊、猪 $10\sim30\text{mg}$,每日或隔日 1 次,连用数次。为防止习惯性流产,也可在妊娠的一定时间试用孕酮。还可注射 1‰硫酸阿托品 $1\sim3\text{ml}$(马、牛)。必要时给以镇静剂,如溴剂等。禁止进行阴道检查,尽量控制直肠检查,以免刺激母畜。还要进行牵遛,以抑制努责。

(2)无可挽回的流产处理　先兆性流产经上述处理,病情仍未稳定下来,阴道排出物继续增多,母畜起卧不安加剧,阴道检查子宫颈口已经开张,胎囊已进入阴道或已破水,流产已难避免时,应尽快促使子宫内容物排出,以免胎儿死亡腐败引起子宫内膜炎,影响母畜以后妊娠。

如子宫颈口已经开张较大,可用手将胎儿拉出。流产时,胎儿的位置及姿势往往反常,如胎儿已经死亡,矫正有困难时,可以施行截胎术。如子宫颈口开张不大,手不易伸入,可参考处理胎儿干尸化的方法,促使子宫颈口开张,并刺激子宫收缩。

对于早产胎儿,如有吮乳反射,应尽量加以挽救,帮助吮乳或人工喂奶,并注意保温。

(3)延期流产的处理　胎儿干尸化时,首先应用雌激素、米非司酮,继之使用前列腺素制剂或缩宫素,溶解黄体并促使子宫颈口开张及子宫收缩,在子宫和产道内灌注已消毒的润滑剂,便于胎儿排出。由于干尸化胎儿的头颈及四肢蜷缩在一起,如子宫颈口开张不大时,须预先截胎才能将胎儿取出。

胎儿浸溶时,如软组织已基本液化,应尽可能将胎骨逐块取净。分离骨骼有困难时,须根据情况先将其破坏后再取出,然后用0.1％新洁尔灭溶液、10％灭菌食盐水或其他消毒液冲洗子宫,并注射子宫收缩药,促使液体排出。还须在子宫内膜涂布大量抗生素,并进行全身治疗,以免发生不良后果。在操作过程中,术者须防止自身受到感染。

【预　防】　引起流产的原因是多种多样的,各种流产的症状也有所不同。除了个别病例在刚一出现症状时可以试行安胎以外,大多数流产一旦有所表现,往往无法阻止。尤其是群牧牲畜,流产常常是成批的,损失严重。因此在发生流产时,除采用适当的治疗方法,保证母畜及其生殖道的健康以外,还应对整个畜群的情况进行详细调查分析,注意观察排出的胎儿及胎膜,必要时采样进行实验室检查,尽量做出确切的诊断,然后提出有效的具体预防措施。

调查材料应包括饲养条件及制度(确定是否为饲养性流产);

管理及使役情况,是否受过伤害、惊吓,流产发生的季节及气候变化(损伤性及管理性流产);母畜是否发生过普通病,畜群中是否出现过传染性和寄生虫性疾病,以及治疗情况如何,流产时的妊娠月份,母畜的流产是否带有习惯性等。

对排出的胎儿及胎膜,要进行细致观察,注意有无病理变化和发育反常。在普通流产中,自发性流产表现有胎膜上的反常及胎儿畸形;霉菌中毒可以使羊膜发生水肿和皮革样坏死,胎盘水肿、坏死。由于饲养管理不当、损伤及母畜疾病、医疗事故引起的流产,一般看不到明显变化。

传染性和寄生虫性的自发性流产,胎膜和(或)胎儿常有病理变化。例如,牛因布鲁氏菌病引起流产的胎膜及胎盘上常有棕黄色黏脓性分泌物,胎盘坏死、出血,羊膜水肿并有皮革样的坏死区,胎儿水肿,胸腹腔内有淡红色的浆液等。马沙门氏菌病流产胎儿也有同样变化,羊膜上也有水肿、出血及坏死区。上述流产后常发生胎衣不下。具有这些病理变化时,应将胎儿(不要解剖,以免污染)、胎膜以及子宫或阴道分泌物送实验室诊断,有条件时应对母畜进行血清学检查。症状性流产,则胎膜及胎儿没有明显的病理变化。对于传染性的自发性流产,应将母畜的后躯及所污染的地方彻底消毒,并将母畜隔离饲养。

正确的诊断,对于做好保胎防流工作是十分重要的。只有认真进行调查、检查和分析,做出切合实际的诊断,才能结合具体情况提出实用的措施,预防流产的发生。

役畜妊娠时,在重视预防流产的同时,也不要对孕畜过于娇养,应合理使役和保持适量运动。

孕畜水肿

孕畜水肿是妊娠末期孕畜腹下及后肢等处发生的水肿。水肿面积小、症状轻者,是妊娠末期的一种正常生理现象;水肿面积大、症状严重的,则认为是病理状态。

本病多见于马,有时也见于牛,主要是奶牛。水肿一般开始于分娩前1个月左右,产前10d变得显著,分娩后2周左右自行消退。

【病　因】　妊娠末期,胎儿生长发育迅速,母畜子宫体积随之增大,腹内压增高,同时妊娠末期母畜乳房胀大,运动减少,因而腹下、乳房和后肢的静脉血流滞缓,导致静脉淤血,毛细静脉管壁渗透性增高,使血液中的水分渗出增多,同时亦阻碍组织液回流至静脉内,因而组织间隙液体积留,引起水肿。

妊娠末期母畜新陈代谢旺盛,迅速发育的胎儿、子宫和乳腺都需要大量的蛋白质等营养物质,同时孕畜的全身血液总量增加,致使血浆蛋白浓度下降,如孕畜摄取的蛋白质不足,则使血浆蛋白胶体渗透压降低,破坏血液与组织液中水分的生理动态平衡,妨碍组织中的水分进入血液,导致组织间隙水分增多。

妊娠末期母畜内分泌腺功能发生一系列变化,如体内的抗利尿素、雌激素和肾上腺分泌的醛固酮等增多,使肾小管远端钠的重吸收作用增强,组织内的钠量增加,进一步引起机体内的水分潴留。

孕畜新陈代谢旺盛,循环血量增加,使心脏和肾脏的负担加重。在正常情况下,心脏和肾脏有一定的生理代偿能力,故不出现病理现象。但如孕畜运动不足,机体衰弱,特别是有心脏和肾脏疾病时,则容易发生水肿。

【症状和诊断】　水肿常从腹下、乳房开始,以后逐渐向前蔓延至前胸,向后蔓延至阴门,甚至涉及后肢的跗关节和球节。

水肿一般呈扁平状,左右对称,触诊感觉其质地如面团,指压留痕,皮温稍低,无被毛部分的皮肤紧张而有光泽。

通常无全身症状,但如水肿严重,则可出现食欲减退、步态强拘等现象。

【治　疗】　改善病畜的饲养管理,给予富含蛋白质、矿物质和维生素的饲料,限制饮水,减少多汁饲料和食盐的喂量。水肿轻者不必用药,严重者可应用强心利尿剂,如内服安钠咖 5～10g,或皮下注射 20％安钠咖注射液 20ml,连用 5d。禁忌穿刺放液。

中兽医疗法以补肾、理气、养血、安胎为治则,水肿势缓者可内服当归散:当归 50g,熟地黄 50g,白芍 30g,川芎 25g,枳实 15g,红花 3g,共研为末,开水冲服。

水肿势急者可内服白术散:炒白术 30g,砂仁 20g,当归 30g,川芎 20g,熟地黄 20g,白芍 20g,党参 20g,陈皮 25g,苏叶 25g,黄芩 25g,甘草 10g,生姜 15g,共研为末,开水冲服。

舍饲的孕畜,尤其是奶牛,每日要进行适当运动,刷拭皮肤,给予营养丰富的易消化饲料。役用家畜在妊娠后半期,也要轻度使役或让它们自由运动,不可长期系留在圈内,以防水肿发生。

孕畜截瘫

孕畜截瘫是妊娠末期,孕畜既无导致瘫痪的局部症状(如腰臀部和后肢损伤),也没有明显的全身症状,然而后肢却不能站立的一种疾病。各种家畜均可患病,猪和牛多见。本病常带有地域性,甚至发病数量较大,同时多见于冬末至春初或炎热多雨季节。母畜乏弱衰老,容易发病。

【病　因】　发病原因尚不清楚,可能是妊娠末期很多疾病的综合症状,如营养不良、胎水过多、严重子宫捻转、损伤性胃炎(伴有腹膜炎)、风湿病等。但饲养不当,长期饥饿,饲料单一、缺乏钙和磷等矿物质及维生素,可能是发病的主要原因,因为补充钙、磷及青绿饲料、改善营养等,常有良好的疗效及预防作用。

骨骼、血液和身体其他组织中的钙、磷含量是维持动态平衡的,饲料中的钙、磷含量不足或比例失调,骨骼中的钙盐即沉着不足,同时血钙浓度也下降。血钙浓度的降低则促进甲状旁腺素分泌增加，刺激破骨细胞的活动，从而使骨盐（主要为磷酸盐、碳酸盐、枸橼酸钙）溶解，释入血液中，维持血钙的水平，因而骨骼的结构可能受到损害。妊娠末期，由于胎儿迅速发育，对钙、磷的需要增加，母体将大量的钙、磷优先供给胎儿，加剧了母体血钙浓度的降低；又由于妊娠末期子宫的重量也大为增加，且骨盆部韧带变得松软，后肢的负重就发生困难，甚至不能起立而发生截瘫。

长期给母畜饲喂含磷酸和植酸多的饲料，过多的磷酸和植酸与钙结合，形成不溶性磷酸钙和植酸钙，随母畜粪便排出；胃肠功能紊乱，慢性消化不良，缺乏阳光照射或维生素 D 不足等，也能妨碍钙在小肠中的吸收，使血钙浓度降低。有的地区土壤和饮水中普遍缺磷，则骨盐也不能沉积。

另据报道，铜、钴、铁严重缺乏所致的贫血和衰弱也能导致本病发生。

【症状和诊断】 牛一般在分娩前 1 个月左右后肢逐渐出现运动障碍，最初仅见站立无力，两后肢经常交替负重，行走时后躯摇摆，步态不稳，卧下时起立困难，因此长久卧地。以后症状加重，后肢不能起立。有时滑倒后突然发病。

临床检查可见后躯局部无明显病理变化，痛感反应正常，也没有明显的全身症状。如距分娩尚久，病程较长，可能发生褥疮，患肢肌肉萎缩，有时伴有阴道脱出，心跳快而弱。分娩时母牛可能因子宫轻微捻转或阵缩无力而发生难产。

鉴别诊断应注意与胎水过多、风湿病、髋关节脱臼、骨盆骨折、后肢韧带及肌腱损伤等相区别。

在猪，发病时间常在产前数日。最初的症状是母猪起卧困难，站立时四肢强拘，行动困难，随后卧地不起。先是前肢跛行，以后波及四肢，触诊掌（趾）骨有疼痛，驱之行走不敢迈步，甚至跪地爬行。病猪还常有异食癖、消化功能紊乱、便秘等。

距离分娩时间越短，病情越轻，预后越好，产后多能很快复原。

否则可能因褥疮继发败血症而死亡。

【治疗和护理】　如截瘫是由缺钙引起,可静脉注射10％葡萄糖酸钙注射液,牛200～400ml,猪50～100ml,也可静脉注射5％氯化钙注射液,隔日1次,有良好效果。钙制剂注射速度须缓慢。为了促进钙盐吸收,可肌内注射骨化醇(维生素D_2)注射液,牛10～15ml;或注射维生素AD注射液,牛10ml,猪、羊3ml,每隔2日注射1次。肌内注射维丁胶性钙注射液,猪1～4ml,牛5～10ml,隔日1次,2～5d运动障碍症状即有好转。还可同时穴位注射维生素B_1 10ml。如有消化功能紊乱、便秘等,可对症治疗。

电针(针灸)治疗可选用百会、肾俞、汗沟、巴山和后海等穴。

如距分娩时期已近,但因褥疮而有引起全身感染的危险时,可人工引产,以便抢救母畜和胎儿的生命。

孕畜产前截瘫的治疗,往往拖延时间较长,必须耐心护理,并给予含矿物质及维生素丰富的易消化饲料,给病畜多垫褥草,每日要翻转病畜数次,并用草把等摩擦腰荐部和后肢,促进后躯的血液循环。

病畜有可能站立时,每日应抬起或吊起几次,以便四肢能够活动,促进局部血液循环,并防止发生褥疮。抬牛的方法是在胸前和坐骨粗隆之下围绕其四肢捆上一条粗绳,由数人站在病牛两旁,用力抬绳,只要牛的后肢能够站立,就能把牛抬起。

【预　防】　孕畜的饲料中须含有足够的钙、磷等矿物质,可补加骨粉、蛋壳粉等动物性饲料;也可根据当地草料和饮水中钙、磷的含量,补加相应的矿物质。精饲料、粗饲料、青绿饲料要合理搭配,保证孕畜吃上青草。冬季舍饲的家畜应常晒太阳。

如因草场不好,牛在冬末产犊前发生截瘫较多,可将配种期推后,使产犊期移至青草长出以后。如产前1个多月能吃上青草,对防止孕畜截瘫效果很好。

阴道脱出

　　阴道壁的一部分或全部突出于阴门之外时称为阴道脱出。本病多发生于妊娠末期舍饲的牛、羊,但驴、马、水牛在发情时或发情后亦能偶尔发生。饲养的犬尤其是大丹犬、麦町犬常有发生,且多发生在非妊娠期或发情后,其他品种的犬少见。

　　【病　因】　孕畜老龄经产、衰弱、饲养不良(如单纯喂以麸皮、钙盐缺乏等)及运动不足,常引起全身组织紧张性降低。妊娠末期,因胎盘分泌较多雌激素,使骨盆内固定阴道的组织、阴道及外阴松弛,再伴有腹压持续增高的情况,如胎儿过大、胎水过多、双胎妊娠、瘤胃臌胀、便秘、腹泻、产前截瘫、严重骨软症、卧地不起,或奶牛长期拴于前高后低的圈舍内,以及产后努责过强等,压迫松软的阴道壁,使其一部分(部分脱出)或全部(完全脱出)突出于阴门之外。犬发生阴道脱出可能与遗传因素和雌激素过多有关。牛患卵泡囊肿时,也常继发阴道脱出。

　　【症状和诊断】　牛、羊阴道部分脱出时,主要发生在产前。病初仅在病畜卧地时,可见阴道壁形成大小不等的粉红色瘤样物,夹在阴门之中,或露出于阴门外,起立后,脱出部分自行缩回。以后如病因未除,则脱出的阴道壁逐渐增大,以致病畜起立后,脱出的部分不能缩回,或经过较长时间才能缩回,黏膜红肿干燥。有的母畜每次妊娠末期均会发生,称为习惯性阴道脱出。

　　在产前发生阴道完全脱出者,常常是由于阴道部分脱出的病因未除,或由于脱出的阴道壁发炎造成刺激,导致病畜不断努责而引起。此时可见由阴门突出一排球大小(牛)的囊状物,表面光滑,呈粉红色,病畜站立时,脱出的阴道壁也不能缩回。在脱出的阴道末端可以看到子宫颈外口、黏液塞和下壁前端的尿道口,排尿不顺畅。膀胱或胎儿前置部分常进入脱出的阴道囊内,触诊时可以摸到。在产后发生者,脱出的阴道壁较厚,往往是部分脱出,体积一般较产前的小,在其末端上有时可看到肥厚的子宫颈膣部横皱襞。

阴道脱出部分如不能缩回时则出现淤血,变为紫红色,甚至发生水肿。严重水肿可使黏膜与肌层分离,表面干裂,流出血水。受到摩擦、损伤及被粪尿、泥土、草料等污染时,常使脱出的阴道黏膜破裂、发炎、坏死及糜烂,表面污秽不洁。严重时可继发全身感染,甚至死亡。冬天易发生冻伤。

根据阴道脱出的大小及损伤发炎的轻重,病畜有不同程度的努责。牛产前的完全脱出,常因阴道及子宫颈受到刺激,发生持续强烈的努责,甚至继发直肠脱出、胎儿死亡和流产等,病畜表现精神沉郁,脉搏快、弱,食欲减少,瘤胃臌胀等。分娩后发生的阴道脱出,须注意是否有卵巢囊肿。

犬发病时,所见的全部是部分阴道壁脱出,且发生在非妊娠期,脱出的阴道呈粉红色的囊状物或瘤状物。时间较长不能回缩时,则出现水肿、颜色绀紫,质地较硬,甚至表面糜烂不洁。但应注意与阴道肿瘤相鉴别。

【预　后】　视发生时期、脱出程度、时间长短、致病原因是否去除而定。阴道部分脱出,预后良好,维持至分娩时,阴道扩张,也不妨碍胎儿排出,产后自行复原。完全脱出,发生在产前者,距分娩时间越近,预后越好,如距分娩时间尚久,整复后不易固定,复发率高,且容易发生阴道炎和子宫炎,其炎症可能破坏黏液塞,侵入子宫,引起胎儿死亡和流产,产后可能久配不孕;发生在产后者,拖延久的,常导致母畜不孕。继发直肠脱出时,预后须谨慎。发生过阴道脱出者,再妊娠时容易复发。

【治　疗】　阴道部分脱出较轻时,因病畜起立后能自行缩回,所以重点是防止脱出部分继续增大、受到损伤及感染发炎。可将病畜拴于前低后高的圈舍内,同时适当增加自由运动,减少卧地时间,并将尾巴拴于一侧,以免尾根刺激脱出的阴道黏膜引发努责。给予易消化的饲料,对便秘、腹泻和瘤胃臌气等病,应及时治疗。

　　阴道部分脱出时间较长,站立后不能自行缩回或阴道完全脱出时,则必须迅速整复,并加以固定,以防再脱。整复及固定方法是:将病畜保定于前低后高的地方,犬、羊等中小家畜可提起后肢。努责强烈,妨碍整复时,应先进行荐尾间隙或第一、第二尾椎间隙硬膜外腔轻度麻醉或后海穴局部麻醉。

　　用 0.1%温高锰酸钾溶液或 0.1%新洁尔灭溶液将脱出的阴道充分洗净,除去坏死组织,伤口大时要进行缝合,并涂布碘甘油、磺胺乳剂或抗生素软膏等。若水肿严重,用纱布浸以 2%明矾溶液进行清洗并压迫,促使水肿液排出,亦可针刺水肿的阴道壁,涂以 1%过氧化氢溶液,并用消毒的干纱布挤压排液,使水肿减轻,阴道壁发皱、发软,体积缩小,再于表面涂布碘甘油。

　　整复时,先用消毒纱布将脱出的阴道托起,趁病畜不努责时,将脱出的阴道向阴门内推送。待全部推入阴门以后,再用拳头(牛)或适当粗细的圆头光滑并消毒后的木棒将阴道壁推回原位,并向四周扩压。然后在阴道腔内涂布消炎药,或在阴门两旁注入抗菌药物,抑制炎症。必要时用花椒水热敷阴门抑制努责。

　　整复后,为防止再脱,需固定阴门或阴道。可顺着阴道两侧进针至深部,在回抽针头时,将 95%酒精徐徐注入。也可进行荐尾间隙硬膜外麻醉或使用电针方法抑制努责。

　　阴门缝合:牛可用 12 号缝合线给阴门做双内翻缝合、圆枕缝合或钮孔状缝合等,羊、犬等阴门相对较小可用 10 号缝合线做袋口缝合。以双内翻缝合为例,在阴门右侧 3cm 的皮厚处进针,从同侧距阴门边缘 1cm 处穿出,再将针自阴门左侧 1cm 处穿入,3cm 处穿出,然后在此线之下 2cm 处再用同样方法自左向右将线穿好,与原线头打结。两侧露在皮肤外的缝合线上须套一段输液管或缠绕纱布,以免努责强烈时,缝合线将皮肤勒破。视阴门大小,决定是否缝合第二针、第三针等。缝合不可过紧,不可缝合阴门下角,以免妨碍排尿。待母畜确实不再努责之后,再将线拆掉。

阴道侧壁与臀部皮肤缝合:整复后如病牛仍强烈努责,缝合线常将阴部皮肤撕裂,阴道再度脱出,这时可将阴道侧壁缝在骨盆腔内壁上。因为缝合针穿过处发炎,且结缔组织增生后发生粘连,故固定比较确实,阴道不易再脱出。先将臀部缝合处剃毛消毒,注射2％盐酸普鲁卡因注射液5～10ml(亦可不麻醉),再用手术刀尖将皮肤切一小口。术者一手伸入阴道内,将阴道壁尽量贴紧骨盆侧壁(避免针刺入直肠),另一手拿着穿有粗缝合线的长直针(较细的缝麻袋针可代用),倒着将针孔端从皮肤切口刺入,钝性穿过肌肉,并穿透阴道侧壁(注意不要刺破骨盆侧壁的动脉,因手在阴道内能够摸到动脉的搏动,故不容易将其刺破)。然后从阴道内将缝合线的一端从针孔内抽出,随即从皮肤外把针拔出。将阴道内的缝线拉出至阴门外,拴上大纱布块或大衣钮扣,再将皮肤外的缝合线向外拉紧,使阴道侧壁紧贴骨盆侧壁,亦拴上纱布块。用同法把另一侧阴道壁与臀部缝合。给犬、羊等中小家畜缝合时亦可将穿有长线的长直缝合针或大弯针,自阴道侧壁刺入,从臀中部皮肤刺出,然后将缝合线两端各拴上大纱布块,抽紧打结。缝合后,肌内注射抗生素3～4d,阴道内涂布2％龙胆紫或抗生素软膏等,以防感染。缝合后,若病畜不努责,经1周左右即可拆线。产前缝合的可在产后拆线。

内固定法:适用于顽固性阴道脱出。经上述方法治愈后,未过多久,遇有腹压增大时又复发,或经上述方法治疗失败时可选用本法。选择腹白线做切口,术部除毛、消毒,自近耻骨前缘处切开腹壁,暴露子宫并由此向前牵引阴道,用缝合线将两侧阴道壁分别与对应的盆腔壁软组织缝合固定。如遇子宫蓄脓时,则顺便摘除子宫。然后闭合手术切口。

整复固定后,还可在阴门两侧深部组织内注射95％酒精,刺激组织发炎肿胀甚至粘连,有防止阴道再脱出的作用,剂量视具体病例而定。也可电针后海穴和治脱穴(外阴中部两侧2cm处),第一次电针 2h,以后每日电针 1h,连用 1 周。

个别阴道脱出的孕畜,特别是卧地不能起立的骨软症及全身衰弱的病畜,或者整复及固定后,仍有持续强烈努责,无法克服,甚至继发直肠脱出的病畜,应尽早做直肠检查,确定胎儿的死活,以便采取适当的治疗措施。如胎儿仍活着(轻抓胎儿四肢有反应),并且已临近分娩,应进行人工引产或剖宫产术,以便挽救胎儿和母畜生命,并同时可将阴道脱出治愈;如胎儿已经死亡,更应迅速施行手术。

临近分娩的牛、羊发生阴道完全脱出时,建议及早进行剖宫产手术。

脱出的阴道整复固定后,可内服中药加味补中益气汤或八珍散,补气升提。

加味补中益气汤:黄芪 30g,党参 30g,甘草 15g,陈皮 15g,白术 30g,当归 20g,升麻 15g,柴胡 30g,生姜 15g,熟地黄 10g,大枣 4 个为引,水煎服。每日 1 剂,连用 3d。

八珍散:当归 30g,熟地黄 30g,白芍 25g,川芎 20g,党参 30g,茯苓 30g,白术 30g,甘草 15g,共研为末,开水冲服,每日 1 剂,连用 2~5d。

此外,整复固定阴道后,应熬制花椒水热敷外阴部。每日 1 次,每次 30min,连用 3d。

加强孕畜的饲养管理,适当增加运动,提高全身组织的紧张性;及时防治便秘、腹泻、瘤胃臌胀等疾病对预防本病的发生具有积极作用。

妊娠毒血症

妊娠毒血症是母畜妊娠末期的一种严重代谢性疾病,多种家畜均可发生。

(一)马、驴妊娠毒血症

本病主要见于怀骡驹的驴和马,驴较马多发,马怀马驹时也可发病。本病大多发生于4~5月份,产前数天至1个月以内,尤以产前10d内发病者居多。任一胎次都可发病。主要特征是产前顽固性拒食,如发病距产期尚久,多数病畜支持不到分娩即会死亡。本病在我国北方11个省、自治区、直辖市繁殖驴骡地区均有发生,死亡率高达70%左右。

【病　因】　发病原因和发病机制还不十分清楚。除胎儿过大这一关键性因素以外,孕畜缺乏运动及饲养不当也是重要因素。

胎驹为骡子时,具有杂种优势,发育迅速,体格较大,使母体新陈代谢和内分泌系统的负担加重。特别是在妊娠末期,胎儿迅速生长,代谢过程越加旺盛,需要从母体摄取大量的营养物质。这时如母畜饲养不良,没有青绿饲料,精饲料也不能合理搭配,就容易造成维生素、矿物质及必需氨基酸的缺乏,如果再缺乏运动,消化吸收功能亦降低,母体所获得的营养物质不够,就不得不动用自身贮存的糖原、脂肪和蛋白质,优先满足胎儿生长发育的需要,而本身受到亏损,引起代谢功能障碍而发病。妊娠期间不使役,不放牧,甚至也不牵遛,亦容易导致发病。虽然不是缺乏运动的孕畜都发病,但发病者绝大多数都是运动不足的。可能发病机制见图5-1,但仍需继续研究。

【症状与诊断】　本病的临床特征主要是母畜产前食欲渐减,忽有忽无,或者突然、持续的完全拒食。驴患本病时,在临床上可分为轻症和重症两种。

(1)轻症　发病时间较短,食欲显著减退,但未完全废绝,有的仅吃少量饲草(特别是青草),不吃精饲料,有的只吃少量精饲料而不吃饲草。口色较红且干,口稍臭,舌无苔,结膜潮红。排粪少,粪球干黑,常带有黏液,有的粪便稀软,有的干稀交替。肠音弱,但腹泻者有水响音。尿量少,色黄。病畜精神不振,呆立不愿活动。下

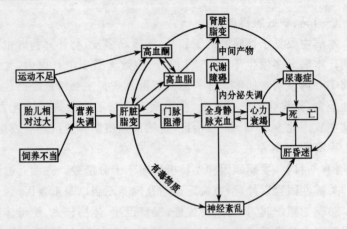

图 5-1 马、驴妊娠毒血症的可能发病机制

唇轻度松弛下垂。心音稍亢进,心率通常为每分钟 70 次以上。体温正常。

(2)重症 食欲废绝,对草料不看不闻。有的仅吃几口不常吃到的草料,如新鲜青草、胡萝卜、麸皮等,而且咀嚼不利,下颌左右摆动,有时不是用唇把草料送入口内,而是用门齿啃嚼。有异食癖,喜舔墙土、棚圈栏柱及饲槽。结膜呈暗红色或污黄红色,口干、黏,少数流涎,舌质软、色红、有裂纹,舌苔光剥或薄而白,口内有恶臭。粪便量少,粪球干黑;病后期排粪可能干稀交替,或者在死亡前 1~2d 排出极臭的暗灰色或黑色稀粪水。尿量少,黏稠如油。病畜精神极度沉郁,头低耳聋,呆立于阴暗处不动,运步沉重无力。后期有的卧地不起,下唇极度松弛下垂,甚至肿胀。心跳 80 次以上,心音极度亢进,节律常有不齐。颈静脉怒张,波动明显。肠音极其微弱或者消失。体温一般正常。

马和驴的症状基本相似,通常都是由顽固性慢草而发展到食欲废绝,少数突然拒食。可视黏膜呈红黄色或橘红色,口干舌燥,舌苔黄腻或白腻,严重时口黏,舌色青黄或淡白。初期腹胀便燥,粪球硬小且量少,表面被有淡黄色黏液甚至黏液团,后期粪呈稀糊或黑水状。大、小肠音极弱或完全消失。尿浓色黄。呼吸浅表,心音快而弱,有时节律不齐。体温一般正常,有的后期可升高到40℃以上。少数病马伴发蹄叶炎。

重症的马、驴分娩时阵缩无力,难产较多。有时发生早产或胎儿生下后死亡。一般在产后即逐渐好转,食欲开始恢复,但有的2～3d天才开始采食。有的产后排出白糊状或带红色的恶露。严重的病驴顺产后也可能死亡。

实验室检查,将血液采集于小瓶中,静置20～30min,待血浆或血清析出后进行观察,病驴的血清呈现程度不同的乳白色、浑浊(正常为透明的淡灰黄色),表面带有灰蓝色荧光,采出的全血漏于地上或倒在桌面上,其表面也附有此种特异性荧光。病马血浆呈暗黄色奶油状(正常为黄色)。这些变化可与其他产前拒食进行鉴别诊断。

血液检查可见麝香草酚浊度试验(TTT)呈阳性,谷草转氨酶(GOT)、黄疸指数、胆红质总量均显著升高(提示肝功能受损),血糖和白蛋白浓度降低,但球蛋白增多,血酮亦增多。血清总脂、血清β-脂蛋白、胆固醇、三酸甘油酯的含量均显著升高。

【治　疗】　原则是促进脂肪代谢、驱脂降脂、保肝解毒。临床实践中通常采用下面方法治疗。

12.5%肌醇注射液20～30ml、维生素C 2～3g,分别混于10%葡萄糖注射液1 000ml中静脉滴注,每日1～2次。用于马时,肌醇用量可增加0.5～1倍。必须坚持用药,直至食欲恢复为止。

复方胆碱片20～30片(0.15g/片)、酵母粉(或食母生)10～15g、磷酸脂酶片15～20片(0.1g/片),稀盐酸15 ml,加水适量灌服,每日1～2次。用于马时,前两种药加倍。如不用稀盐酸,则可加胰酶片10～20片(0.3g/片)。

应用上述方法的同时,还可每日肌内注射复合维生素 B、辅酶 A、三磷酸腺苷、抗弥漫性血管内凝血(DIC)药物(如肝素)及其他降血脂药及保肝药等。

采用中药治疗,有助于改善病情。

在治疗期间,应尽可能设法引起病畜食欲。例如,更换饲料品种,饲喂新鲜青草、苜蓿、胡萝卜和麸皮,或者在草发芽时将病畜牵至青草地,任其自由活动,对于改善病情,促进病畜痊愈,有很大帮助。

由于病畜身体虚弱,分娩时往往因阵缩无力发生难产,而且胎儿的生活力不强,有的还可能发生窒息。因此,临产时必须及时助产。

病畜分娩后一般可迅速好转,当治疗无显著效果且又接近产期时,可应用前列腺素 F_{2a} 或氯前列稀醇等进行人工引产。

适量加强运动,可以增强母畜的代谢功能,防止或大大减少本病的发生。妊娠初期应照常使役,中期轻度使役,产前 $1\sim2$ 个月停止使役,但应经常牵遛或任其自由活动,有条件时最好放牧。

饲料品种多样化,合理搭配饲料,供给足够的营养物质,避免长期饲喂单一饲料,对预防本病也很重要。

(二)绵羊妊娠毒血症

绵羊妊娠毒血症是妊娠末期母羊由于碳水化合物和挥发性脂肪酸代谢障碍而发生的亚急性代谢病,以低血糖、酮血症、酮尿症、虚弱和失明为主要特征。主要临床症状为精神沉郁,食欲减退,运动失调,呆滞凝视,卧地不起,甚至昏睡等。山羊也会发生本病,但数量很少。

【病　因】　绵羊妊娠毒血症的病因及发病机制还不十分清楚。主要见于母羊怀双羔、三羔或胎儿过大时,胎儿消耗大量营养物质,而母羊不能满足这种需要,可能是发病的诱因。母羊营养不良,天气寒冷、环境骤变、饥饿等应激以及缺乏运动,可能是导致妊娠毒血症发生的主要原因。

绵羊妊娠毒血症多发生在分娩前 10～20d,有时则在分娩前 2～3d。在中国西北地区,本病常在冬、春枯草季节发生于瘦弱的母羊。妊娠末期母羊营养不足、饲料单一、维生素及矿物质缺乏,特别是饲喂低蛋白质、低脂肪饲料,且碳水化合物供给不足时,易发生妊娠毒血症。膘情好的母羊如果运动不足或突然减少采食饲草的数量,舍饲期间缺乏精饲料,或者冬季放牧时牧草不足,长期饥饿,均易引起发病。

妊娠末期如果母体获得的营养物质不能满足本身和胎儿生长发育的需要,则促使母羊动用组织中贮存的营养物质,使蛋白质、碳水化合物和脂肪的代谢发生严重紊乱,肝脏功能发生障碍,解毒功能降低甚至丧失,导致低血糖症和血液酮体及血浆皮质醇的水平升高。因此,病羊出现严重的代谢性酸中毒及尿毒症症状。但有些病羊至病的后期,由于肾上腺肿大(正常母羊约为 3.89g,患病母羊可达 6.79g),血浆可的松水平可升高 1～2 倍,反而出现高血糖症。

【症状与诊断】 病初精神沉郁,放牧或运动时常离群单独行动,对周围事物漠不关心,瞳孔散大,视力减退,角膜反射消失,出现意识紊乱。随着病情发展,精神极度沉郁,黏膜黄染,食欲减退或消失,磨牙,瘤胃弛缓,反刍停止。呼吸浅快,呼出的气体有丙酮味,心跳快而弱。行动拘谨或不愿走动,行走时步态不稳,无目的地走动,或将头部紧靠在某一物体上,或做转圈运动。粪粒小而硬,常包有黏液,甚至带血。病后期视觉出现障碍或失明,肌肉震颤或痉挛,常卧地不起,四肢麻木,头向后仰或弯向一侧,多于 1～3d 死亡,死前全身痉挛,四肢做不随意运动或昏迷而死。

血液检查呈低血糖症和高血酮症,血液总蛋白减少,血浆游离脂肪酸增多。尿丙酮呈强阳性反应。淋巴细胞和嗜酸性粒细胞减少。病后期有时可检测到高血糖症状。

尸体剖检可见肝脏肿大变脆,色微黄,有颗粒变性及坏死。肾脏亦有类似病变。肾上腺肿大,皮质变脆,呈土黄色。

病程一般持续 3～7d,少数病例可能拖延稍久,有些病羊发病后 1d 即可死亡,死亡率达 70% 以上。

【治　疗】　为了保护肝脏功能和供给机体所必需的糖原,可用 10% 葡萄糖注射液 150～200ml,加入维生素 C 1g,静脉注射。同时,还可肌内注射复合维生素 B。出现酸中毒症状时,可静脉注射 5% 碳酸氢钠注射液 30～50ml。还可使用肌醇注射液促进脂肪代谢。卧地不起时可静脉滴注 10% 葡萄糖酸钙注射液 50～100ml。

在患病早期,增加碳水化合物饲料的数量,如块根类饲料、优质青干草,并给予葡萄糖、蔗糖或甘油等含糖物质,对治疗本病有良好的辅助作用。

近年来有人曾应用类固醇激素治疗绵羊妊娠毒血症。肌内注射氢化泼尼松 75mg 或地塞米松 25mg,并口服丙二醇、葡萄糖和注射钙、镁、磷制剂,有一定效果,但可能导致早产或流产。

如果治疗效果不显著,建议施行剖宫产术或人工引产。娩出胎儿后,症状多随之减轻。但已卧地不起的病羊,即使引产,也预后不良。

【预　防】　合理搭配饲料,适量增加运动,减少应激是预防本病的重要措施。对妊娠后半期的母羊,须饲喂优质草料,保证供给必需的碳水化合物、蛋白质、矿物质和维生素。对于临产前的母羊,每当降雪之后、天气骤变时,补饲胡萝卜、甜菜、青贮饲料等多汁饲料,对预防本病有重要作用。

完全舍饲不放牧的母羊,应每日驱赶运动 2 次,每次 0.5h。在冬季牧草不足季节,对放牧的母羊应补饲适量的青干草和精饲料等。

一旦发现本地区羊群出现妊娠毒血症,应立即给妊娠羊普遍补饲胡萝卜、精饲料、麸皮等,有条件时还可饲喂小米汤、糖浆等,以制止发病或降低羊群的发病率。

第二节 难产及其救治

分娩时,胎儿不能由产道顺利产出即为难产。若助产不及时或助产不当,可能造成母体和(或)胎儿的死亡,即使母体存活下来,也常常发生生殖器官疾病,导致繁殖障碍。因此,积极有效地预防及处理难产,是十分必要的。助产方法的确定及效果如何,直接取决于对难产的全面分析和判断。因此,查明难产的原因及所处的状态是采取助产手术前一项十分重要的准备工作,同时要注意到预后如何,还要把检查的情况及预后向畜主交代清楚,争取在术中和术后得到畜主的支持、配合和信任。

一、难产的原因

分娩过程正常与否,取决于产道、产力和胎儿三个方面的因素,每一种因素异常,都可引起难产。

(一)产力异常

孕畜营养不良,疾病,疲劳,分娩时外界因素的干扰等,使孕畜产力减弱或不足;不适时的给予子宫收缩剂,也可引起产力异常。

(二)产道异常

骨盆狭窄、畸形、骨折,子宫颈、阴道及阴门的瘢痕、粘连、肿瘤以及发育不良等,均可造成产道狭窄或变形而导致难产。

(三)胎儿异常

胎儿过大、畸形,胎位、胎向、胎势异常等,可使胎儿难以通过产道而导致难产。

二、难产的检查

(一)询问病史

查清妊娠的时间及胎次,分娩开始前后母畜的表现,胎膜是否破裂,胎水是否排出,做过何种处理,处理后的效果如何等。多胎家畜尚需注意已排出胎儿的数目和两胎娩出的间隔时间。

(二)临床检查

首先要注意母畜全身状况的检查,如体温、心跳、呼吸、精神状况、努责程度及能否站立等,借以判断母畜能否经受住助产手术的刺激。

1. 外部检查 触查阴门和尾根两旁的荐坐韧带是否松软,能否从乳头挤出初乳,以推断妊娠是否足月,软产道是否能够扩张。

2. 产道及胎儿的检查 手臂消毒,伸入产道,检查软产道的松软程度及骨盆的大小、形状等,进而判定胎儿的生死以及胎向、胎位、胎势,以便决定助产方法。

(1)胎儿生死的判定 正生时,术者手指伸入胎儿口内刺激舌头、压迫眼球或牵拉前肢,感知其有无反应,也可触诊胸壁,感觉有无心跳;倒生时,手指伸入胎儿肛门内感知其有无收缩,或触摸脐带,感其是否搏动。但应注意,虚弱的胎儿反应很弱,应耐心细致地从多方面进行检查,综合判定。

(2)胎向、胎位、胎势的判定 胎向是指胎儿在子宫内的方向,即母体纵轴与胎儿纵轴之间的关系,两者纵轴如果是平行的则为纵向,是正常的胎向,胎头向着产道时为正生,臀尾向着产道时为倒生;如果胎儿的纵轴与母体的纵轴呈水平垂直或竖向垂直,则为横向或竖向,两者均是异常胎向,其中有横向或竖向的背部前置或腹部前置的异常状况。

胎位指胎儿在子宫内的位置,即胎儿背部与母体背部或腹部之间的关系。胎儿背部靠于母体背部时为上位,是正常胎位;胎儿背部靠于母体腹部及耻骨时称为下位,靠于母体髂骨时称为侧位,两者均为异常胎位,但轻度侧位可看成是正常胎位;难产时有正生下位和侧位、倒生下位和侧位的状况。

胎势指胎儿在子宫内的姿势,即胎儿本身各部分之间的关系,是屈曲的,还是伸直的。胎儿呈纵向、正生、上位时,其两前肢应该是伸直的,胎头及颈部也应该伸直,并且胎头在两前肢间之上;倒生上位时,两后肢应该是伸直的。否则即为异常胎势。常见的异常胎势有头颈侧弯、下弯、仰弯,腕关节屈曲,肩关节、髋关节、跗关节屈曲等。

前置是指胎儿的某些部分与产道之间的关系,哪一部分向着产道就称为该部分前置。如正生时可称为前驱前置,倒生时称为后驱前置。临床上常用"前置"这一术语来说明胎儿的反常情况。例如,胎儿的前肢没有伸直,腕关节向着产道,叫做腕部前置,还有跗部前置、臀部前置等。

三、常见助产器械及使用方法

(一)拉、推的产科器械

1. 产科绳　用于矫正胎儿的异常部分和牵引拉出胎儿。以棉质最佳,直径 0.5～1cm,长度约 2m。常用单滑结和活结套住或捆缚胎儿的某些部位加以矫正和拉出胎儿。其使用方法见图 5-2。

2. 绳导　徒手难以将产科绳套在胎儿的某些部位时,可用产科绳系于绳导一端,在其引导下,绕在所需套缚的部位上再行矫正或牵拉。常见长柄绳导和环状绳导,均由直径 0.5cm 左右的铁条制成(图 5-3 之 1,图 5-3 之 2)。

3. 产科钩　是最常用的产科器械之一。有单钩、复钩、眼钩、长柄钩、短柄钩、肛门钩等。短柄钩常与产科绳合用,术者将钩带入产道内,钩挂固定住胎儿的眼眶,上下颌或其他部位后,在术者

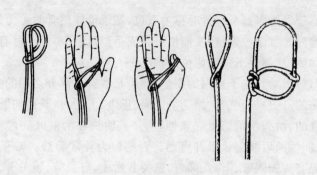

图 5-2　产科绳使用方法

手掌的保护下,由助手牵拉矫正胎儿(图 5-3 之 3 至图 5-3 之 7)。

4. 产科钳　用于钳夹小家畜胎头,拉出胎儿。

5. 产科梃　用于推退胎儿返回子宫内,以便矫正胎儿的异常部分。常见的有"V"字形梃(图 5-3 之 8)、推拉梃(图 5-3 之 9)和扭正梃。

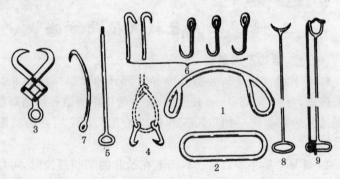

图 5-3　产科器械

1. 长柄绳导　2. 环形绳导　3. 复钩　4. 眼钩　5. 长柄钩钩柄
6. 短柄钩　7. 肛门钩　8."V"字形梃　9. 推拉梃

(二)截胎器械

1. 隐刃刀 刀刃可退藏于刀鞘中,以便术者带入子宫内,切割肢解胎儿(图 5-4 之 1)。

2. 剥皮铲 见图 5-4 之 2。

3. 产科凿 见图 5-4 之 3。

4. 产科钩刀 用于缩小胎儿胸腔体积。由胎儿的皮下伸入至最后一根肋骨后,刀尖转向胎儿体内,钩断胎儿肋骨(图 5-4 之 4)。

(三)产科线锯

分为单筒线锯和双筒线锯,均由锯条、锯管、通条和锯柄构成(图 5-5),用于

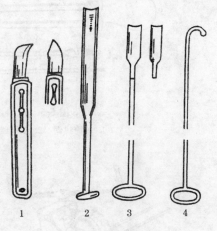

图 5-4 截胎器械
1. 隐刃刀 2. 剥皮铲 3. 产科凿
4. 产科钩刀

锯割胎儿某些部位。使用时可用绳导引导线锯条绕过要锯割的胎儿部分,再将锯条穿过锯管,加上锯柄,最后完成锯割。

(四)胎儿绞断器

由绞盘、钢管、抬扛、大小摇把和钢绞绳构成(图 5-6),具体制作尺寸见图 5-7。可用于绞断胎儿任何部分,使用方法基本同于线锯。

四、常用的助产手术

实施助产手术之前,应先做好准备工作。助产手术一般是在兽医院或产房进行。如果是现场操作,则要选择宽敞、明亮和温暖的室内或避风、清洁、平坦的室外。场地要用消毒液喷洒消毒。产

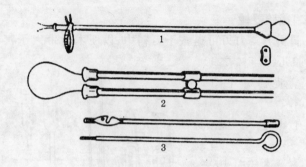

图 5-5 产科线锯

1. 单筒线锯 2. 双筒线锯 3. 通条

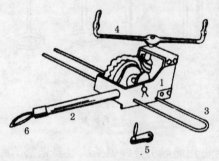

图 5-6 胎儿绞断器全貌

1. 绞盘 2. 钢管 3. 抬杠

4. 大摇把 5. 小摇把 6. 钢绞绳

畜取前低后高的站立姿势，不能站立时取前低后高的侧卧姿势，努责剧烈时可行硬膜外腔麻醉。用温热的消毒液清洗产畜的外阴部及后躯，重点消毒阴唇。术者手臂消毒后，涂布灭菌凡士林或液状石蜡。

(一)牵引术

牵引术是通过牵拉胎儿的前置部分而解除难产的基本方法。适用于阵缩与努责微弱、轻度的产道狭窄和胎儿较大，胎位、胎势轻度异常而胎儿又较小，以及胎儿异常经矫正后的拉出。

正生时可在两前肢球节以上拴系产科绳进行牵拉，或套住胎头斜向牵拉。对死胎还可借助产科钩钩住眼眶、上下颌、后鼻孔等能够钩挂的部位，然后再向外牵拉。但要注意均匀用力，听从术者指挥，以免损伤产道。倒生时可在两后肢球节之上套好产科绳进

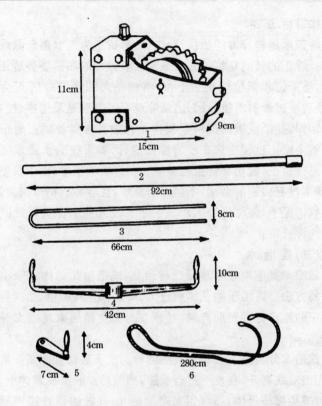

图 5-7 胎儿绞断器部件及制作尺寸
1. 绞盘 2. 钢管 3. 抬杠 4. 大摇把 5. 小摇把 6. 钢绞绳

行牵拉,牵拉时的用力方向必须与骨盆轴相符合。马属动物难产牵拉胎儿时是先向后、向上,待胎头或臀部通过骨盆腔后,再向后并稍向下用力;牛的胎儿通过骨盆腔出口时,则应向上、向后用力牵拉。当整个胎儿即将全部拉出时,要放慢牵拉速度,以免造成子宫内翻或脱出。

(二)矫 正 术

矫正术是将异常的胎位、胎向、胎势矫正为正常而解除难产的方法。矫正的目的是将胎儿头颈和四肢异常的屈曲姿势矫正为伸直的,将下位和侧位矫正为上位,将横胎向和竖胎向矫正为纵胎向,最后通过牵引术拉出胎儿,解除难产。方法是采用推、拉或扭、搬等动作,徒手或借助产科器械将胎儿的异常姿势矫正为正常姿势。整个矫正过程应该在子宫腔内进行,如果在胎水还未完全排出时进行矫正,成功率会更大一些。在产道矫正时,由于其空间狭小,基本没有回旋的余地,不但不易奏效,且容易损伤产道。因此,在多数情况下,需将已进入产道的胎头及其他部位重新推回到子宫腔内再行矫正。

(三)截 胎 术

截胎术是应用截胎器械肢解胎儿,或把胎儿的体积缩小后再拉出的方法。适用于胎儿体积过大、畸形,胎势、胎位、胎向异常无法矫正的难产。截胎助产时,必须在母畜生殖道未发生水肿之前进行。

截胎术分为皮下法和开放法两种。皮下法指截除某一部分之前,先把皮肤剥开,在皮下进行截除,截除后皮肤留在躯体上,盖住断端,避免损伤母体,还可用来牵拉胎儿;开放法是直接把胎儿某一部分连同皮肤截掉。

施行截胎术时,所带入产道或子宫内的锐利器械,刃面或尖端都要用手加以保护,并使刃面或尖端朝向胎儿,以免损伤产道和子宫。当拉出胎儿被截断的部分时,要用胎儿的皮肤或纱布包盖骨骼的断端,防止损伤产道。

常用的截胎术有头部缩小术(包括破坏头盖骨手术、头骨截除术、下颌骨截断术)、整个头部截除术、腕部截除术、前肢截除术、跗关节截除术、胸部缩小术、胎儿截半术等。根据助产目的不同,可用隐刃刀、产科钩、产科钩刀、线锯、绞断器等进行。

　　在胎儿性难产中,绝大部分是由头颈姿势异常所致,在兽医院诊治的难产病例中,80%以上可以看到一侧或两侧前肢已露出阴门之外。在处理难产的实践中,河北农业大学兽医院经多年探索,总结出了"体外剥皮,完全去除两前肢,牵引拉出胎儿"的方法,缩短了解除难产的时间,减少了对难产病畜的剧烈刺激,大大提高了难产母畜的成活率。具体操作方法是:将一侧前肢用产科绳捆绑固定向外牵拉至最大限度,术者手带手术刀片或隐刃刀伸入产道内至最大限度,在前肢的外侧上方由内向外做一纵向切口至球节上方,于此再做环形切口,切开皮肤并进行环状剥离,将剥离后的皮肤拉紧,术者四指并拢,伸入皮下,通过指顶、指钩和指抠皮下结缔组织的方式,分离在母体外剥不到的前肢上部皮肤,直至胎儿腋下、肩胛骨及其周围。再由 3～6 名助手用力向外牵拉剥皮后的前肢,与此同时,术者并拢手指用力向前抵住前肢腋下,在术者和助手的协同用力下,将整个前肢的骨骼和肌肉自肩胛软骨处拉断并拉出。以同样的方法去除另一前肢后,用产科钩钩挂胎儿眼眶、上下颌、后鼻孔等,牵引拉出整个胎儿。在拉动胎头的同时,异常的姿势也随之被矫正了。本方法除适用于头颈姿势异常外,对胎位、胎向异常的难产,经矫正,只要能先后拉出两前肢时均可采用。

　　无论哪一种截胎术,都是在胎儿已死的情况下采用的。否则,应及早考虑剖宫产术,尤其是对种用家畜。

(四)剖宫产术

　　剖宫产术是经过腹壁及子宫切口取出胎儿,解除难产的一种外科手术。只要母畜全身状况良好,早期进行且施术过程符合要求,不但可以挽救母、子生命,还能使母畜保持正常生产性能和继续繁殖的能力。牛、羊、猪、犬、猫等对剖宫产术的耐受性较强。

　　【适 应 证】　胎向、胎位、胎势异常,矫正和截胎无望或不能截胎的难产;骨盆狭窄、变形,软产道狭窄、不能扩张或重度水肿;子宫疝气、子宫破裂;胎儿过大、气肿、脑积水、畸形以及大的干尸化胎儿;子宫捻转经矫正无效等均可采取剖宫产手术。另外,母体病情重危,为挽救胎儿时亦可施行。

【手术方法】 以奶牛为例说明。

(1)保定与麻醉 根据手术要求不同,可采用左侧横卧保定或仰卧保定,可用静松灵或速眠新全身麻醉,术部可用0.5%盐酸普鲁卡因注射液局部麻醉,剂量按使用说明结合家畜体况而定。也可采用腰旁神经干传导麻醉或电针麻醉。

(2)术部选择及处理 牛选择右侧肷部或腹白线做手术切口,也可选择乳静脉两侧做纵向切口。切口长度视具体情况而定,一般在35cm左右。手术部位要先行剪毛、剃毛,用5%碘酊消毒,再用75%酒精脱碘,装置隔离创巾。

(3)做手术通路 依次切开皮肤、肌层和筋膜、腹膜,助手要随时注意止血,清理术野,用大块纱布堵塞腹腔切口,防止肠管等涌出。

(4)暴露并牵引子宫至切口 术者双手可伸入腹腔甚至子宫之下,隔着子宫壁握住胎儿的某一部分,小心地将子宫大弯牵引出腹壁切口,在子宫与切口之间塞上大块纱布。

(5)切开子宫壁,取出胎儿 沿子宫大弯,在血管分布较少的部位做纵向切口。切开子宫壁的长度要与腹壁切口相适应,以能顺利取出胎儿为度。牛是子叶型胎盘家畜,子宫切口要避开母体子叶。剥离子宫切口附近的胎盘或胎膜后,尽量拉出切口之外再切开或剪开胎膜,暴露并取出胎儿。一般情况下,只要子宫壁切口选择合适,取出胎儿并不困难。取出胎儿后,尽可能将切口部位的胎盘分离并取出,否则有碍缝合。

(6)缝合子宫 对合子宫切口创缘,进行全层连续缝合,剩最后两针时,将青霉素、链霉素或其他广谱抗菌药物注入子宫腔内。之后再行浆膜肌层连续内翻缝合。用温生理盐水清洗子宫表面,缝合口涂布红霉素软膏,将子宫还纳腹腔并摆正。

(7)闭合手术通路 连续缝合腹膜及筋膜,分别结节缝合肌层及皮肤,5%碘酊涂搽创口,装结系绷带。

术后注意护理,未苏醒时肌内注射苏醒灵,必要时静脉补液、消炎,连续 5d 肌内注射抗生素。10d 后拆线。

五、常见的难产及助产方法

(一)阵缩与努责微弱

分娩时母畜子宫肌、膈肌和腹肌的收缩是胎儿从子宫内排出体外的动力,如果三者的收缩力弱且持续时间短,则胎儿就不能顺利产出。通常把子宫的收缩称为阵缩,膈肌和腹肌的收缩称为努责。

【症状与诊断】 妊娠期满,分娩征兆也充分表现,但分娩家畜的努责次数少、持续时间短、力量弱,迟迟不见胎儿排出。产道检查见产道松软,开放良好,骨盆腔大小形态也正常,胎儿的胎势、胎位、胎向及大小等也都正常,但分娩进程缓慢或无进展导致胎儿不能排出。

【助产方法】 无论胎儿死活,均要立即施行牵引术助产。具体方法是:用消毒的产科绳捆缚固定胎儿两前肢或后肢的球节上方,术者手臂伸入产道保护胎儿头部或用手握住胎儿的上颌或下颌,在术者指挥下,由几名助手协同用力牵引产科绳,最后将胎儿拉出。需要注意的是,所有接触产道的人员,其手臂要彻底消毒;向外牵拉胎儿时,要沿着骨盆轴的方向,持续用力逐渐加强,不可突然用力;必要时在产道内灌注灭菌液状石蜡后再牵拉胎儿。

如果是猪、犬、猫等家畜出现阵缩与努责微弱,初期可用缩宫素肌内注射或静脉注射,同时还可静脉注射 5%葡萄糖注射液和10%葡萄糖酸钙注射液;后期则进行产道内牵拉助产,犬、猫等需借助组织钳等器械,无效时施行剖宫产术。

(二)子宫颈狭窄

分娩时子宫颈开张不全或不能开张称为子宫颈狭窄。分娩时雌激素和松弛素分泌不足,致使子宫颈肌层尚未充分浸软松弛,或分娩初期母畜受到惊吓等不良刺激,引起子宫颈痉挛性收缩,或上次分娩时子宫颈发生撕裂伤、慢性感染等致使子宫颈形成瘢痕、愈着、结缔组织增生,子宫颈弹性降低、不能开张或开张不全而导致狭窄。

【症状与诊断】 家畜具备了全部的分娩预兆,阵缩、努责均正常,但迟迟不见胎儿或胎膜露出;产道检查可摸到开张不全的子宫颈外口。根据子宫颈狭窄的程度不同可分为四度:一度狭窄时,使用牵引术助产,胎头和两前肢尚能勉强通过;二度狭窄时,两前肢和胎儿唇部能进入子宫颈管,头顶部则不能通过;三度狭窄时,只有两前蹄能通过子宫颈;四度狭窄时子宫颈只能开张一个小口。

【治疗与助产方法】 大家畜发生子宫颈一度、二度狭窄时,若胎囊未破,阵缩与努责不强,且胎儿还活着则宜稍等待,与此同时肌内注射己烯雌酚 50mg,稍后用缩宫素 30～60U、10％葡萄糖酸钙注射液 200～300ml、10％葡萄糖注射液 500ml 静脉滴注,以增强子宫收缩力,帮助子宫颈开张。当胎囊和胎儿的一部分进入子宫颈时,再缓慢试行拉出胎儿。

使用上述方法仍不能使子宫颈开张时,可施行子宫颈切开术。方法是:先用手指或扩张器尽量扩大子宫颈管,然后用子宫钳或舌钳夹住子宫颈腔部的侧壁,拉至阴门附近,再持刀片或隐刃刀深入子宫颈管到达预定部位,沿两侧壁上方做 1～2 个切口,只切开黏膜层和环状肌层,深度不超过 1cm。拉出胎儿后,结节缝合创口,涂抹抗生素软膏。

如果子宫颈开口很小,且胎儿还活着,为了避免伤害子宫颈和胎儿,则应及早考虑实施剖宫产术。

(三)子宫捻转

子宫捻转是整个妊娠子宫、一侧子宫角或子宫角的一部分围绕自身纵轴发生扭转。捻转处多为子宫颈及其前后,发生在阴道前端的称为颈后捻转,这种情况较多见。捻转处位于子宫颈前的称为颈前捻转,向右比向左捻转的多(按母体左右来分),捻转的程度多为90°～180°,个别病例可达到720°。子宫捻转多发生于临产或分娩开始时,临床上一般是在家畜分娩时才发现。但这一疾病可以发生在妊娠中期以后的任何时间,所以它也是妊娠期疾病之一。在散放和运动较多的家畜中发生较多。

【病　因】　母牛发生子宫捻转的原因可能和子宫解剖构造及起卧特点有密切关系,妊娠末期孕角很大,大弯显著向前扩张,但小弯扩张不大,而子宫阔韧带仅附着于子宫颈、子宫体及子宫角基部的小弯上,它固定的主要是孕角的后端,而前端大部分子宫是游离的,不能保持固定。牛起卧时都有一个阶段是前躯低后躯高,子宫在腹腔内呈悬垂状态。这时如果母牛急剧转动身体,胎儿因为重量很大,不随腹部转动,孕角就可能向一侧发生扭转。由于母牛腹腔左侧被庞大的瘤胃占据,妊娠子宫被挤向右侧,所以牛子宫向右侧扭转较多。由于阴道周围组织固定住阴道前端以后的部分,所以扭转多发生在阴道前端,有时发生在子宫颈之前。

此外,饲养管理失宜和运动不足,可使子宫支持组织弛缓,腹壁肌肉松弛,如舍饲牛子宫捻转的发生率(8.6%)要比放牧牛(2.7%)高。另外,子宫内胎水数量减少可能是导致子宫捻转的一个重要诱因。

【症　状】　子宫捻转发生在妊娠中、后期,母牛频繁起卧,踢腹,反刍停止,食欲消失,腹部膨胀,阵发性疼痛。体温正常,但脉搏、呼吸加快,可能误诊为胃肠疾病。因此,必须进行阴道检查和直肠检查才能确诊。子宫扭转在分娩或临产前发生时,母牛出现分娩征兆,并且开始努责,但经久不见胎囊及胎儿外露。这时须进行阴道检查或直肠检查。

扭转发生在子宫颈和阴道前部时,可发现一侧阴唇稍微缩入阴道内,甚至有些皱缩;阴道腔变狭窄,呈漏斗状,其前端黏膜形成粗大的皱襞;扭转不超过90°时,手可自由通过,而且靠近耻骨前缘有一个长大的皱襞,形成于开口底部的左缘或右缘,有时胎囊或胎肢被扭在黏膜皱襞中;扭转达 180°时,只能勉强伸入一指或数指;扭转严重达 360°时,则子宫颈因扭紧而闭锁。

扭转发生在子宫颈前时,阴道的变化不明显。直肠检查可触摸到子宫体上扭转的皱襞和紧张的子宫壁。一侧子宫阔韧带较为紧张,且血管怒张,子宫中动脉搏动异常强盛,哪一侧子宫阔韧带紧张即为向哪一侧扭转。扭转严重时,血管闭锁而无搏动,胎儿则因静脉淤血缺氧,迅速死亡,久之子宫壁发生坏死。

根据阴道皱襞的方向及子宫阔韧带的状态,可以判定子宫扭转的方向。阴道皱襞的方向与子宫扭转的方向是一致的。直肠检查时,触摸到哪侧子宫阔韧带紧张,就表示子宫向哪侧扭转。

【治　疗】　首先把子宫转正,然后拉出胎儿(临产时的捻转),或转正子宫后等待胎儿足月时自然产出(产前捻转)。矫正子宫的方法通常有以下 4 种。

(1)产道矫正　这种方法适用于扭转程度较轻而胎儿肢体挤在阴道皱襞内时,应向子宫内灌注大量灭菌温肥皂水,然后握住胎儿肢体,向子宫扭转的相反方向扭转胎儿,只要扭正子宫,胎儿即可拉出。当捻转程度小(不超过 90°),且手能通过子宫颈握住胎儿时应用此法。矫正时使母畜呈前低后高站立保定,必要时可行后海穴麻醉,但不可过量,以免母牛卧下。手进入子宫后,伸到胎儿的捻转侧之下,把握住胎儿的某一部位向上、向对侧翻转;也可以边翻转,边用绳牵拉位置在上的前肢。在胎儿尚活时,用手指掐眼窝的同时,向捻转的对侧扭转,这样所引起的胎动,有时可以使捻转得到克服。

(2)直肠矫正　如果向右捻转时,用右手伸至右侧子宫下侧方向上、向左翻转,同时一个助手用肩部或背部顶在右侧腹下向上抬,另一个助手抵在左侧肷窝,在上抬时由上向下快速施加压力。如果捻转程度较小,可望得到矫正。如果向左捻转,则用左手伸至左侧子宫下侧方,向上、向右翻转,助手则从左侧上抬,右侧按压。

(3)翻转母体 这是一种间接翻正子宫的方法,比直接矫正省力,有时还能立即矫正成功。

翻转前,如母牛挣扎不安,必要时可行硬膜外腔麻醉,或注射肌肉松弛药,使腹壁松弛。且须先将奶挤净,以免转动时乳房受伤。

①直接翻转母体法 病畜横卧保定(哪侧扭转取哪侧横卧),矫正前把前后肢分别用长的绳子捆住并拉向对侧,术者从产道握住胎儿肢体的某部加以固定,助手们分别牵拉绳子,将病畜猛然翻转成对侧横卧,同时由另一助手把母牛头部也转过去。每翻转一次后均应检查子宫是否复位。子宫复位的标志是:阴道皱襞消失,产道变得松弛、宽阔。如此翻转数次,方能成功。扭转的子宫之所以能恢复正常是因翻转急速,子宫和胎儿由于重量大,静止惯性而保持不动,从而恢复其正常位置。

②腹壁加压翻转法 本法与前法基本相同。用一长约3m、宽25cm的木板,将其中部放在牛腹胁部最高点,一端着地,由术者站立或蹲于木板着地的一端上,将病牛慢慢地翻向对侧,并同时由助手翻转母牛头部。由于腹部加压,可以使子宫及胎儿的位置保持固定,故翻转效果较好。翻转时,助手最好由侧方固定木板,防止因滑脱而不起作用。翻转后同样进行产道或直肠检查。一次不成功,可重新翻转。

拉出胎儿后,应仔细触诊产道,如捻转处有破口或出血,应及时处理。

(4)剖腹矫正或剖宫产术 如上述方法无效,即可按剖宫产术程序切开腹壁,直接翻转子宫。子宫复位后,从产道拉出胎儿,再缝合腹壁。翻转子宫有困难时,可切开子宫壁,取出胎儿,再使子宫复位,按剖宫产术处理。

(四)阴门及阴道狭窄

是指分娩时,阴唇及阴道松弛程度不够,弹性不足,因而阴道和阴门不能充分开张,导致胎儿排出时受到阻碍的一种疾病。

【病　因】　幼稚性狭窄见于配种过早,狭窄部位主要是在阴道与前庭交界处。因此处组织的质地本来较实,弹性较小,分娩时如软组织浸润不足,不够松软,即不能充分扩张。在幼稚性狭窄或配种过早时,由于外生殖器官尚未发育完全,就不能扩张。阴门狭窄有些则是先天性的。有时,产道后部发育不全,阴瓣过度发育和坚硬,也可引起前庭部分狭窄。

胎水的持续压迫对软产道的逐步扩张起着重要作用,胎膜囊过早破裂,可影响阴门及阴道的扩张。

阴门及阴道曾受过损伤及感染,形成瘢痕收缩和纤维增生者,也可引起狭窄。

分娩过程延滞,或者助产时手在阴道中反复操作时间过长,可使阴道黏膜发生水肿,引起继发性阴道狭窄,严重者甚至手不能伸入。

此外,阴道壁肿瘤也可引起阴道极度狭窄。

【症状与诊断】　胎儿的前置部分(正生时口唇和前蹄尖,倒生时是后蹄)或者一部分胎膜在阵缩时出现在阴门处,使会阴部突出很大,但是胎儿不能通过阴门,在阵缩间歇期间,会阴部又恢复原状。如果努责强烈,会阴可能破裂。阴门狭窄的程度各有不同,有的过于狭窄,仅能通过2～3指,有的仅能勉强将手伸入阴门,有的只是相对狭窄。触诊阴门感觉组织不够松软。有时由于腹压很强,使胎儿冲破阴门而出。阴道狭窄时,胎儿通过困难,检查产道即可找到原因。

母牛分娩时,在阵缩正常的情况下,胎儿长久排不出来。产道检查可发现狭窄的部位及原因,亦可摸到胎儿前置部分受阻情况,助产如不及时,胎儿即死亡。

【助产方法】　轻度狭窄、阴门和阴道还能扩张者,应在阴道内及胎头上充分涂以润滑剂,缓慢、耐心地牵拉胎儿。胎头通过阴门时,助手须用手将阴唇上部向胎头耳后推,这样可以帮助通过,且可避免阴唇撕裂。

在拉出胎儿的过程中,阴唇破裂是不可避免的,可行阴门切开术,在阴唇上角旁做一向上、向外的切口,如扩张还不够,可在另侧再做一相同的切口。术后将黏膜及皮肤上的切口分别加以缝合。

拉出胎儿时,偶尔阴道后端的下壁可能发生破裂,阴道外脂肪涌入阴道腔内,甚至在拉出胎儿的过程中被拉出一部分来。术后须在局部麻醉下,对阴道破口仔细进行缝合。

如不可能通过产道拉出胎儿,或者这样的助产对母畜有生命危险,应及时进行剖宫产术。

对阴道壁肿瘤,可先行摘除肿瘤,再拉出胎儿。在胎儿已经死亡时,可行截胎术。

(五)骨盆狭窄

分娩时软产道及胎儿均正常,只是骨盆大小或形态异常,妨碍胎儿产出者称为骨盆狭窄。先天性骨盆狭窄常见于骨盆发育不良、佝偻畸形者。生理性骨盆狭窄常见于配种过早的家畜,至分娩时骨盆尚未发育完全。由于骨折等原因引起骨膜增生,骨质突入骨盆腔内,致使盆腔变形、狭小,影响胎儿顺利产出者为获得性骨盆狭窄。

【症状与诊断】　家畜分娩时,胎水已经排出,阵缩努责也强烈,但排不出胎儿;产道检查可见胎儿及软产道均正常,触诊硬产道会发现骨盆狭小,与胎儿大小不相适应,甚至发现骨盆腔内有骨瘤、骨质增生、骨盆变形等。

【助产方法】　通过检查认为骨盆狭窄不太严重时,可在产道内灌注灭菌液状石蜡,配合努责,试行牵引拉出胎儿。如骨盆狭窄较严重,或骨盆内有增生、骨瘤、变形时,可施行剖宫产术以保证胎儿的存活。如胎儿已死亡,可采用截胎术解除难产。

(六)胎儿性难产

该难产主要是由胎儿的胎势、胎位、胎向异常,导致胎儿不能顺利通过产道而引起的难产。其次是因胎儿相对过大、畸形、双胎同时楔入产道而致。

1.头颈姿势异常 由头颈姿势异常所致的难产在胎儿性难产中占到80%左右。其表现形式有头颈侧弯、头向下弯、头向后仰、头颈捻转等。临床上诊断该类难产并不困难,只要手臂伸入产道,认真触摸头颈情况即可做出判定。

无论何种头颈姿势异常,助产时均应首先选用矫正术。术者手臂伸入产道,握住胎儿的下颌、上颌或伸入胎儿的口腔内,用力向相反的方向矫正其异常姿势。同时,助手用力向内推送胎儿的肢体,往往即可奏效。如果胎儿已死,胎水已经流失,徒手矫正则较为困难,可借助产科钩绳钩挂胎儿眼眶、上下颌、后鼻孔等方法加以矫正拉出。必要时可将阴门外的前肢部分消毒后推回子宫腔内,再进行矫正。当上述方法都无效,并且胎儿已经死亡,为了缩短解除难产的时间,可用"体外剥皮,完全去除两前肢,牵引拉出"的方法。具体操作可参考截胎术相关内容。

2.前后肢姿势异常 顺产时,无论是正生还是倒生,胎儿的前、后肢姿势都应该是伸直的,否则就会发生难产。前后肢姿势异常主要表现腕关节屈曲、肩关节屈曲、肘关节屈曲、跗关节屈曲、髋关节屈曲等。也可称为该关节前置。助产方法往往是采用推、拉并用的措施,将屈曲的肢体矫正为伸直后,再牵引拉出整个胎儿。必要时可截除肢体的某一部分,再牵拉出胎儿。

3.胎位异常 胎位异常的主要形式是侧位难产和下位难产。不太严重的侧位难产通过矫正后再用牵引拉出的方法进行解除,或在施行牵引术的过程中,侧位亦随之被矫正。下位难产的矫正方法则是在胎儿两肢体之间横夹一短木棒,并用绳将木棒与胎儿肢体捆绑一起,然后扭转木棒使胎儿做纵轴转动,待矫正成上位后再拉出。此法实施相当困难。下位难产如果通过矫正，能把两前肢拉出体外，则可采用先去除两前肢，再牵引拉出的方法。否则，只能用截胎术或剖宫产术解除难产。

4. 胎向异常　异常的胎向有横向和竖向两种形式。此外，根据胎儿是背部或腹部向着产道又可分为背部前置和腹部前置。解除其难产的方法更为困难，最后往往不得不采取剖宫产术。

5. 胎儿过大　是指母畜的产道（包括骨盆及软产道）正常，但胎儿体格相对过大，不能通过产道或通过困难。

原因可能与调节生长的激素分泌失常有关。胎儿过大主要见于用大型公畜给小型母畜配种的胎儿和胚胎移植的胎儿，也包括巨型胎儿，但这种情况较少见。

检查可见母畜的软、硬产道均正常，胎儿的方向、位置及姿势均正常，只是胎儿过大，充塞于产道内排不出来。

助产可行牵引术，首先要充分润滑产道，正生时，用两条助产绳分别缚好两前肢的系部，然后在术者手握下颌强拉的同时，助手交替牵拉前肢，使肩胛围、骨盆围斜向通过母畜骨盆腔的狭窄部，即在拉头时，不可同时拉两前肢，使之错开，先拉一个前肢，再拉另一前肢。同样，两个肩端之间的连线因轮换而成为斜向，缩小了肩胛围，便容易通过骨盆。倒生时，可交替拉后肢。如因胎儿骨盆围粗大而拉出困难时，可以扭转胎儿后肢，使胎儿成为轻度侧位，这样便于拉出。必要时，可施用截胎术或剖宫产术。

6. 双胎难产　即母牛在怀双胎时，两个胎儿同时楔入骨盆入口不能通过而造成的难产。

双胎胎儿往往是一个正生、一个倒生。检查时，可能发现一个胎头和四条腿，蹄底两个向下（前肢），两个向上（后肢），或一个胎头、一个前肢和另一胎儿的两个后肢，或一个胎头和另一胎儿的两个后肢等。诊断这种难产，须排除双胎畸形和裂体畸形，鉴别前、后肢的方法是触摸跗关节突出的跟骨，摸到跟骨，必是后肢。

助产的原则是先推回一个胎儿,再拉出另一胎儿。首先要分清胎儿肢体的所属关系,用附有不同标记的助产绳系好两个胎儿的适当部位,以免推、拉时发生混乱。两个胎儿进入骨盆的深度多不相同,应当先推后面的胎儿,再拉前面的胎儿。如果两个胎儿以同等深度挤进骨盆入口,在母畜站立时,拉哪一个都可以,但必须推回另一个;在母牛侧卧时,则应先拉上面一个,推回下面的一个,否则先拉下面一个时,上面的胎儿对它发生压迫,可阻碍拉出。

7. 胎儿发育异常及畸形 胎儿畸形是由胚胎期间胚胎的异常发育所引起,它可能与遗传、感染、营养缺乏以及有毒物质中毒有关。

胎儿发育异常及畸形的种类很多,有的是某些器官组织缺乏,有的则体积增大,组织增多或大小、形状等发生反常,而且一个胎儿可能同时具有数种畸形。在胎儿期间,因为胎盘担负了胎儿消化、呼吸及排泄器官的作用,所以它们一般能够发育至妊娠末期。出生后,因为神经系统不能适应新的环境,其他器官也不能发挥正常作用,所以大多很快死亡。

(1)胎头积水 是由于脑室系统或蛛网膜腔液体积聚而引起的脑部肿胀,某些资料认为,胎头积水是由伴有其他神经结构异常的大脑导管狭窄所引起。由于过量的液体积聚在蛛网膜组织中,胎头内部积水和外部积水可能同时存在。由于液体的聚集,所以颅骨壁扩张,骨壁很薄,而且骨缝之间有宽大的间隙,没有骨化。有的胎儿则没有颅骨壁。

头部前置时,诊断并无困难,可以摸到头顶巨大,柔软而有波动。胎头与骨盆或胎头与阴道不相适应。倒生时,只有在拉出胎儿的过程中才能发现。

胎头轻微肿胀者,可用牵引术拉出胎儿,如果严重时,用指刀切开脑部的皮肤及脑膜,放出积水,颅骨即塌陷。如不成功,则用手指剥离皮肤,并用产科凿将颅骨凿断。如用上述措施后仍达不到助产目的,可施行剖宫产术。

(2)裂腹畸形　是常见的引起胎儿难产的一种畸形,发生于胚胎早期。当胚盘的侧缘在形成体腔时未向腹侧扩展,而折向背侧,结果腹膜和胸膜部分形成胎儿的外被。胎儿脊柱剧烈背屈,接近头部,胎儿的四肢常常短缩,呈现姿势异常,胸、腹腔开放,暴露的内脏漂浮在羊水之中。典型裂腹畸形的特点是下腹壁沿中线裂开,腹腔甚至胸腔(裂胸畸形)开放,后躯折于背部之上,因此头部与荐部靠在一起,朝着一个方向,大部分关节都是硬结的。非典型的裂腹畸形是胃肠道暴露于腹部外面,腹壁上的开口或大或小,躯体翻折的情况也不一致。

因为可以摸到胎儿的肠管,仔细诊断也可将躯干、四肢的情况及硬结的关节摸清楚。

助产必须首先摘出胎儿内脏,然后用产科绳或推拉梃拉出胎儿。如有困难时,根据具体情况,施行截胎术或剖宫产术。

(3)先天性假佝偻　常与胎儿水肿伴发。其特征是头、四肢和躯干粗大而短。在无法拉出时,可对这种畸形施行截胎术或剖宫产术。

(4)胎儿全身水肿　也叫皮下水肿。由于全身组织极度水肿,胎儿变得非常臃肿,体积增大很多,不能通过母体骨盆。有时水肿主要限于局部,尤其是肩胛部。在大多数情况下,牛妊娠至 7～8 个月时中断,偶尔可见胎儿存活。胎儿水肿时,也常常发生胎膜水肿,还常有轻度的羊水过多。

发生原因可能是胎儿或胎膜上的血液循环发生障碍所致。

检查胎儿时可发现其前置器官充塞于产道内,触之柔软呈面团状,在皮肤较松的地方,还可能摸到有波动。

助产宜在肿胀剧烈的部分做深的切口,以排出积水,缩小胎儿体积,并试行拉出。如有困难,可行截胎术。

(5)先天性歪颈　颈椎畸形发育,颈部先天性地歪向一侧,同时颜面部也常是歪曲的,四肢伸腱和曲腱也收缩,而球节以下的部分与系部垂直;有时则四肢挛缩,关节硬结,不能活动。在胎儿不大时,可行拉出,否则须行截胎术。

六、难产的预防及难产时危重情况的处理

(一)难产的预防

预防难产首先要对可繁殖母畜加强饲养管理,其中主要是适时配种,合理喂养,加强运动,以免发生产道狭窄、胎儿过大、母体过肥、过瘦而产力不足等。另外,设置专门的产房,创造安静的分娩环境也是十分必要的。

其次,及时做好临产检查,对分娩正常与否做出早期诊断,在难产预防中具有重要意义。

临产检查是在第一胎水排出后,立即对分娩母畜所做的产道检查,通常是在胎儿的前置部分进入骨盆腔期间。术者的手臂及母畜外阴部消毒后,把手伸入产道,隔着羊膜检查"三大件"(两前蹄和胎唇)是否俱全,两前肢是否伸直,胎唇部是否在两前肢之间上方,倒生时检查两后肢是否是伸直的。均为正常时,可不做处理,任其自然娩出。胎儿的姿势位置如有反常,应立即进行矫正。这时全部羊水或大部分羊水还没有排出,子宫还没有紧裹胎儿,具有相对的空间,在羊水中矫正胎位、胎向、胎势较为容易。例如,头颈侧弯是常见的难产之一,在胎儿开始排出时,这种反常一般只是头稍微偏斜,或胎唇抵在了耻骨前缘而不能进入骨盆,临产检查时,只要稍加扳动,即可将头位转正,从而避免难产的发生。同时,还可提高胎儿的存活率。

临产检查除检查胎儿外,还可顺便检查硬产道和软产道有无异常,以便及时采取相应的措施。

顺产和难产在一定条件下是可以转化的,临产检查就是为难产转化为顺产提供条件。如上面说的头颈侧弯,如不进行临产检

查，随着子宫的收缩，胎儿进入骨盆越深，头颈歪转就会更加严重，终致发生难产。因此，积极做好临产检查是难产预防中不可缺少的必要措施。

(二)难产时危重情况的处理

在难产的处理过程中，必须注意观察是否有意外情况出现，及时采取相应的急救措施。临床上常见的并发于难产的危急症有休克、子宫破裂、产道损伤、子宫脱出等。在此只介绍休克时的急救，其他情况请参阅产后期疾病防治的相关内容。

休克是一种危急症，常发生于难产和助产过程中，可见于各种家畜。

手术助产时，由于拉出胎儿迅速而且过猛，使腹压急剧下降，可造成大脑缺血性休克；矫正拉出胎儿时，由于持续而强烈的刺激产道，引起剧烈的疼痛而导致休克；子宫、产道发生损伤、破裂，大量失血，造成全身组织器官缺氧、缺血而导致出血性休克；胎儿胎盘毛细血管破裂，胎儿血液或羊水经由绒毛间隙进入母体循环，可引起过敏性休克。

休克初期病畜主要表现兴奋状态，如呼吸快而深，脉搏快而有力，黏膜发绀等。这一过程很短，往往被忽视。随后出现抑郁，对痛觉及外界刺激的反应变得极其微弱甚至消失，心跳微弱、有间歇，呼吸浅表而不规则，黏膜变得苍白，瞳孔散大，四肢厥冷，体温下降，全身或局部颤抖、出汗。此时如不及时抢救可引起死亡。

治疗首先是消除病因，根据休克发生的原因不同，给予相应的处理。如因子宫和产道损伤破裂引起出血时，必须先止血，必要时输血，以防止休克的发生和发展。如果休克是由强烈疼痛刺激引起，则应立即除去不良刺激。其次是对疑有休克的病畜，及早采取综合治疗措施，如在补液的同时给予解除微血管痉挛的药物、维生素 C、地塞米松、钙制剂等，必要时注射强心药物。牵引拉出胎儿时要缓慢，防止腹压急剧降低和子宫脱出。对失血病例，要注意及时输氧和扩充血容量,可静脉滴注右旋糖酐、5%葡萄糖氯化钠注射液等。

第三节 产后期疾病防治

产道及子宫损伤

(一)阴道及阴门损伤

该类损伤多在分娩和助产过程中发生,有时个体大的公畜与个体小的母畜本交,也可能发生阴道损伤。使用开膣器操作不当,可夹伤阴道黏膜。分娩时,胎儿过大,母畜努责剧烈,强行娩出或拉出胎儿时产科器械在产道内滑脱时,可损伤阴道和阴门。另外,截胎后胎儿骨茬暴露,阴门和阴道剧烈水肿时,都能造成阴道及阴门的损伤。

【症　状】　阴门损伤主要为撕裂伤,可见阴门有创口及出血;剧烈水肿时,阴门黏膜外翻或发生黏膜下血肿。

阴道损伤时,有血水和血凝块从阴道内流出,开膣器结合探灯检查阴道,可发现创口。当阴道为穿透创时,病畜很快出现腹膜炎症状,甚至有肠管、网膜等涌入阴道腔内。

【治　疗】　阴门损伤治疗时可视情况进行数针缝合,创口涂搽红霉素软膏,若已化脓则按感染创处理。阴道损伤时,应先查明伤口位置,用混有青霉素的 0.25%～0.5%盐酸普鲁卡因注射液蘸湿纱布,带入阴道,压迫伤口止血,或在伤口上涂抹云南白药。阴道壁穿透创时,应立即将脱入阴道内的肠管等用消毒液清洗干净,涂抹抗生素后送回腹腔内,并对创口进行缝合。方法是:术者用一只手固定创口,另一只手持长柄针钳,顺手臂将缝合针推入阴道内,仔细地将缝合针穿过创口两侧,抽出缝合针,在阴门外打结,再用拇指将结推至创口处,抽紧缝合线,用同样方法打好第二个结。创口大时,可结节缝合数针。阴道内涂布青霉素、链霉素。每日肌内注射抗生素,以防止腹膜炎发生。

(二)子宫颈损伤

其主要是子宫颈撕裂伤,裂口较深时,称为子宫颈撕裂。常在子宫颈开张不全,或胎儿过大,或胎位、胎势异常,未经充分矫正强行拉出胎儿时发生;或努责强烈,排出胎儿过速;或人工输精及冲洗子宫时操作粗鲁而损伤子宫颈。

【症　状】　产后、输精后或冲洗子宫后从阴道内流出或多或少的鲜血,如损伤不严重,仅在阴道检查时才被发现。子宫颈肌层发生严重撕裂伤时能引起大出血,甚至危及生命。产道检查可发现撕裂伤的部位、大小及出血情况。

【治　疗】　应立即止血。可将浸有消毒液或涂有抗生素乳剂的大块纱布填塞在子宫颈管内压迫止血。纱布须用细绳拴好,将游离端系于尾根上,便于以后取出或松脱排出时易于发现。撕裂严重时须进行缝合,方法同阴道损伤的处理。同时,注射止血敏、维生素 K_1、维生素 K_3 等全身止血药。止血后,创面涂碘甘油或抗生素软膏。

(三)子宫破裂

子宫破裂分为子宫不完全破裂与子宫完全破裂两种。子宫壁的黏膜层、肌层发生破裂时称为不完全破裂;浆膜层也发生破裂时,子宫腔与腹腔相通则为完全破裂;子宫壁的穿透创如破口很小时则称为子宫穿孔。

助产时动作粗鲁,产科器械滑脱,截胎后骨骼断端暴露,术者与助手配合不协调都可使子宫受到损伤;难产时间较长时,子宫壁变脆,若操作不当,则易引起子宫破裂;子宫捻转、子宫颈未开张及胎儿异常未解除时即使用缩宫素,也可导致子宫破裂;冲洗子宫时,导管插入过深,可造成子宫穿孔。

【症　状】　子宫不全破裂,产后可能见有血水从阴门流出,其他症状不明显。仔细进行子宫内触诊,有时可能摸到破口。子宫完全破裂,若发生在胎儿排出前,可见努责突然停止,母畜变得安静,有时阴道内流出血液。若破口较大,胎儿可能坠入腹腔。引起大出血时,迅速出现急性贫血和休克症状,全身情况迅速恶化,全身震颤出汗,很快继发腹膜炎,母畜在短时间内(马)或2～3d(牛)死亡。若下部子宫壁破裂,肠管、网膜可能进入子宫腔内,甚至脱出于阴门之外。

如果子宫穿孔,且位于上部,胎儿亦已排出,症状则不明显,并因产后子宫壁迅速收缩,裂口能很快自行愈合;在冲洗子宫时引起的子宫穿孔,则冲洗液不回流,病畜出现腹痛及腹膜炎症状,呼吸促迫,出现"吭吭"声。

【治　疗】　如子宫破裂发生在分娩过程中,首先要取出胎儿和胎衣。对子宫不完全破裂的病例,切忌冲洗子宫,仅将广谱抗生素涂抹于子宫内,每日1次,连用数次。同时,肌内注射缩宫素或麦角新碱,促进子宫收缩,则能很快痊愈。

子宫完全破裂时,如裂口不大,可将穿有长线的缝合针带入子宫内进行缝合,方法请参阅阴道壁缝合法。缝合子宫更为困难,须有耐心。如破口很大,应立即施行剖腹缝合术,其手术通路应根据子宫的裂口部位而定,取出子宫内的胎衣,将广谱抗生素放入子宫内,然后将破裂的子宫进行密闭缝合,之后用灭菌生理盐水反复冲洗腹腔,并用大块纱布将存留的冲洗液吸干,腹腔内注入800万U青霉素稀释液,最后缝合腹壁。

子宫破裂不论完全与否,除局部治疗外,都要肌内注射或腹腔内注入大剂量广谱抗生素,连用5d,防止发生腹膜炎。如失血过多,还应进行输血或补液,注射止血药物,并注意对症治疗。

胎衣不下

胎衣是胎膜的总称。胎儿娩出后,胎衣在正常的时限内不能排出时,称为胎衣不下或胎衣滞留。产后排出胎衣的正常时限牛为 12h,羊为 4h,马、驴、猪为 1.5h。各种家畜均可发生胎衣不下,以奶牛最为多见。本病可引起子宫内膜炎而导致不孕,给奶牛业带来极大的经济损失。

【病　因】　原因很多,主要与产后子宫收缩无力、胎盘炎症和胎盘组织结构有关。

(1)产后子宫收缩无力　妊娠期间,饲料单一,缺乏矿物质、微量元素和维生素,特别是缺乏钙盐与维生素 A,孕畜消瘦、过肥、运动不足等,都可使子宫弛缓,收缩无力;胎儿过多、单胎畜怀双胎、胎儿过大、胎水过多等,使子宫肌过度扩张,产后子宫收缩无力也可导致胎衣不下;流产、早产、难产、子宫捻转时,产出或取出胎儿后子宫收缩力往往很弱,因而发生胎衣不下。

(2)胎盘炎症　妊娠期间子宫受到感染(如布鲁氏菌病、沙门氏杆菌病、胎儿弧菌等),发生慢性局限性子宫内膜炎或胎盘炎,导致结缔组织增生,胎儿胎盘与母体胎盘炎性粘连而造成胎衣滞留。维生素 A 缺乏,可使胎盘上皮的抵抗力降低而易于感染。

(3)胎盘组织构造　牛、羊胎盘属于上皮绒毛膜与结缔组织绒毛膜混合型,胎儿胎盘与母体胎盘结合紧密,形态上又是子叶型,故易发生胎衣不下。子叶少而大时,更易发生。

(4)其他因素　高温季节胎衣不下发生率升高,产后子宫颈收缩过早,也可导致胎衣不能排出

【症　状】

(1)全部胎衣不下　整个胎衣未排出,仅见一部分已分离的胎衣悬吊于阴门之外,呈土红色、灰红色或灰褐色的绳索状。牛、羊露出的胎衣部分有大小不等的胎儿子叶。如子宫严重弛缓,胎衣则可能全部滞留于子宫内,有时悬吊的胎衣可能断离。在这些情况下,只有进行阴道或子宫内触诊,才能发现。

经过 1~2d,滞留的胎衣就会腐败分解,从阴道内排出污红色

恶臭液体,内含腐败的胎衣碎片,卧地时排出较多。由于感染和分解产物的刺激,发生急性子宫内膜炎。腐败分解产物被吸收后,出现体温升高,精神不振,食欲及反刍减少,拱背努责。胃肠功能紊乱时,可能出现腹泻、前胃弛缓、瘤胃积食、瘤胃膨气等症状。羊的症状与牛大致相同,绵羊较轻,山羊较敏感。

马、驴产后超过12h胎衣仍未排出时,出现全身症状,表现腹痛不安,精神沉郁,体温升高,食欲减少,心跳、呼吸加快等。如努责强烈,可能并发子宫脱出。

(2)部分胎衣不下 胎衣大部分已排出,只有一部分或个别胎儿胎盘残留在子宫内,从外部不易被发现。诊断的依据主要是恶露排出的时间延长,其中有胎衣碎片,发出恶臭气味。

【治　疗】 按病情和家畜不同分为药物疗法和手术疗法。值得一提的是许多畜主为促使胎衣排出,往往在露出的胎衣上拴一较重的物体(如旧鞋底等),这种方法缺点很多,它可使胎衣上的血管及其本身扭在一起成为硬索,常将阴道底壁黏膜勒伤,也可引起子宫内翻及脱出,故不宜采用此法。

(1)药物疗法 牛产后经12h,羊经4h,猪经1.5h如胎衣仍不排出,即应进行药物治疗。

①促进子宫收缩 取缩宫素50～100U肌内注射,2h后重复注射1次。注射缩宫素的同时或稍前可注射雌激素10～20mg,以增强子宫肌对缩宫素的敏感性。此外,尚可应用麦角新碱1～2mg,皮下注射。

②促进胎盘分离 子宫内注入温热的10%灭菌盐水1000～1500ml,可促使胎儿绒毛缩小,与母体胎盘分离,也有促进子宫收缩的作用。

③防止胎衣腐败和子宫感染,等待胎衣排出 在牛的子宫黏膜和胎膜之间涂布土霉素、四环素或复方新诺明粉3～5g,隔日1次,连用3次。

上述几项可单独应用,最好是联合使用。

(2)**手术疗法**　即剥离胎衣。适用于马和牛,个体大的羊、猪等亦可试用。

术前确实保定病畜,彻底清洗消毒阴门及其周围和露出的胎衣等,术者手臂消毒后,保护性地涂抹碘甘油。剥离时以既不残存胎儿胎盘,又不损伤母体胎盘为原则。

①牛的胎衣剥离　左(或右)手扯紧露出阴门外的胎衣,另一只手沿着它伸入子宫黏膜与胎膜之间,找到未分离的胎盘(子叶),由近及远,逐个剥离。辨别一个子叶是否剥过的依据是:表面光滑,有胎膜连盖者未曾剥离;表面粗糙呈蜂窝状,没有胎膜相连者即已剥过。

剥离胎衣的方法:在母体胎盘与其蒂的交界处,用拇指压住整个子叶的上缘,食指和中指深入到胎儿胎盘的边缘下,将它从母体胎盘上剥开一点,再逐步伸入整个胎儿胎盘与母体胎盘之间,将它们分离开。或用食指绕过整个子叶边缘,将与胎儿子叶相连部的胎膜拢起,稍固定后,向着子宫壁方向挤压母体子叶,最后将它们分离开。在剥离过程中一定要拉紧脱离后的胎膜,以便顺其寻找未分离的子叶。子宫角尖端的子叶,由于手臂的长度有限,不易摸到,这时拉紧胎衣,使子宫角尖端略微内翻,缩短距离,待分离完子叶之后,再将其恢复原位。

手术剥离牛的胎衣,必须在分娩24h之后进行,否则剥离困难,并容易造成大出血。

剥离胎衣后,子宫内可能存有胎盘碎片及腐败液体,需用0.1%高锰酸钾溶液或0.1%新洁尔灭溶液进行冲洗,清除子宫内感染源,待清洗液全部导出后,子宫内放置或注入广谱抗生素。如土霉素、磺胺嘧啶粉或青霉素、链霉素等。

术后数日内要注意检查有无子宫炎及全身症状,一旦发现要及时治疗。

②马、驴、猪的胎衣剥离　马、驴、猪的胎盘属于弥散性的上皮绒毛膜胎盘,发现胎衣不下应立即进行剥离。方法是拧紧露出阴门外的胎衣,另一只手沿着它伸入子宫黏膜与胎膜之间,五指并拢,向周围滑动,即可将胎儿胎盘与母体胎盘分离。

给孕畜饲喂含钙及维生素丰富的饲料,产前 1 周减少精饲料喂量;舍饲时加强妊娠后期的适当运动;分娩后让母畜尽量舔干仔畜身上的黏液,并尽早让仔畜吮乳或挤乳;分娩后立即静脉注射葡萄糖酸钙注射液或饮益母草当归煎剂,或肌内注射缩宫素 50U,可预防胎衣不下的发生。

子宫内翻及脱出

子宫角前端翻入子宫腔或阴道内称为子宫内翻;子宫的一部分或全部翻出于阴门之外时称为子宫脱出。两者为同一病理过程,仅是程度不同。多种家畜均可发生,以奶牛最为多见。子宫脱出多见于分娩之后,有时在胎儿产出的同时或在产后数小时之内发生。

【病　因】　母畜衰老,胎次过多,体质虚弱,运动不足,胎水过多,胎儿过大或过多,致使子宫肌收缩力减退或子宫肌过度伸张而弛缓是导致发病的主要原因。分娩时如阴道受到强烈刺激,产后母畜努责强烈,腹压过高,亦容易发生子宫脱出。难产时,产道干燥,子宫紧包住胎儿,未注入润滑剂即强行拉出,或拉出速度太快,造成宫腔负压,子宫即随胎儿翻出阴门之外。产后胎衣不下、便秘、腹泻、疝痛引起腹压增大、强烈努责时也可引起。

【症　状】　子宫内翻轻症时常无外部表现,翻入阴道内时,则病畜表现不安、经常努责、举尾、食欲减少等症状,产道检查可发现有柔软圆形瘤状物突入于阴道内。持续努责即发展为子宫脱出。内翻的子宫角如不能自行恢复原位,又无治疗,可能发生坏死及败血性子宫炎,有污红色恶臭的液体从阴道流出。

子宫脱出时可见不规则的长圆形物垂脱于阴门之外,牛脱出的子宫较大(图 5-8),有时附有尚未脱离的胎衣。如胎衣已剥离,则可看到粉红色的子宫黏膜上有许多暗红色的子叶,极易出血。牛的母体子叶为圆形或长圆形,呈蜂窝状或海绵状。在脱出的孕角上部一侧,往往可见空角的开口。有时脱出的子宫分为大小不同的两部分,大的为孕角,小的为空角,每一角的末端都向内凹陷。脱出部分很长者,子宫

图 5-8 奶牛子宫脱出

颈(横皱襞)也暴露在阴门处。脱出的子宫腔内可能有肠管,外部触诊和直肠检查可以摸到。脱出时间稍久,子宫黏膜即淤血、水肿,呈暗红色,甚至发生干裂,有血水渗出。寒冷季节,常发生冻伤和坏死。

子宫脱出如延误治疗,脱出部分常与地面摩擦沾着粪尿杂物而污秽不洁,导致黏膜损伤甚至出血坏死,并继发腹膜炎、败血症等。肠管脱入子宫浆膜腔时则有疝痛症状;如子宫系膜血管等断裂,则引起大出血,表现贫血症状,穿刺子宫末端有血液流出。

【治　疗】　子宫内翻时,术者手臂伸入阴道、子宫,将内翻的子宫角推回原位摆正即可。同时,肌内注射消炎药,子宫内撒布抗生素。

子宫脱出必须及早施行整复手术。脱出时间越长,整复越困难。不能整复时应行子宫切除术。

整复之前须检查子宫腔中有无肠管,如有应将其先压回到腹腔。用 0.1‰高锰酸钾溶液彻底清洗脱出的子宫及其周围,水肿严重者先穿刺放液,有坏死者进行剪除,伤口进行缝合。整复时助

手要密切配合,注意防止已送入的部分再脱出。

病畜能站立时,取前低后高姿势保定;侧卧保定时,将后躯垫高,地上铺一块经消毒液浸泡过的大塑料布,并在其上铺一条大的无菌巾,把子宫放在上面。施行硬膜外腔麻醉,以克服努责。胎衣尚未脱落时先剥离胎衣,用温消毒液将子宫、尾根、外阴及其周围彻底清洗干净。子宫黏膜表面涂布 1% 碘甘油。由两名助手用大纱布将子宫兜住托起,或用长 2～3m、宽约 30cm 的木板,中间放消毒液浸泡后的塑料布,由畜主等两人将子宫托起至与阴门等高或稍高于阴门,助手和术者齐心协力整复子宫。也可将子宫用大块纱布自下而上缠绕起来,由一助手托起,整复时一面松解缠绕的纱布,一面将子宫推入阴道。

整复时应先从靠近阴门的部分开始,如有肠管脱入子宫腔内,应先把肠管压回腹腔。术者和助手将手指并拢,用手掌或拳头压迫靠近阴门的子宫壁,将它向阴道内推送。推进去一部分以后,由助手紧紧顶压固定,术者将手抽出来,再以同法将其他部分逐步向阴道内推送,直至脱出的子宫全部送入阴道内。整复也可从下部开始,术者将拳头伸入子宫角尖端的凹陷内,将它顶住,慢慢推回阴门之内。向阴道内推送子宫都必须趁病畜不努责时进行,遇到努责时,要把送回的部分紧紧顶压住,防止再脱出来。助手与术者配合稍不密切或不慎,都将前功尽弃。操作必须耐心,切忌用力过猛、过大,动作粗鲁和急躁。否则,极易使子宫受到损伤。

脱出的子宫全部推压入阴门之后,术者手臂伸入子宫内,摆动子宫使其恢复正常位置。如手臂短,可借助子宫托或啤酒瓶,将子宫角彻底推至原来位置并做摆动,以防子宫角留有内翻和再次脱出。为防止感染,子宫内涂布土霉素或复方新诺明粉 5～10g。

【护理及预防复发】 术后护理一般按常规术后护理进行。如有出血时进行止血,还需进行补液、补钙、消炎等对症治疗。亦可投服补中益气散 400g,或益母草浸膏 250g,连用 3d。

整复子宫后,必须有专人负责观察,如发现病畜仍有努责,须检查是否有内翻,有则立即加以整复。为防止再次脱出。可按阴道脱出的方法缝合阴门,并进行热敷,待 3d 后完全不努责时再拆线。

如果子宫脱出或内翻时间已久,无法整复送回,或有严重的损伤、坏死,整复后有引起全身感染、导致死亡的危险,可将脱出的子宫切除,以挽救母畜的生命。

生 产 瘫 痪

生产瘫痪又称乳热症,是母畜分娩前后突然发生的一种严重代谢性疾病。其特征是缺钙、知觉丧失和四肢瘫痪。本病主要见于奶牛,奶山羊和猪也有发生。

生产瘫痪主要发生于营养良好、3～6 胎的高产奶牛。在产后 3d 之内多发,少数在分娩过程中或分娩前数小时发病。

【病　因】　引起本病的直接原因主要是分娩前后血钙浓度剧烈降低。据测定,产后健康奶牛的血钙浓度为 8.6～11.1mg/100ml,病牛则为 3～7.76mg/100ml,同时血磷及血镁含量也减少。引起血钙浓度急剧下降的主要原因是分娩前后大量血钙进入初乳且动用骨钙的能力降低,分娩前后从肠道吸收的钙量减少。另外,妊娠后期胎儿骨骼发育较快,需要钙质较多,加之母体骨骼贮存钙质相对较少也是一个不可忽视的原因。

【症　状】　生产瘫痪有典型与轻型两种。

典型者发病快,12h 内即表现出典型症状。病初精神沉郁,食欲废绝,反刍、排粪、排尿停止,不愿走动,后肢交替负重,站立不稳,后躯摇摆,肌肉震颤。有的则表现惊慌不安、哞叫、目光凝视,四肢肌肉痉挛,不能保持平衡。约 2h 后,出现瘫痪症状,后肢站立不住,虽一再挣扎,仍站不起来,全身出汗,肌肉颤抖。随后出现意识抑制、知觉丧失的症状,病牛昏睡,瞳孔散大,眼睑反射消失,对光照无反应,皮肤对疼痛刺激亦无反应,肛门反射亦消失。心跳弱而快,可达 80～120 次/分,呼吸深慢,舌有时伸出口外不能缩回。病牛伏卧,四肢屈于躯干之下,头向后弯至胸部一侧,将头颈拉直松手后又重新弯向胸部(图 5-9)。个别病牛卧地后出现癫痫症状,四肢伸直并抽搐。随着病程发展,体温逐渐下降至 35℃～36℃。病牛常在昏迷状态下毫无动静地死去,个别的死前有痉挛性挣扎。分娩过程中发生本病,则不能排出胎儿,需进行助产并及时治疗。

图 5-9　典型生产瘫痪姿势

轻型生产瘫痪其症状除瘫痪外,主要特征是头颈姿势不自然,头部至鬐甲呈轻度的"S"状弯曲(图 5-10),病牛精神沉郁但不昏睡,各种反射减弱但不消失,食欲废绝,有的能勉强站立但站不稳,行走困难,体温正常或不低于 37℃。

【诊断及预后】　3～6 胎高产牛在产后 3d 内发病;特征的瘫痪姿势、典型的症状;体温降低;血钙含量在 7.76mg/100ml 以下;补钙和乳房送风疗法有良好效果。依此做出诊断并不困难,并可与酮病、产后败血症和孕畜截瘫相区别。

本病如不及时治疗,70％左右的病牛在 12～48h 死亡,个别的在发病数小时内死亡;如果治疗及时并且正确,90％以上的病畜可痊愈或好转。治愈后复发者预后较差。

图 5-10 轻型生产瘫痪姿势

【治 疗】 最有效的治疗方法是钙剂疗法和乳房送风疗法。治疗越早,疗效越高。

(1)钙剂疗法 静脉注射 10％葡萄糖酸钙注射液 500～1 500ml,或用 5％氯化钙注射液 500ml,加在 10％葡萄糖注射液中或 5％葡萄糖氯化钠注射液中输入。用 20％硼葡萄糖酸钙注射液 500ml 静脉注射效果也很好。补钙量按每 50kg 体重补充 1g 计算或根据检测的血钙浓度而定。注射后 6～12h 病牛若无反应,可重复注射,但最多不可超过 3 次。注射钙剂时,要控制速度和监测心脏情况,如果剂量过大或速度太快,可引起心率增快或节律不齐,甚至引起心传导阻滞而发生死亡。对反应效果不是很好、又怀疑血镁和血磷浓度也降低的病例,在第二次补钙的同时,可加入 50％葡萄糖注射液和 15％磷酸钠注射液各 200ml,25％硫酸镁注射液 50～100ml 静脉注射。如果注射 3 次仍不见效,可能诊断有误或有其他并发症。

(2)乳房送风疗法 病牛侧卧保定,挤净乳房中的乳汁并消毒乳头,将抹有润滑剂的乳导管插入乳头管内,从一侧乳区开始,依次向 4 个乳区内打满空气,以乳房皮肤紧张,乳房基部的皮肤边缘隆起、清楚变厚,轻敲乳房时呈鼓音为标准。打气之后,用宽纱布条将乳头轻轻扎住,防止空气逸出,待病畜起立 1h 后再将纱布条解除。乳房送风常用专门的乳房送风器,也可用自行车或球类打气筒,将橡皮管与乳导管相接即可打气送风。为防止感染,可在空气滤过筒内或橡皮管内放置干燥的消毒棉,以过滤空气。另外,送风前也可向乳房内注入青霉素 40 万 U、链霉素 0.5g(溶于生理盐水内)。

多数病例从打入空气后 15～30min 开始好转,并逐渐恢复正常,必要时可重复打气。此外,注入健康牛的新鲜乳汁,前乳区各 200ml,后乳区各 250ml,也有较好的疗效。

在采取上述疗法的同时,须注意对症治疗。

产后感染

母畜分娩后,生殖器官发生剧烈变化,子宫颈开张;正常产出或实施助产术取出胎儿时,在子宫及软产道上造成的损伤;子宫内滞留恶露及胎衣等,都给微生物的侵入和繁殖创造了条件,容易引起产后感染。

引起产后感染的微生物很多,主要有链球菌、葡萄球菌、化脓棒状杆菌和大肠杆菌。产后感染的途径包括以下两种:一是外源性的,如助产师的手臂、器械和病畜外阴消毒不严格;产后外阴部松弛,使黏膜外翻与粪尿、褥草、尾根接触;胎衣不下、阴道及子宫脱出等都可使外界的微生物得以侵入。二是内源性的,正常就存在于阴道内的微生物,由于生殖道发生损伤而迅速繁殖;存在于其他部位的微生物,由于产后机体抵抗力降低,也可通过淋巴循环和血液循环进入生殖器官而表现致病作用。

产后感染的病理过程,是受侵害的部位或邻近器官发生各种急性炎症、化脓和组织坏死,或者局部感染扩散,引起全身感染。这里仅阐述产后常见的急性阴门炎和阴道炎、急性子宫内膜炎、产后败血症、产后脓毒血症和产后脓毒败血症。

(一)产后阴门炎和阴道炎

在正常情况下,母畜阴门关闭,阴道黏膜将阴道腔封闭,阻止外界微生物侵入,阴道黏膜上皮细胞内贮存大量糖原,在阴道杆菌的作用下,糖原分解为乳酸,使阴道保持弱酸性,能抑制细菌的繁殖,因此阴道有一定的防卫功能。当这种防卫功能受到破坏时,如阴门和阴道擦伤、上皮剥脱和黏膜发生损伤时,则为细菌的侵入开放了门户,极易引起炎症反应。

【病　　因】　排出胎儿或助产时,阴门和阴道黏膜受到损伤,发生感染,这是引起产后阴门炎和阴道炎的主要原因。病原菌经助产人员的手臂和助产器械带入阴道,特别是在复杂的难产和消毒不严的情况下,更易发生损伤而感染。

母畜分娩后,由于阴门松弛外翻,黏膜与尾根、地面泥水直接接触,病原菌沿黏膜上行蔓延或经伤口侵入,同时损伤也为原来存在于阴道中的大量微生物繁殖和侵入创造了条件。

其他疾病如阴道脱出、子宫脱出和胎衣不下等也可并发本病。某些原虫感染,如患滴虫病时也可发生阴门炎和阴道炎。

【症状与诊断】　黏膜表层受到损伤而引起的发炎,病势较轻,无全身症状,仅阴门内流出黏液性或黏液脓性分泌物,尾根和外阴周围常附有这种分泌物及其干燥后形成的干痂;阴道检查可见黏膜微肿,充血或出血,黏膜上常有分泌物黏附。黏膜深层受到损伤时,病势较重,病畜常拱背、举尾、努责,做排尿姿势,但每次排出的尿量不多,而且排尿后常拱背、努责,有时在努责之后从阴门中排出污红色腥臭的液体;阴道检查,插入开膣器时病畜疼痛不安,甚至引起出血;视诊可发现阴道黏膜充血、肿胀,上皮缺损、创伤、糜烂和溃疡等。阴道前庭发炎时,其黏膜上可以见到结节、疱疹和溃疡。全身症状表现为精神抑郁、体温稍升高、食欲和泌乳量稍降低。

浅表炎症可自行愈合,预后一般良好。严重者如能及时治疗,也可收到较满意的效果。如果不治疗或治疗不及时,组织发生坏死,则阴门和阴道的炎症可以扩散到生殖器官深部或邻近部位,并发尿道炎、膀胱炎、子宫颈炎,后者往往并发子宫内膜炎、子宫肌炎、骨盆蜂窝织炎,所以有时阴门和阴道的炎症可成为其他生殖道炎症的原发性病灶。有时病灶虽在生殖器官范围内,但可引起全身感染。经久不愈转为慢性的,可能形成瘢痕收缩或组织粘连,影响以后的交配、妊娠和分娩。

【治　疗】　首先清洗消毒尾部和外阴部,将尾部缠上绷带系于一侧,以免刺激阴门。

(1)浅表炎症　可用防腐消毒药液(如 0.1％高锰酸钾溶液、0.1％雷佛奴尔溶液、0.1％新洁尔灭溶液、0.1％洗必泰溶液等)冲洗阴道和阴门。

(2)重症病例　黏膜剧烈水肿及渗出液多时,可用 2％明矾溶液、5％鞣酸溶液、碘水溶液(蒸馏水 1 000ml,10％碘酊 20～30 滴)冲洗;阴道深层组织损伤、溃疡和糜烂时,应用外科方法处理;尿生殖前庭发炎,在冲洗时须防止感染扩散,应扩张阴门裂冲洗阴道前庭,使所有的冲洗液立刻向外流出。冲洗之后,可用 5％碘酊或硝酸银腐蚀,然后注入磺胺乳剂或碘仿糊剂(碘仿 16g、次硝酸铋 8g、液状石蜡 8ml。将碘仿和次硝酸铋分别研细,混合均匀,分次加入液状石蜡,不断研磨使成糊状),或在创面涂布抗生素和磺胺类药物软膏。为减轻疼痛,可于软膏中加入可卡因(按 2％计算)。上述软膏、乳剂和糊剂不但可以消炎杀菌,而且能预防伤口愈着,作为一层屏障又可预防炎症病灶受到其他外来病原体的感染。有时药液难以在创伤表面存留,必要时可放置浸有防腐消毒药或抗生素的纱布,24 小时必须更换 1 次。

在阴门两旁肌内注射 80 万～160 万 U 青霉素或用 0.25％盐酸普鲁卡因青霉素,效果更好。

(二)急性产后子宫内膜炎

产后子宫内膜炎通常是子宫黏膜发生的脓性黏液性炎症,是产后或流产后最常见的一种生殖器官疾病。通常是由于病原微生物侵入子宫,突破生殖器官的防御功能而引起的。患病子宫组织切片用显微镜检查,可以发现组织有不同程度的损害,子宫内膜或腺组织完全被破坏,并明显地聚集炎症细胞。由于存在溶精子素、精子毒素、细菌毒素、溶菌素、吞噬能力强的吞噬细胞等,发炎的子宫环境不利于精子存活,所以母畜难以受胎。

本病可分为急性脓性黏液性子宫内膜炎和急性纤维蛋白性子宫内膜炎,前者感染仅限于浅表,引起表层黏膜发炎,后者黏膜内有纤维蛋白渗出物,而且感染侵入到黏膜的深处,引起黏膜组织的坏死。

本病如果治疗延误、治疗效果不佳或未治疗,可转为慢性子宫内膜炎。

急性脓性黏液性子宫内膜炎的发病时间通常在产后 $3\sim5d$,是由病原微生物通过子宫颈、伤口或血源性感染所引起。常见的病原菌有化脓性链球菌、葡萄球菌、大肠杆菌、变形杆菌、化脓性棒状杆菌、败血性双球菌及坏死梭菌等。另外,念珠菌、放线菌、霉菌等也可引起子宫感染。

受结核杆菌、布鲁氏菌、胎儿弧菌或毛滴虫感染的妊娠牛,病原菌侵入子宫,可引起胎盘发炎。子宫内膜原来就有慢性炎症,分娩或流产后病势加剧可转为急性。

病畜全身状况一般无异常。有的可见体温略微升高,食欲和泌乳量降低。有的拱背、努责,常做排尿状。从阴门中流出黏液性或黏液脓性分泌物,卧下或努责时排出的数量较多。阴门周围和尾根部常常附有这种分泌物及其干燥后所形成的干痂。

阴道检查可见子宫颈口略微开张,有时可以看到子宫内炎性分泌物从子宫颈口流出。多数病例在痊愈以前,子宫颈一直是略微开张的。直肠检查可以发现1个或2个子宫角增大,子宫壁增厚,触诊时子宫的收缩反应微弱。如果子宫内有液体积聚,尚可感到波动。

本病如能及时治疗,一般均可治愈,预后良好。如不治疗或治疗不及时、不彻底,转化为慢性脓性黏液性子宫内膜炎,有的可与周围组织发生粘连,有的因子宫颈口关闭可继发子宫蓄脓,扰乱发情周期而屡配不孕。

治疗的原则是制止感染扩散,清除子宫腔内的渗出物和促进子宫收缩。

为促进子宫腔内容物排出,可用0.1%高锰酸钾溶液、0.1%雷佛奴尔溶液、0.1%新洁尔灭溶液或碘水溶液冲洗子宫。子宫弛缓和子宫黏膜肿胀、出血时,应用收敛性药液,如2%碳酸氢钠氯化钠溶液或1%明矾溶液,每日1次,连续冲洗2~3d。冲洗子宫时切不可施加大的压力,以免感染扩散,引起输卵管炎或腹膜炎。

为制止炎症,待冲洗液排出后,须向子宫内注入抗生素或其他消炎药物。首选的抗生素为广谱抗生素,如四环素、土霉素等5~10g,溶于40ml注射用水中注入子宫。如无上述药物,也可联合应用青霉素和链霉素,青霉素每次剂量为320万~480万U,链霉素为1~2g。

有的病牛冲洗子宫常可引起拱背努责、食欲不振和泌乳量降低,同时冲洗后冲洗液常常不能排净,引起子宫弛缓。严重的子宫炎时,可导致感染扩散,加重病情。因此,也可不冲洗子宫,直接将上述抗生素投入子宫,每日1次,连用3~5天。

为了促进子宫收缩以及增强子宫防御功能,可肌内注射垂体后叶素40~80U或麦角新碱6~10mg。由于产后经过1d子宫即对缩宫素的敏感性降低,因此为了增强疗效,应事先或同时肌内注射雌激素。目前常用的雌激素及剂量如下:环戊丙酸雌二醇,肌内注射4~10mg;已烷雌酚,肌内注射40~50mg。

钙剂不仅是一种强壮剂,而且可以提高机体全身肌肉和神经的兴奋性,增强子宫的张力,有利于子宫内渗出物的排出。牛可静脉注射 5％氯化钙注射液 100～200ml,或 10％葡萄糖酸钙注射液 500ml。

如有全身症状,可肌内或静脉注射抗生素,同时采用补液等综合治疗措施。

急性纤维蛋白性子宫内膜炎是指子宫黏膜上覆盖有纤维蛋白性分泌物的一种子宫内膜炎。就其病理过程而言,是比较严重的,炎症往往由子宫黏膜上的坏死分解区域蔓延到子宫肌肉层和浆膜层,以致发展成为坏死性子宫炎和坏疽性子宫炎,在有些病牛甚至导致败血症而引起死亡。

病畜表现严重的全身症状,体温升高,食欲废绝,反刍停止,泌乳停止,时常努责,自阴门流出污红色或褐红色的稀糊状液体,具有恶臭味,内含灰白色黏膜组织小块。触诊子宫可感到子宫黏膜表面粗糙。常并发坏死性和坏疽性子宫炎,预后要谨慎。

治疗是彻底清除滞留在子宫内的炎性产物,但是禁止使用冲洗子宫和按摩子宫的方法,以免炎症扩散。一般只能采用促进子宫收缩和排出分泌物的药物,如垂体后叶素、雌二醇、前列腺素等。待子宫内的病理产物排出后,再向子宫内注入抗生素和磺胺类药物。全身治疗与产后败血症相同。

护理方面,应注意让病畜安静休息,并给予营养丰富和容易消化的饲料。

(三)产后败血症

产后败血症是一种严重的产后或流产后疾病,是由局部炎症(子宫颈炎、坏死性子宫炎、坏疽性子宫炎、子宫浆膜炎、子宫内膜炎和产道创伤等)而继发的。本病的特点是细菌及其毒素进入血液,使病牛迅速表现严重的全身症状。

【病　因】　本病通常是由于难产和助产不当,软产道受到损伤、感染而发生的,或由严重的子宫炎、子宫颈炎而继发的。胎儿腐败分解、胎儿浸溶、胎衣不下、子宫脱出、子宫复旧不全、坏死性乳房炎等也可引起本病。

产后败血症的病原体主要是溶血性链球菌、金黄色葡萄球菌、化脓性棒状杆菌、大肠杆菌、肺炎球菌等,多数病例为几种细菌混合感染,由其他细菌引起的比较少见。感染途径有两种,外源性感染主要通过助产人员的手或助产器械消毒不充分将病菌带入产道而感染。分娩时产道的损伤,生殖道淋巴管和血管的扩张或破裂都会给病菌的侵入开放门户。内源性感染与机体抵抗力有关,因为产前存在于阴道及体内其他病灶的病菌,一般不引起全身感染,而当产道受到损伤,特别是分娩后生殖器官和整个机体抵抗力降低时才为这些早已存在的病原菌提供扩散到全身的条件。但是并不是所有的局部感染都导致败血症,能引起败血症的只不过是其中一少部分。产后中枢神经系统的反应功能衰退、机体抵抗力减弱、细胞吞噬作用减弱等,是发生败血症的重要诱因。

产前饲养管理与本病的发生有密切关系,不合理的饲养管理,运动不足或缺乏,母牛极度消瘦,特别是在夏天牛舍温度很高(38℃～39℃)的情况下,母牛食欲剧减,抵抗力减弱,都是导致本病发生的诱因。

【症　状】　母牛的产后败血症以亚急性居多,如能及时治疗一般可以痊愈,但通常遗留慢性子宫炎及其他实质器官疾病。急性病例如果延误治疗,病牛可在2～3d死亡。

病牛精神极度沉郁,食欲废绝,反刍停止,泌乳减少或完全停止。站立不稳,起卧困难。脉搏快而弱,每分钟可达90～120次,呼吸浅表。

产后败血症在整个病程中的体温曲线是一种示病特征,往往是病初体温骤然上升达40℃～41℃,并稽留在41℃左右,温度的变动范围一般不超过0.5℃～1℃。触诊四肢末端及两耳感到发冷。临近死亡时，体温急剧下降，且常发生痉挛。体温升高的同时，病牛常卧下、呻吟、头颈弯于一侧、呈昏睡状态，似生产瘫痪症状，反应迟钝，但喜饮水。眼结膜充血，且微带黄色，病后期黏膜发绀，有时可见小点状出血。

病牛一般常有腹膜炎症状，即腹壁收缩，触诊敏感，排粪和排尿有疼痛表现。随着疾病的发展，病牛常出现腹泻，粪便带血，味腥臭，有时则发生便秘。因腹泻而脱水，眼窝凹陷，极度衰竭。

生殖器官有急性化脓性炎症过程、子宫复旧不全或极度弛缓，往往从阴道排出少量的污红色或褐色恶臭的液体，内含组织碎片。阴道检查时，母牛疼痛不安，黏膜干燥、肿胀，呈污红色，可见伤口上覆有一层灰黄色分泌物或薄膜。直肠检查可发现子宫弛缓、壁厚，触之有波动感。

血液检查，病初白细胞减少，血象显著左移，红细胞减少。恢复期红细胞和白细胞开始增多，血象右移。

在产气性细菌感染时，一般无局部炎症变化，因为机体的全部防御能力受到抑制，所以化脓过程停止。触诊感染部位时，可感到捻发音。

【诊　断】　根据高热、腹膜炎和生殖器官的局部症状，即可做出诊断。有条件时，应做产道分泌物和血液的细菌培养和药物敏感试验，以确诊病原菌种类和选择有效的抗菌药物。

【治　疗】

(1)局部疗法　当子宫内积聚有腐败的胎衣或渗出物时，禁止冲洗和按摩子宫，以免感染扩散，病情恶化。可以注射垂体后叶素、缩宫素、雌激素和前列腺素，以促进子宫收缩，使其内容物排出；为制止炎症，可将抗生素胶囊投入子宫；在发现阴道内有创伤时，应涂搽抗生素或磺胺类药物软膏；如有关节炎和腱鞘炎时，可涂搽10％樟脑酒精、碘化钾软膏（碘1g、碘化钾10g、凡士林100g）、碘软膏（碘4g、碘化钾4g、甘油12g、羊毛脂5g、黄蜡5g、凡士林 70g)、四三一擦剂或进行热疗。如有脓肿应及时切开排脓，并按外科方法处理。

（2）全身疗法　为抑制病原菌的繁殖和消灭侵入血液的病原菌，必须及早应用足够剂量的抗生素或磺胺类药物。为了争取时间，可先用青霉素和链霉素混合肌内注射，但其剂量必须比正常量大，且需连续注射（每隔 6～8h 注射 1 次），直至体温下降至正常为止。必要时可用人用青霉素行静脉注射，也可静脉注射四环素。磺胺类药物中，可选用磺胺二甲基嘧啶，按每千克体重 0.1g 的剂量，在 24h 内分 2 次口服，首次剂量加倍，连用 3～5d，但反刍动物要慎用。也可用 10％磺胺嘧啶注射液 200ml 静脉注射。在病情严重且伴有弥散性腹膜炎时，可向腹腔内注射青霉素。有条件时应根据产道排出物、血液培养及药物敏感试验结果，选用最有效的抗生素和磺胺类药物治疗。

其原则是处理生殖道的病灶，抑制和消灭侵入血液中的细菌，维护和增强机体的抵抗力。

为增强机体的抵抗力，中和毒素，促进血液中有毒物质的排出，维持循环血容量及组织中所需的水分，可用氢化可的松 150～200mg，加 5％葡萄糖氯化钠注射液 2 000～3 000ml 静脉滴注。

为提高防御能力，增加碱贮，防止酸中毒，可用 5％碳酸氢钠注射液 500～1 000ml 静脉注射，每日 1 次，连用 3～5d，口服少量的白酒或酒精对产后败血症是有益的。

（3）对症疗法　目的在于改善和恢复受损系统和器官的功能。

高热时机体生成维生素困难，消耗增加，可肌内或静脉注射维生素 C 和复合维生素 B 注射液。

当心脏衰弱时，用 10％安钠咖注射液 20～40ml，皮下注射。

肾脏功能紊乱时，可静脉注射 40％乌洛托品注射液 50ml。

必须指出，高热时不可使用退热、解热药物，如阿司匹林、安乃近等，因为这类药物都具有减缓新陈代谢和加强散热的作用，会导致机体抵抗力降低和引起机体脱水,使毒素浓缩,加强其毒害作用,引起病情加剧。

在治疗的同时,必须加强饲养管理,将病畜置于安静的圈舍内,给予富含维生素、易于消化的饲料。由于高热和腹泻可引起极度口渴,因此应该保证供给充足的干净饮水,使体内水分增多,增加排尿数量,促使血液中的毒素排出。对卧地不起的病畜垫以足量褥草,定时翻转,并经常用草束按摩腰脊和四肢,促进血液循环,预防发生褥疮。

(四)产后脓毒血症

产后脓毒血症是由局部炎症而继发的严重全身性疾病。本病的特征是静脉中有血栓形成,以后血栓化脓软化,随血液循环而流入其他器官和组织中,发生迁徙性脓性病灶或脓肿。有时两者混合存在。

【病　因】　产后脓毒血症的发生通常是由葡萄球菌所引起的,有时和链球菌共同致病。其他的化脓性细菌,如肺炎球菌、大肠杆菌,甚至产气杆菌感染,在机体抵抗力减弱时,也可致病。

产后脓毒血症常常是由生殖器官深重创伤、坏死性子宫炎、假膜性子宫炎及胎衣不下等疾病发展而来。有时原发性病灶可能不在生殖器官,而在远离生殖器官的其他部位,如胸腔、腹腔的脏器和乳腺等组织,由于分娩而疾病恶化,引发本病。个别病例其原发病灶可能极不明显,不能检查出来,这种情况称为隐性脓毒血症。

【症　状】　在生殖器官内能够发现程度不同的化脓腐败过程和明显的子宫弛缓。本病的全身症状常不一样,依迁徙性病灶所在的部位不同而异,但常常是突然发生的。在大多数病例,患病后6～8d病牛的后肢关节(跗关节、膝关节、髋关节、球节、腱鞘)、肺脏、肝脏和乳房(乳房多为大肠杆菌所引起)常常发生迁徙性脓肿。四肢关节出现迁徙性病灶时,病牛跛行、起卧困难。主要被侵害的关节为跗关节,往往发生肿胀,触诊感觉发热,且有疼痛。

　　如果迁徙性脓肿在肺脏中形成,主要的症状是出现短促、无力而频繁的咳嗽,呼吸加速,听诊肺部有啰音,肺泡呼吸音增强;病牛常有呻吟声,似很痛苦;叩诊肺部,仅在肺脏中有大的迁徙病灶时才呈现浊音;X 线检查,可以确诊迁徙的病灶;病理过程波及肾脏,则尿量减少,且出现蛋白尿;病灶转移至乳房,出现乳房炎症状。在开始发病或病原菌转移到新的部位,引起急性化脓性炎症时,病牛全身症状加重,体温升高,精神沉郁,反刍、食欲减少或废绝,泌乳停止。上述症状经 1d 或数日后减轻或消失,以后病原菌转移,形成新的病灶时,又出现严重的全身症状。体温变化亦是本病的特征,有时体温可上升至 40℃～41℃,有时可降至正常。整个病程中体温时高时低呈弛张热型。体温升高的同时,脉搏变快而弱,每分钟可达 90 次以上,脉搏也发生曲线变化,不规则的弱脉通常是心肌中毒的症状。

　　血液检查可发现红细胞减少,白细胞增多。白细胞增多是机体与病原菌进行积极斗争的征象,为一种良好的征兆。临床症状严重时,则白细胞减少,意味着机体斗争能力削弱,为不良的预兆,主要见于机体抵抗力衰弱或濒死之时。由于溶血毒素使红细胞大量分解而发生溶血性黄疸、血红蛋白血症和血红蛋白尿,临床检查可发现可视黏膜黄染。

　　大多数奶牛病例,病程虽然可能拖延,但多数最终可以痊愈。因为本病有时可能复发,病牛仍有死亡的危险,故预后应谨慎。治愈的母牛,因为全身健康状况受到很大影响,因而可能导致暂时性或永久性不孕。

　　【治　疗】　治疗原则与方法可参考产后败血症的治疗。

(五)产后脓毒败血症

　　产后脓毒败血症的特征是兼有产后败血症和产后脓毒血症的临床症状。病畜有时是先患产后败血症,以后转为产后脓毒血症,或者相反,脓毒血症在先,随后转为败血症。如果经过缓慢时,则可能拖延数周,甚至数月之久,病畜逐渐消瘦最终死亡。在慢性败血症的病例,体温可能降至正常,而被误认为已经恢复健康,但是一旦受到不良因素的影响,疾病又会复发,甚至突然死亡。因此,患脓毒血症和败血症的病例,体温降至正常、临床症状消失之后,决不能认为已经痊愈,至少还须继续观察2～3周,才能确认病畜已被彻底治愈。

本病的治疗原则与方法可参考产后败血症的治疗。

犬泌乳性缺钙抽搐

犬泌乳性缺钙抽搐亦可称为犬产后癫痫,是犬产后一种严重的代谢疾病,以低血钙症、运动神经兴奋而引起的肌肉强直性痉挛及知觉扰乱为特征。本病常发生于产后1～4d和产后30d左右仍在哺乳的犬,一般产仔在5只以上的母犬和小型犬多发。笔者诊治的临床病例中,京巴犬占52%,其他小型犬占48%,采用补充钙质等综合疗法全部治愈。本病常突然发作,病情急、病程较短,如果诊治不及时,常常会延误病情,致使病犬死亡。

【病　因】　直接原因是母犬分娩后血钙浓度急剧降低所致。引起犬血钙浓度急剧降低的原因有以下三点:一是产后大量钙质进入乳汁,正常健康犬血钙浓度为9.3mg～11.20mg/100ml,如果产后犬血钙浓度低于7mg/100ml就会发病;二是机体分泌甲状旁腺素减少,动用骨骼钙的能力减弱;三是分娩前后肠道吸收的钙量不足。钙具有降低神经肌肉兴奋性的作用,当血钙浓度急剧降低时,可发生神经肌肉兴奋性过高,导致全身抽搐和强直性痉挛。还有人认为妊娠末期食物中含盐量过多、妊娠犬肥胖、体质虚弱、妊娠期缺乏合理运动也是引起本病的重要因素。

【症　状】　根据病情轻重分为典型和非典型两种。

(1)典型症状　分娩后1～4d发病,病犬起初表现不安,易惊恐,然后突然倒地,四肢伸直,肌肉震颤或抽搐,严重者全身肌肉强直性痉挛,有时四肢僵硬,呈现游泳状划动。流涎,脉搏增数,呼吸急促,心率有时高达 150 次/min,体温呈现一过性升高至 40℃以上,但出现麻痹昏迷后不久体温恢复或下降。

(2)非典型症状 病初后肢乏力,运步蹒跚,站立不稳,共济失调,肌肉轻微震颤。张口呼吸,呼哧气短,眼球上下翻动,唾液分泌量增加,口角附着白色泡沫或唾液不断流出口外,体温也是一过性升高,随后降低。

【诊 断】 根据产后 1～4d 或 30d 左右未断奶的哺乳犬突然发生痉挛性抽搐,血钙浓度降低至 7mg/100ml 以下,补充钙制剂后症状消失即可做出诊断。但是要注意与中毒病、癫痫和神经性犬瘟热进行鉴别诊断。

【治 疗】 取 5%葡萄糖氯化钠注射液 150～200ml,加入 10%葡萄糖酸钙注射液 20～40ml,静脉滴注(50～70 滴/min),也可再加入 50%葡萄糖注射液 20ml。随着钙液的输入症状逐渐缓解,输完后往往可站起行走,必要时翌日再注射 1 次。配合肌内注射维丁胶性钙,口服葡萄糖酸钙溶液和鱼肝油,以加强补钙的疗效和防止复发。体温高于 40℃以上时,可用凉水灌肠降温。

钙制剂疗法是本病的特效疗法。其关键在于补钙量和补钙的速度。补钙量与补钙速度则与病犬的病情、体质、体重及血钙降低水平有关。一般的来说,补钙量按 2～4g/5kg 体重来计算,静脉滴注速度开始可稍快,随着心跳渐趋平缓、有力,肌肉痉挛、呼吸困难等症状完全消失,则速度放慢。若症状只是缓解,不应停止补钙,应再追加钙量,直至症状完全消失为止。

同时,应补充体液,加强机体抵抗力,纠正酸碱平衡紊乱等,加强护理,防止继发病发生。

加强围产期的饲养管理,合理搭配饮食,进行合理的户外运动,按时断奶,可有效预防本病的发生。

第四节　新生仔畜疾病防治

所谓新生仔畜是指残留的脐带断端脱落以前的初生仔畜,脱落以后至断奶这一时期则称为哺乳幼畜。一般仔畜脐带断端干燥脱落的时间为 5~7d,这段期间内发生的疾病称为新生仔畜疾病。

新生仔畜假死

新生仔畜假死又称为新生仔畜窒息,是刚出生的仔畜呈现呼吸障碍或无呼吸,仅有心跳,可视黏膜呈紫绀色或苍白色,全身松软不动,反射消失的假死状态。如不及时抢救,则往往死亡。

【病　因】　分娩时胎儿排出时间过长或排出受阻;脐带受到压迫或脐带缠绕;母体分娩时大出血或其他导致胎儿缺氧的疾病均可导致假死的发生。

【治　疗】　施治原则是一旦发生立即抢救。

(1)清除口腔、鼻孔内的羊水、黏液　方法是提举后肢,使仔畜头朝下,拍打或轻度压迫胸腹部,抖动身体,使吸入呼吸道的羊水、黏液等排出,并用纱布将口腔、鼻孔擦拭干净。严重者,可将胶管插入鼻腔和气管内,吸出其中的黏液和羊水。

(2)诱发呼吸　为诱发仔畜的呼吸反射,可用草秆刺激仔畜的鼻腔黏膜,或在其头部泼洒冷水(天冷时禁用)。如还不出现呼吸,则立即肌内注射山梗茶碱 5~10mg 或尼克刹米 1~2mg,同时输入氧气,并进行人工呼吸。有节奏地按压胸壁,使胸腔交替扩张和缩小,同步拉推两前肢,使其向外扩张和向内压拢。有呼吸动作后,不要马上停止,再持续 2min,以防再次发生窒息。也可捂住仔畜的嘴及一侧鼻孔,每隔数秒钟用口从另一鼻孔吹入空气 1 次或通过橡胶管吹气,然后再压迫胸壁,使空气排出。如果心跳刚刚停止,体外按摩心脏数分钟至 30min 可帮助心脏恢复跳动。

（3）辅助治疗　经过抢救恢复了呼吸的仔畜,可静脉注射10%葡萄糖注射液500ml,加入3%过氧化氢溶液20ml;纠正酸中毒时,静脉注射5%碳酸氢钠注射液100ml;防止继发肺炎时,肌内注射抗生素。

脐　炎

脐炎是新生仔畜脐带及周围组织发炎所引起的疾病,可见于各种家畜。

【病因与症状】　接产时对脐带消毒不严格,脐带受到污染,或仔畜互相吸吮脐带,遭受病菌感染所致。主要表现脐孔周围充血、肿胀、疼痛,仔畜经常拱腰,不愿行走。严重时脐部形成脓肿、瘘管,可挤出带臭味的脓液。脐孔处皮下可摸到硬索状物。如果脐带有坏疽则其残段呈污红色,有恶臭味,除掉脐带残段后,脐孔处肉芽赘生、溃疡,常附有脓性渗出物。引起全身感染时,出现败血症或脓毒败血症症状。有时可继发破伤风。

【治　疗】　取盐酸普鲁卡因青霉素溶液在脐孔周围进行分点封闭,局部涂以松节油与5%碘酊合剂。化脓时,切开并冲洗排净脓液,涂布碘仿磺胺粉。必要时切除脐带残段,除去坏死组织,清洗消毒后、撒布碘仿磺胺粉或涂以5%碘酊。为防止炎症扩散引起全身感染,可肌内注射抗生素。

保持产房、产圈清洁卫生,脐带不进行结扎和包扎,每日涂以5%碘酊,促进其干燥脱落,防止感染发炎。

脐　出　血

脐出血即新生仔畜脐带断端或脐孔出血,多是静脉出血。

【病　因】　在正常情况下,脐带断后,脐动脉因收缩力强,自行封闭后可缩至脐孔内膀胱尖两旁。脐静脉因不再有血液通过,加之仔畜肺脏开始呼吸,右心室的血液通过肺动脉进入肺脏,静脉中血压随之降低,脐静脉也封闭,因而断脐后不会发生脐出血。

　　新生仔畜孱弱、窒息时,由于肺脏膨胀不全或无呼吸,而使心脏的卵圆孔封闭不全,静脉系统中未形成负压,这是脐出血的主要原因。

　　【症　状】　如血液呈点状流出,表明脐静脉出血;血液从脐带或脐部涌出,表明脐动脉出血。有时脐动脉和脐静脉同时出血,脐带断端被染红,血液呈大滴状流出。

　　【治　疗】　脐带断端出血时,可用浸以 5％碘酊的细绳或缝合线,紧贴脐孔结扎脐带。即使脐动脉断端缩至脐孔内,也因血液不是流入腹腔,而是流入腹腔外的疏松组织内,很快就凝固。所以,结扎后也能促使其断端出血停止。如果脐带断端过短,无法结扎,可用消毒的大头针穿过脐孔部皮肤,再用缝合线将针和皮肤缠紧,即可达到止血目的。也可用缝合针及缝合线,按照脐尿管瘘的缝合结扎法,缝合脐孔。还可用消毒过的纱布或脱脂棉撒上消炎止血粉等药物填塞脐孔,外用纱布绷带包扎,压迫止血。

　　出血过多或呈现贫血状态时,应及时采取补液或输给母畜血等措施。呼吸困难时,可施行人工呼吸。

脐尿管瘘

　　脐尿管瘘,是新生仔畜在排尿时,从脐带断端或脐孔流尿、滴尿的一种疾病。多见于脐带断端脱落之后。

　　【病　因】　妊娠期间胎儿膀胱借脐尿管通过脐带与体外尿囊相通,断脐后,脐尿管即行闭锁。如脐尿管封闭不全,在排尿时尿液即可从脐尿管断端外流。有时因脐带断端遭受感染,破坏脐尿管封闭处,也可发生。牛、羊、猪的脐带断端被舔坏,也可发生脐尿管瘘。

　　【症　状】　脐尿管瘘多在脐带断端脱落之后才被发现,排尿时从脐孔中滴尿或流尿。有的脐带断后即发现尿液从脐带断端滴出。由于经常受尿液浸渍,脐孔及脐部周围发炎,肉芽增生,形成红色的溃疡面,久不愈合。在创面中心,可发现一小孔,尿液即从此瘘孔中流出。

有时因脐部炎症蔓延所致,可伴有精神沉郁、食欲不振、体温升高等全身症状。

一般预后良好,当引起脐部周围皮肤发炎,并发脐炎或继发败血症时,预后应慎重。

【治　疗】　如脐带断端尚存,可用5％碘酊充分浸泡,然后紧靠脐孔处结扎脐带。脐带残段已脱落,但从脐孔中流尿的病例,可用5％碘酊或4％甲醛溶液涂抹,每日2次。或用硝酸银腐蚀,经数天后可封闭,但这种方法比较麻烦。

比较确实而有效的疗法,是采取袋口缝合法封闭脐尿管孔。侧卧或半仰卧保定病畜,彻底清洗和消毒脐部及其周围后,用小弯针带缝合线,围绕脐孔周围较深地刺入组织并穿出,最后扯紧线的两端,将脐孔连同周围的组织一并扎紧,使之闭锁。如能先用镊子将脐尿管孔及其周围组织夹住提起,更便于缝合结扎。也可按袋口缝合法,即用小号圆弯针和缝合线围绕脐孔,按一定距离依次平行做2次刺入和穿出,最后拉紧线端打结,扎住瘘孔。一般针刺稍深,如太浅或距脐部太远,不能将脐尿管孔扎紧,术后仍会漏尿。

缝合时,缝合针不要刺入腹腔,以免误穿肠管或者引起腹膜感染。

术后局部涂以5％碘酊或2％龙胆紫溶液,必要时可在脐孔周围皮下注射青霉素。一般经数日即可愈合,此时应及时拆线。拆线过晚,会引起脐部感染。

如有全身症状,须及时使用抗生素,以免炎症扩散,引起败血症或脓毒血症而导致病畜死亡。

当伴有脐尿管炎时,可暂不结扎,先按脐炎治疗。

处理瘘管可先用消毒药液清洗和消毒瘘管后,涂搽碘仿醚。

脓肿应及时切开,并用3％过氧化氢溶液或5％碘酊彻底洗净脓肿腔,然后撒布磺胺粉等。

发生坏疽时必须切除脐带残段,除去坏死组织,清洗消毒后,涂以5％碘酊。

脐　带　疝

脐带疝是仔畜出生后最初几天的疾病,往往和脐疝混合发生,疾病进展急剧,治疗不及时极易导致不良后果,在实践中应引起足够重视。

【病　因】　仔畜生后最初几天,由于脐带潮湿、质脆,各层组织容易分离,当新生仔畜腹内压突然升高时,小肠或网膜经过未闭锁的脐孔落到由胎膜构成的疝囊中,形成脐带疝。

【症　状】　新生仔畜站立不安,食欲废绝,脐部呈局限性球状突出,质地柔软,多为嵌闭性疝。缺乏红、痛、热等炎性反应。有时疝内容物由脐孔附近的脐带破裂孔中脱出,脱出的肠管或网膜很快发生淤血、水肿、坏死。

【治　疗】　对疝轮较小的可涂布重铬酸钾等刺激性软膏,促使局部发炎而增生粘连。也可用95％酒精在疝轮四周分点注射,每点3～5ml。

使用手术疗法时,先局部剃毛、消毒后,用0.5％盐酸普鲁卡因青霉素溶液做环形(孔距1～1.5cm)浸润麻醉。将脐部疝囊切开2～3cm,用0.05％雷佛奴尔溶液或普鲁卡因青霉素溶液冲洗脱出的肠管,并还纳于腹腔。用袋口缝合法闭锁疝环。皮肤行结节缝合。术部可注射青霉素和链霉素,静脉注射5％葡萄糖注射液100～500ml,每日1～2次。

胎 粪 停 滞

仔畜出生后,超过24h仍不排出胎粪者称为胎粪停滞或便秘、秘结。多种家畜均可发生。

【病因与症状】 因仔畜虚弱,未吃到初乳或吮食初乳不足,母畜不舔仔畜肛门等所致。仔畜出生24h后不见胎粪排出,逐渐表现不安,拱背努责,回头顾腹,举尾,甚至打滚鸣叫。随后精神沉郁,不吃奶,肠音消失,呼吸、心跳加快,全身衰竭,陷于自体中毒状态。用手指检查直肠或肛门部,常可触到硬固的粪块。

【治 疗】 用温肥皂水深部灌肠,口服液状石蜡或香油适量,一般即可奏效。大粪块阻塞于骨盆部时,则须用粗铁丝等伸入直肠破坏粪块后灌出。上述方法无效时,可施行剖腹术,挤压肠壁或在粪块内注水后排出。如有中毒表现,必须及时采取补液、强心、解毒、抗感染等治疗措施。

孱 弱

孱弱是指仔畜衰弱无力、生活力低下的一种先天性发育不良或不足。各种家畜均可发生。

【病 因】 妊娠期间,母畜饲料中蛋白质缺乏,维生素A、维生素E、B族维生素严重不足,或者矿物质(主要是铁、钙、钴、磷)缺乏,母畜患产前截瘫或慢性胃肠疾病等可导致本病发生;当牛、羊患布鲁氏菌病时,可引起胎儿子宫内感染,产出孱弱的犊牛、羔羊。

母畜发生早产,近亲繁殖所产出的仔畜多因发育不良也常表现孱弱。

仔畜出生后,由于环境温度过低,未能及时护理而受冻,其活力也会受到严重影响。

【症 状】 仔畜体质衰弱无力,肌肉松弛,动作不协调,站立困难或卧地不起,心跳快而弱,呼吸浅表而不规则,有的闭眼,对外界刺激反应迟钝,耳、鼻、唇和四肢末梢发凉,吮乳反射微弱。

【预 后】 孱弱程度不严重,且末梢部较温暖,有吮乳反射者,预后良好。如卧地不起,无吮乳反射,体温下降且末梢冰凉,同时继发呼吸微弱、心力衰竭者,预后多不良。犊牛孱弱,通常在出生1周内死亡,只有少数犊牛在良好的人工护理下逐步健壮起来。存活的犊牛,生长发育迟缓,如饲养管理仍然得不到改善,即使达到成年阶段,生长、生殖性能均差。

【治　疗】　原则是保温、人工哺乳、补给维生素和钙盐,以及采取强心、补液等对症疗法。

把新生仔畜放在温暖的屋子里,室温保持在20℃左右,必要时可在身上盖以麻袋等。

人工哺乳时,最好喂给初乳。可用奶瓶饲喂,每隔2～3h饲喂250ml。或取奶粉15g、葡萄糖5g,加水250ml,煮沸降温后,即可喂给。无吮乳动作时,可用细橡皮管经鼻投喂。为了促进消化,可在乳汁中加入胃蛋白酶或乳酶生1～2g。

呼吸微弱的,可配合呼吸节律按压胸腔和腹腔,大幅度伸缩其前肢,加强深呼吸。用草把或毛巾揉搓皮肤促进循环。没有呼吸的,按新生仔畜假死进行抢救。

为了供给养分和补氧,可静脉注射10％葡萄糖注射液400ml,加入3％过氧化氢溶液20ml。也可静脉注射10％～25％葡萄糖注射液250～400ml和10％氯化钙注射液10ml。

仔畜不能站立时,应勤翻动,防止发生褥疮,如有站立的可能,每天要按时扶起,实行辅助运动,加强锻炼。此外,根据具体情况,还可应用强心剂和维生素A、维生素D、B族维生素等制剂。并发便秘时,应及时治疗。

加强母牛的饲养管理,改善其营养状况,是预防本病的根本措施。妊娠后期母畜患病时,应及时治疗。分娩时,应注意护理仔畜,防止其受凉、受冻。

膀胱破裂

是新生仔畜膀胱壁破裂,尿液漏于腹腔内的一种疾病,可分为先天性和后天性两种,临床上以后天性膀胱破裂为多见,且主要发生于生后1～4d。

【病　因】　膀胱破裂通常继发于尿闭。因膀胱内压不断增大或在卧地打滚时引起破裂。分娩时,如果胎儿膀胱充满,也可在通过产道时,因腹部受挤压而造成膀胱破裂。也可因膀胱颈部、球海绵体肌或尿道痉挛,导致排尿障碍,膀胱膨大而破裂。此外,使用金属导尿管给新生仔畜导尿时不谨慎,也可造成膀胱破裂。

【症　状】　膀胱破裂的初期,常无明显症状,只是持续不排尿。经过1～2d后,病畜精神逐渐沉郁,食欲减退,心跳和呼吸加快,经常卧地。由于腹腔积尿,腹围明显增大,肷部变平,腹部下沉。腹部叩诊时呈水平浊音,以手拍打腹壁时,有拍打充盈橡皮样波动感。若行腹腔穿刺,则有多量淡黄色液体流出。

病程较久时,可出现腹膜炎和尿中毒症状。

【诊　断】　根据病史、临床症状和腹腔穿刺表现等,一般可以确诊。如有怀疑时,可采用尿液染色法诊断。经尿道向膀胱内注入0.1％红汞10ml(也可用0.5％龙胆紫溶液),然后穿刺腹腔。若穿刺液为淡红色或淡紫色即可确诊。

如能早发现,并及时进行治疗,预后尚好,伴发腹膜炎或尿毒症者预后不良。

【治　疗】　治疗膀胱破裂时,应立即进行手术,排出腹腔内积尿,缝合膀胱破口,并对症治疗。

手术时,采用右侧卧或后躯半卧保定,局部浸润麻醉。从脐后方4～5cm距腹白线2～3cm处起,斜向后方(与膀胱纵轴平行)切开腹壁,切口长7～8cm。先缓慢地排净积尿,然后寻找膀胱及其破口。膀胱呈菱形,位于脐部与骨盆之间的腹腔内。膀胱破裂口多发在膀胱底两侧圆韧带之间的区域,少数也可发生在膀胱下壁。膀胱破口用小号缝合针和 4 号缝合线行两道缝合。第一道为全层连续缝合,第二道为浆膜肌层连续内翻缝合,针距为 0.5cm。缝合时,均应仔细检查每个针孔有无漏尿现象,必要时进行补针。最后用温青霉素生理盐水冲洗腹腔,缝合腹腔创口,并附以结系绷带。

术后,如新生仔畜仍表现排尿障碍,则行导尿。若确认再次发生破裂时,应及时再次进行手术。防止感染,可肌内注射抗生素。对已发生腹膜炎和尿毒症者,应采取适当的对症疗法。

肛门和肠管闭锁

肛门和肠管闭锁属于先天性畸形,肛门闭锁是肛门被皮肤所封闭,无肛门孔。肠管闭锁又分直肠闭锁和结肠闭锁,前者是除无肛门外,直肠末端也形成盲囊;后者是小结肠或大结肠的一部分闭锁不通或缺乏一段肠管。

【病　因】　一般认为,这种畸形是隐性遗传所致。当近亲繁殖时,隐性基因出现频率较高,故容易发生此种畸形。

【症　状】　新生仔畜无肛门孔,肛门为皮肤所封闭,努责时此处皮肤明显突出,病畜时常不安,不能排粪,隔着皮肤可摸到胎粪。

直肠闭锁时,新生仔畜无肛门孔,同时直肠末端也闭锁,成为盲囊。盲囊靠近肛门皮下时,其症状与肛门闭锁相似;如盲囊距肛门较远,新生仔畜努责时整个会阴向外突出,但不能摸到胎粪。

结肠闭锁时,新生仔畜有肛门,出生后一切正常,但不见排粪。经 12~24h,呈现与新生仔畜便秘相似的腹痛症状。1~2d 后,病畜精神不振,食欲减退,腹部膨胀,表现明显腹痛症状。以后逐渐出现自体中毒现象。直肠内通常无胎粪,亦不见努责。

膣肛时有两种情况,一种是无肛门,直肠末端开口于阴道前庭或阴道上壁,仔畜仍能排粪,但粪便是由阴门中排出,排粪稍有困难。另一种是有肛门,但直肠后部下壁与阴道前庭上壁粘连并形成瘘道,排粪时肛门可排出粪便,阴门亦可见粪便排出,临床上称为腟瘘。拨开阴门即可发现。

【诊　断】　肛门及直肠闭锁的诊断并不困难。结肠闭锁易与新生仔畜便秘相混淆,须注意区别。以手指进行直肠检查,摸不到胎粪,而且用温肥皂水行深部灌肠,排出的液体中也无胎粪,可怀疑为肠管闭锁。为了确诊,可开腹探查。切开腹壁后,检查结肠,查明有无闭锁。

肛门和直肠闭锁、部分小结肠闭锁以及腟肛,如能在手术后顺利排粪,则预后良好。结肠闭锁预后多不良。

【治　疗】　应立即进行手术,使肛门或肠管畅通。

(1)肛门闭锁　局部消毒并进行浸润麻醉后,在肛门部最突出处,"十"字形切开皮肤并剪除皮瓣,做成圆形肛门孔。注意勿损伤肛门括约肌。为了防止创口愈着,在术后 2~3d 内,每日用青霉素软膏或磺胺软膏涂抹创缘。仔猪、仔犬等小家畜锁肛时,自腹部施压致肛门明显突出,在最突出处,用烧红的直圆头烙铁或铁条进行烧烙,并穿透皮肤,穿透孔的大小以不损伤括约肌为原则。伤口用青霉素软膏或磺胺软膏涂抹。

(2)直肠闭锁　先按前述方法切开并剪除皮肤后,向前剥离组织,发现直肠末端后,用镊子将其拉出。剪开盲囊,用抗生素软膏涂抹切口边缘,排出胎粪。清洗和消毒后,以结节缝合将直肠末端创缘缝合在肛门周围皮肤切口的边缘上。如直肠末端位于深部,继续剥离组织找不到盲端时,可行仰卧保定,在脐部后方沿腹白线侧面切开腹壁。在骨盆腔内找到直肠末端后,设法将其拉出肛门外,再按上述方法进行手术。

(3)结肠闭锁　通过开腹探查,若发现一部分肠管闭锁,可根据具体情况,切除闭锁的肠管,然后施行肠管吻合术,使肠管畅通。当遇有某些肠管缺乏,其前后形成两个盲囊,可将它们拉近并切开,然后施行肠管吻合术,最后缝合腹壁。术后治疗可参照剖腹术。

直肠开口于阴道时,如行手术治疗,须等仔畜长大后再进行。手术方法是:于阴道内的直肠开口处插一橡皮管或塑料导管,切开皮肤,钝性分离直肠末端的周围组织,将直肠末端与阴道上壁切断,拉至肛门部,并且和皮肤切口的边缘缝合。对阴道壁的开口也进行缝合,并涂布抗生素软膏。

也可使用造肛术。全身麻醉或镇静,结合局部麻醉,在肛门位置(会阴突出的顶部)消毒后,圆形切除一块皮肤,须大于正常扩张的肛门,以防术后肉芽增生形成瘢痕后造成肛门窄小,不利于排粪。然后,手指伸入皮肤切口内,探得直肠的盲端(有积粪容易触知),并将其拉至皮肤切口外,切除盲囊的部分,排除积粪,将切口的周边全层缝合于造肛口的皮肤周边。术后造肛部应注意清洗并涂搽抗生素油膏。

新生仔畜溶血病

本病是初生仔畜吮食初乳后,迅速表现的以贫血、黄疸、血红蛋白尿为特征的一种急性免疫性溶血性疾病。是新生仔畜红细胞与母体血清抗体不相合引起的一种同种免疫溶血反应。主要见于骡驹,马驹、仔猪、犊牛、仔兔也有发生。发病率随胎次的增加而上升。本病病情急剧、死亡率高,出生后数小时至 5 日龄内均可发病,2 日龄内发病者多见。

【病　因】　存在于公畜红细胞膜上的抗原(血型因子)遗传给胎儿,在妊娠期间,如果胎盘出血或受到外力损伤,或胎盘有病灶而引起出血,或是以前分娩时胎盘发生损伤,都可能使胎儿红细胞进入母体血液循环中,存在于胎儿红细胞膜上的父系抗原,刺激母体产生相应的特异性抗体,这种大分子抗体不能经胎盘进入胎儿体内,所以妊娠期间的胎儿并不会发病。分娩前后,这种抗体大量进入初乳中,当新生仔畜吮食含有高效价抗体的初乳后,其肠黏膜在出生后的 48h 内,可直接将这些大分子免疫球蛋白(抗体)吸收进入血液,与胎儿红细胞膜上的抗原结合,引起仔畜红细胞的凝集,最后红细胞破裂而产生溶血。仔畜初生48h后,其肠管内蛋白分解酶的活性增强,同时存在于初乳中的胰蛋白酶的抑制作用消失,则抗体被肠壁直接吸收的作用停止,这一现象称为肠壁闭锁。所以,初生后48h内未哺食母乳的仔畜一般也不会发病。

【症　状】　仔畜未吃母乳前一切正常,但吸吮初乳后不久即出现症状。病初表现精神沉郁,反应迟钝,头低耳聋,有的有腹痛现象。稍后出现可视黏膜苍白、黄染,尿量少而黏稠,轻者呈淡红黄色,重者呈血红色或浓茶色,病畜排尿痛苦。心跳增快,心音亢进,呼吸粗厉,严重者卧地不起,呻吟,有的出现神经症状,如嗜睡、抽搐、惊厥、角弓反张等。最终因高度贫血、极度衰竭而死亡。

猪的急性病例在吮食初乳后3h出现食欲减退,4h左右可视黏膜贫血苍白,急剧陷入虚脱状态,于7h左右死亡。慢性病例于发病后2～6d死亡。

犊牛发病一般不是自然发生的,主要是由于注射含有红细胞抗原的疫苗所引起,如母牛1次注射2ml巴贝西虫疫苗,可导致犊牛同种红细胞溶解。临床检验可见病畜血液稀薄如水,缺乏黏稠性,呈淡红黄色。红细胞数减少,轻者300万个/mm³左右,重者100万个/mm³以下,红细胞形状不整,大小不等。血红蛋白显著降低,白细胞相对值增高。尿液呈现血红蛋白尿,尿沉渣中含有肾上皮、脓细胞和黏液。

【诊　断】　以骡驹为例,简要介绍诊断方法如下。

测定母马产后初乳抗体效价:挤取产后母马的初乳,与2%驴或骡驹的红细胞悬浮液进行凝集反应。当初乳效价为1∶32及以上者为非安全效价,效价为1∶16及以下者为安全效价,可自由哺乳。如果检测母马血清其抗体效价在1∶8及以上者为非安全效价。

临床症状:以贫血,可视黏膜苍白、黄染,血红色或浓茶色尿液为特征。

实验室检查：血沉速度快，血浆变为淡红色或红色，血清胆红质间接反应呈强阳性，黄疸指数增至14～100。综合上述，做出诊断并不困难。

【治　疗】　输血疗法是治疗本病的根本疗法，同时采用辅助疗法。首先病畜必须停吃母乳，直至初乳中抗体效价降至1∶16以下方可恢复哺乳。

选择血液相合的健康马、驴或骡（猪、牛、羊等选择同种家畜）作为供血者。采血时按采血量的1/10比例，加入3.8％枸橼酸钠溶液作为抗凝剂。如无条件做配血试验，将所采到的血液静置50min左右，弃掉血浆，再加入等量生理盐水后，即可进行输血。输血量一般每次为500～1000ml，必要时间隔12h重复输血1～2次。输血后如病驹基本恢复，则应停止输血，以免因反复输血而抑制病驹的造血功能。

临床实践中，常常一时找不到血源，而病驹又需要马上输血。在这种情况下，可用5％氯化钙溶液作抗凝剂，采母马血液弃去血浆后，再用等量生理盐水稀释，静置分层后再弃掉上清液，再一次加入等量生理盐水后进行输血，这样基本上只输入红细胞。因母体血液中含有大量抗体，输入后会加重病情，因此尽可能不输母体血液。上述办法只是一项应急措施。

在输血过程中，如出现呼吸困难、心律不齐、战栗等异常现象，应立即停输或降低输血速度。如果只是出现轻微反应，可能是输血速度太快或输血量过大，心脏一时负担过重所致，一般可自行缓解，无需采取急救措施。

当病驹红细胞降至300万个/mm³以下时，可采取先放血后输血或边放血边输血的方法。方法是：先从颈静脉放血300～500ml，随后立即输入500～1000ml血液，或在一侧颈静脉放血的同时，另一侧颈静脉输血。心脏衰弱的病驹不宜放血。

输血后为促进病驹的迅速康复,可用氢化可的松 100～200mg(或地塞米松 20mg)、肝泰乐注射液 20ml、维生素 C 5～10mg、10％葡萄糖注射液 500ml,一次静脉滴注;为缓解酸中毒,每日可输入 5％碳酸氢钠注射液 100ml。另外,每日肌内注射维生素 A、维生素 B_{12}、抗生素等,以增强造血功能和防止继发感染;心脏衰弱时可应用强心剂;消化不良时内服健胃剂,肌内注射复合维生素 B 等。

中药可用加味茵陈汤,以保肝利胆。方剂是:茵陈 13g,郁金 6g,栀子 9g,大黄 6g,龙胆草 6g,枳壳 6g,白术 9g,白芍 6g,煎服,每日 1 剂,连用 3d。

【预　防】　预防本病的关键是不让仔畜吮食抗体效价高的初乳,或抑制和破坏抗体的作用。

(1)暂停哺食初乳　母马初乳抗体效价在 1∶32 及以上者,每隔 2h 彻底挤干初乳 1 次,定时检测,直至降至安全范围,再让仔畜自由吮食。在隔乳期间,应行人工哺乳。

(2)交换哺乳　将抗体效价高的母畜所生的仔畜,与同日出生或出生日期接近的马驹或驴驹,或已出生 2d 以上的骡驹,交换母畜哺乳。

(3)代养或人工哺乳　将抗体效价高的母畜所生的仔畜,交给其他性情温顺、乳汁充足的母畜代养至断奶,也可等待亲生母畜初乳抗体效价降至安全范围后送还自养。人工哺乳是在隔乳期间,取其他母畜的乳汁或牛乳,或按下列配方配成人工初乳进行喂养。人工初乳的配方是:鲜鸡蛋 2 个,鱼肝油 8ml,食盐 5g,牛奶 500ml,开水 150ml,先将牛奶与水煮沸,待凉至 45℃左右时,加入其他成分,搅匀,温度降至 38℃～40℃时,再进行哺喂。人工喂养要做到定时、定量、定温、定质。

(4)灌服食醋　据报道,仔驹出生后立即将食醋 100ml 加入等量水稀释后灌服,再让仔驹自由吮乳,可防止本病的发生。每隔

2～4h 灌醋 1 次,直至初乳抗体效价降至安全范围为止。据报道,初乳抗体效价在 2048 倍以下时,用此法均可达到预防目的。此法简便易行,无毒副作用,可据具体情况加以试用。

除上述方法外,产过溶血病病驹的母畜以后配种时改用其他公畜,往往可以防止再次发生本病。

第五节　不孕不育症防治

不育是指家畜暂时性或永久性的不能繁殖(繁殖障碍),一般将母畜的不育称为不孕,而公畜达到配种年龄不能正常交配,或精液品质不良,不能使母畜受胎,则称为不育。通常将引起母畜繁殖障碍的各类疾病统称为不孕症。

引起不孕不育的原因很多,概括起来主要有以下三类。

第一,生殖器官的先天性缺陷和获得性疾病,如幼稚病、生殖器官畸形、异性孪生母犊不孕、卵巢及输卵管的各种疾病、子宫疾病等均可引起不孕不育。

第二,饲养管理失调及周围环境恶劣或突然改变,如长期饲料不足、品质不良、饥饿,使役过度、哺乳期过长、挤奶过度、运动不足、引种时气候环境骤然改变等。

第三,繁殖技术不当或错误,如发情鉴定技术不良、配种不适时或漏配、输精技术不当,输精、接产、助产时消毒不严、处理不当等。

上述三类不孕不育中,首先应当注意繁殖技术性不孕不育,漏配或配种不适时在家畜不孕中占很大比例,尤其在繁殖技术力量薄弱的地区,这一问题更为严重。某些疾病性不孕不育也可由繁殖技术不当造成。

根据不孕不育发生的原因不同将其分为以下七类。

一是先天性不孕不育。主要是因生殖器官发育异常,或精子、卵子、合子有生物学上的缺陷而丧失了繁殖能力。常见的有种间杂交、幼稚病、两性畸形、异性孪生母犊不孕、生殖器官畸形等。

二是饲养性不孕不育。即由于饲养不当而使生殖功能衰退或受到破坏而造成的不孕不育。如长期饥饿或饲料量不足，饲料品种单一，缺乏某种必需的营养物质，长期饲喂变质饲料等。另外，过肥或过瘦也能引起不育。

三是管理性不孕不育。使役过度、哺乳期过长、挤奶过度、运动不足、泌乳过多等可引起生殖功能减退或停止而发生不孕不育。

四是繁殖技术性不孕不育。由繁殖技术不良引起，如不能识别母畜是否发情，错过配种时机，精液处理不当，人工授精技术不良等；输精、接产、助产时消毒不严、处理不当等。

五是水土气候性不孕不育。主要是由生活环境恶劣、长途迁徙、生活环境剧烈改变等原因造成。

六是衰老性不孕不育。指未到绝情期的家畜，生殖功能过早衰退而导致的不孕不育。

七是疾病性不孕不育。各种严重的疾病都能引起不孕不育。在家畜饲养生产实践中，主要指生殖器官疾病造成的不孕不育。

应该注意到，在生产实践中，有些不孕不育可能不是单纯由某一种原因引起的，而是由两种或两种以上原因综合作用的结果。因此，遇到不孕不育的病例，特别是畜群中有许多母畜不孕的时候，要从多方面进行调查、研究和分析，从中找出最主要的原因，确定大多数母畜不孕的类型，从而采取相应的措施，达到防治目的。

异性孪生母犊不孕

母牛怀双胎，且胎儿性别为一雄一雌时，有91％～94％的母犊会发生生殖器官发育不良，不能繁殖，而雄犊多能正常发育，不能繁殖者为数很少。异性孪生的特征是母牛缺乏生殖器官的某些部分，或者发育极不完全。异性孪生在双胎中约占57％。这种现象可能是由于两个胎儿的绒毛膜血管之间有吻合支,雄性胎儿的生殖腺发育较早,雄性激素通过血管吻合支进入雌性胎儿体内,对生殖器官发生作用,一种是抑制卵巢皮质和生殖道的发育,因此异性孪生母犊的生殖器官发育不全,另一种是使雌性胎儿生殖腺雄性化,所以异性孪生母犊的体态至成年时也介于雌雄之间,而且有时卵巢好像睾丸。近年来有人根据现代免疫学和细胞遗传学的研究结果认为,异性孪生母犊不孕是由于性染色体嵌合体的作用,而不是由于激素的影响。

没有生育能力的异性孪生母犊不发情,外部检查发现阴门狭小,且位置较低,阴蒂较长,乳房极不发达,乳头与公牛相同。阴道短小(在 12cm 以下),只能使用羊用开膣器,且手无法伸入。看不到子宫颈膣部。直肠检查摸不到子宫颈,子宫角细小,卵巢的大小如西瓜子,因此也都不易摸到。

剖检时可以发现输卵管、子宫及子宫颈均细小,且常无管腔。乳房内无腺体,仅有脂肪,乳头亦无管腔。

对于异性孪生母犊,在出生后即应详细检查生殖器官,以便及时决定是否留作繁殖之用。达到性成熟年龄者,应注意观察是否发情和表现雄性化。

生殖道畸形

由于遗传或先天性原因,胚胎时期中肾管系发生缺陷造成生殖道发育异常。

1. 子宫角畸形　有时可以发现只有一个子宫角,另一个子宫角缺如,或者仅为一条稍厚组织,没有管腔。有时还缺少一侧的卵巢。

2. 子宫颈畸形　在子宫颈畸形时,可以见到缺乏子宫颈或子宫颈不通两种情况。这样的母畜都不能生育,应予淘汰。有时母牛有双子宫颈或两个子宫颈外口,这是因为两侧缪勒氏管分化为子宫颈的部分未完全融合所致。这种母牛通常都有生殖能力,但分娩时,如果前置的两个肢体分别进入两个子宫颈管,则会发生难产,须行手术助产。

3. 阴道畸形 有时阴瓣发育过度,阴茎不能插入阴道。可用外科刀将阴瓣的上缘划开,然后用开膣器机械地扩张阴道,破坏发育过度的阴瓣,以后每日送入开膣器 1～2 次,防止在愈合时发生狭窄。手术后宜涂上消毒防腐软膏或鱼石脂甘油。如果阴道和阴门过于狭窄或者闭锁不通,则不宜用作繁殖。

幼 稚 病

幼稚病是母畜达到配种年龄时,生殖器官发育不全或者没有繁殖功能。

幼稚病主要是由丘脑下部或脑垂体分泌不足,或者甲状腺及其他分泌腺功能紊乱所引起。主要症状是母畜达到配种年龄时不发情,有时虽然发情,但却屡配不孕。

临床检查可发现生殖器官的某些部分发育不全,如子宫角特别细小,卵巢似豌豆样大等。有时阴道和阴门特别细小,以致无法交配。

可将患幼稚病的母畜和公畜一同放牧,也可使用绒毛膜促性腺激素、孕马血清等激素制剂,促进其生殖器官的发育。对阴道和阴门狭小的病例,可采用人工扩张的方法。如果能够交配并且受精,则妊娠可促进生殖器官发育和生长。治疗无效时,可改为役用或淘汰。

饲养性不孕

饲养性不孕是由于饲养不当,而使生殖功能衰退或受到破坏。这种不孕在后天性不孕中占有重要地位。但应当指出的是,饲养稍差的母畜并不一定都发生不孕,而且每次妊娠的平均配种次数不一定多于饲养优良的母畜。

【病因与症状】　饲料不足，或饲料中缺乏某种必要的营养物质，如蛋白质、矿物质、微量元素和维生素等。这几种因素常常不是孤立的，而且是互相联系、互为因果的。如饲料数量不足往往伴有蛋白质不足，蛋白质不足常与矿物质缺乏，特别是与缺乏磷有关，质量不好的饲料，一般都缺乏维生素。另外，在饲料数量不足，营养不良，且又使役、挤奶的情况下，畜体生理功能就会受到抑制，导致发情周期紊乱或长期不发情。此时直肠检查可发现卵巢体积小，卵巢上无卵泡发育，如有黄体，则常为持久黄体。

长期舍饲缺乏运动，饲料过多且品种单一，饲喂大量含蛋白质、脂肪或碳水化合物多的饲料时，卵巢发生脂肪变性和脂肪浸润，卵泡上皮脂肪变性。这样的家畜除表现肥胖外，临床还常表现不发情。直肠检查卵巢体积小，没有卵泡和黄体，有时发现子宫松软，子宫收缩力降低或子宫萎缩。

长期使用腐败油渣、过多的糟渣类饲料饲喂奶牛，可引起慢性中毒，对生殖功能有不良影响。长期饲喂过量青贮饲料也可导致奶牛不孕。

在牧草生长旺盛的季节，母牛大量采食雌激素含量丰富的苜蓿等，体内雌激素过多，导致生殖道黏膜充血、发情周期异常、慕雄狂和输卵管水肿等，还可造成精子运送障碍，受精卵附植困难，受胎率低等。植物性雌激素也存在于大麦种子和土豆等中，饲喂时应注意适当控制喂量。

【诊　断】　为了确诊饲养性不孕，必须调查饲养管理制度，分析饲料的成分及其来源等。由于瘦弱、过肥或其他营养物质缺乏引起的不孕，常常在生殖功能紊乱以前，就表现出全身性变化，因此并不难做出诊断。

【治疗和预防】　首先改善饲养管理，供给必要的饲料，种类要多样化，其中应含有足够数量的可消化蛋白质、维生素和矿物质，舍饲家畜可增加运动和光照时间。补饲胡萝卜和新鲜的优质干草及青贮饲料。补给大麦芽,对于卵泡发育中途停顿,或已发育成熟但不排卵的奶牛,均有效果。

过肥引起不孕时,应多投喂多汁饲料,减少精饲料喂量,增加运动。

对卵泡发育已成熟,但排卵延迟的奶牛,可肌内注射绒毛膜促性腺激素 5 000~10 000U。

当维生素 A 缺乏时,除多投喂富含胡萝卜素的饲料外,还可用维生素 A 注射液皮下或肌内注射。常用量每次 10 万~20 万 U,每次间隔 5~7d,连用 3~4 次。或内服鱼肝油,每日 1 次,每次 100~200ml,连用 20~30d。

维生素 B 缺乏时,应给予富含硫胺素和其他 B 族维生素的饲料,如麸皮、豆饼、块根类饲料或酵母。临床上常用维生素 B_1 注射液肌内注射,每次 10~50ml。也可以内服食用酵母,每日 100~200g,连用 1 个月为 1 个疗程。

维生素 D 缺乏时,除供给富含蛋白质和维生素 A、维生素 D 的饲料外,还可应用维生素 D_2 注射液 5 万~10 万 U,肌内注射。此外,应加强放牧与运动,延长光照时间,保证充足的紫外线照射。

维生素 E 缺乏时,除了供给富含维生素 E 的优质苜蓿干草、胡萝卜外,还可应用维生素 E 油溶液,每次 100~200ml,每隔 5~7d 注射 1 次,3 次为 1 个疗程。

硒缺乏引起的繁殖障碍,可应用 0.1%~0.2%亚硒酸钠注射液定期肌内或皮下注射 5~10ml,同时配合应用维生素 E 制剂 100~200mg,效果更明显。为补充饲料中的硒,可以投喂含有硒的饲料添加剂,混于饲料或饮水中,剂量一般不超过 1g/100kg。

锰缺乏时,用硫酸锰或高锰酸钾加入饮水中有良好的防治作用。

钴缺乏时,可在饲料或饮水中添加钴盐(干奶期的牛 1 昼夜需获得钴 4~8mg,泌乳牛需 7~20mg)。治疗时,每头牛 1 昼夜应供给氯化钴 1g。

碘缺乏时补给由食盐 1kg、碘化钾 250mg 组成的碘盐,孕畜每日可补给 2～5 滴碘酊,或用碘化钾 1 mg,混于水中给予。

卵巢功能减退、不全及萎缩

卵巢功能减退是卵巢功能暂时受到扰乱,处于静止状态,不出现周期性活动,又称为卵巢静止。若卵巢功能长久衰退则引起卵巢组织萎缩和硬化。卵巢功能不全则是家畜有发情的外部表现,但排卵延迟或不排卵,或者有排卵而无发情的外部表现。是奶牛最常见的疾病性不孕之一。

【病　因】　饲料不足、品质不良,病畜长期饥饿、使役过重、泌乳过多或哺乳过度、过肥或过瘦、年老多胎,环境恶劣、气候不适等均可引起卵巢功能减退、不全,甚至萎缩;卵巢炎时可引起卵巢的萎缩及硬化;卵巢功能不全还多见于初情期及产后的第一次发情,往往只排卵,而没有发情的外部表现,主要是缺少少量孕酮刺激所致,这种情况又称为安静发情。

【症状与诊断】　其特征是发情周期延长或长期不发情,发情的外部征象不明显,或发情征象明显但不排卵。直肠检查若卵巢的大小、形状、质地无明显改变时则为卵巢功能减退或不全;若卵巢体积缩小,质地变硬,呈豌豆样,甚至几次检查均无变化时则为卵巢萎缩或硬化。子宫体积往往也随之缩小。

【预　后】　卵巢功能不全或减退若发生于年轻母畜,治疗后预后良好;如果年老或卵巢已萎缩时,则预后不佳。

【治　疗】　首先要了解家畜的全身状况及生活条件,全面分析后,找出主要原因,采取适当措施,治疗效果才会满意。

(1)公畜催情　公畜对于母畜的生殖功能来说,是一种天然的刺激。尤其是那些公母分开饲养的牛、猪等,利用公畜催情通常可获得良好的效果。在公畜的刺激下,可促进母畜出现发情表现,或使发情外部表现明显,并可加速其排卵。

(2)激素疗法 肌内注射孕马血清促性腺激素(PMSG)、促卵泡素(FSH)、人绒毛膜促性腺激素(hCG)或雌激素均有效果。可连续使用 3 次,剂量视家畜的种类及大小而定。

(3)冲洗子宫 用 40℃生理盐水或 1:100 的碘甘油水溶液 1000ml 冲洗子宫,隔日 1 次,连用 3 次,可促进发情。

(4)直肠按摩子宫、卵巢等 通过按摩,对生殖器官产生刺激作用,以促进发情。

(5)电针疗法 取百会、肾俞、腰胯、关元俞、卵巢俞、雁翅等穴位,进行电针治疗,有一定效果。

(6)激光疗法 用氦氖激光照射交巢穴,距离 80cm,每次 10min,连照 7d,对本病和持久黄体、卵巢囊肿、卵泡交替发育、排卵延迟等均有较好疗效。

卵泡萎缩与交替发育

是卵泡不能发育至成熟排卵即闭锁的一种卵巢疾患。

【病　因】 气候和温度不适宜,冷热变化无常,饲料不足或营养不全价等,可导致垂体分泌促卵泡素和促黄体素不足,使卵泡未能发育至成熟排卵就发生闭锁。

【症状与诊断】 在发情开始时,卵泡的大小及外部发情表现都与正常发情一样,当卵泡发育到第三期(生长卵泡期)时停止发育,随后逐渐缩小,外部发情症状也随之逐渐消失,发情时间短促。

卵泡交替发育则是卵巢上正在发育的卵泡停止发育,开始萎缩,同时对侧卵巢(也可能是同侧)上又有新的卵泡出现并发育,但不到成熟即又开始萎缩,此起彼落,交替发育,但均达不到成熟排卵。外部表现连续发情或断续发情,发情期拖延很长,有时可达几十天。确诊本病需进行多次直肠检查或 B 超监控。

【治　疗】 随着气候和温度条件的好转与稳定,饲料、饲草的改善,绝大多数可以转为正常发情。必要时在饲料中添加大葱和大麦芽,以促使卵泡正常发育;也可注射促卵泡素、孕马血清促性腺激素和人绒毛膜促性腺激素进行治疗。

排卵延迟

排卵延迟即排卵的时间向后拖延,多见于配种季节的初期。

【病　因】　垂体分泌促黄体素不足,激素的作用不平衡,是造成排卵延迟的主要原因。气温过低或突变,营养不良,挤奶或哺乳过度,也可引起排卵延迟。

【症状与诊断】　卵泡的发育和发情的外部表现都和正常发情一样,但发情期延长。如牛可达 3～5d 或更长。一旦排卵则发情停止。确诊需进行多次直肠检查,并注意与卵巢囊肿相鉴别。

【治　疗】　首先改进饲养管理条件,注意保持环境小气候的相对稳定。肌内注射促黄体素 200～400U,或人绒毛膜促性腺激素 1000～3000U,或孕酮 10mg,在输精前或输精同时注射,对排卵延迟疗效显著。此外,应用小剂量的促卵泡素或雌激素亦可缩短发情期,促进排卵。

对于确诊为排卵延迟而屡配不孕的母牛,见到发情征兆后,立即注射促黄体素 200～300U 或孕酮 10mg,可促进排卵。或是在发情初期用雌激素,晚期用孕酮,也可获得良好效果。

笔者用促排 2 号(LRH-Ⅱ)给排卵延迟的牛在输精的同时进行肌内注射,绝大多数在用药后 24h 内出现排卵,效果很好。

持久黄体

妊娠黄体或周期黄体超过正常作用时限不消融而仍继续保持其功能者,称为持久黄体。因其照样分泌孕酮,抑制卵泡发育,使发情周期停止循环,因而引起不孕。本病多见于牛,而且多数继发于子宫疾病。

【病　因】　舍饲牛运动不足,饲料单一,缺乏矿物质及维生素等,都可引起黄体长期不能消退。产奶量高的奶牛,或冬季寒冷且饲料不足时容易发生。子宫炎、子宫蓄脓、子宫积水、胎儿死亡未被排出、产后子宫复旧不全、部分胎衣滞留和子宫肿瘤等,都可能引起黄体滞留而成为持久黄体。

【症状与诊断】　其临床特征是发情周期停止循环,母畜不出现发情。直肠检查可发现一侧或两侧卵巢体积增大。在牛可摸到或大或小、突出于卵巢表面的黄体,其质地较卵巢实质硬。间隔一定时间(10~15d)再检查,其结果和上次检查的结果相同,即可诊断为持久黄体。为了和妊娠黄体相区别,须仔细触诊子宫是否有妊娠的相应变化。持久黄体时,子宫可能没有变化,有时松软下垂,稍为粗大,触之没有收缩反应。

【治　疗】　改进饲养管理,增加运动,减少挤奶量,即可使黄体消退,恢复发情表现,但所需时间较长。若采用适当治疗措施,数天内黄体即可消溶,并出现发情。衰老、健康不佳者,或因生殖器官疾病所引起者,预后应谨慎。

治疗本病最好的药物是前列腺素 $F_{2\alpha}$ 及其类似物。目前国内常用 15-甲基前列腺素 $F_{2\alpha}$ 注射液,每安瓿 2ml,含量为 2mg,牛每次肌内注射 3mg 左右。另外,还可用氯前列烯醇、氟前列烯醇等。一般注射 1 次即可奏效,必要时间隔 1d 再注射 1 次。对患病奶牛每隔 2h 肌内注射缩宫素 100U,每日注射 4 次,有良好疗效。

促卵泡素、孕马血清促性腺激素和雌激素等药物对持久黄体也有一定的治疗效果。另外,还可用电针疗法和激光疗法等。

卵巢囊肿

卵巢囊肿分为卵泡囊肿和黄体囊肿两种病理状况。卵细胞死亡,卵泡上皮变性,卵泡壁结缔组织增生变厚,卵泡液未被吸收或增多而形成的囊肿称为卵泡囊肿;卵细胞死亡,未排卵的卵泡壁上皮细胞黄体化而形成的囊肿称为黄体囊肿。本病各种家畜均可发生,但多见于奶牛和猪。卵泡囊肿的主要特征是无规律的、频繁的、强烈的发情和持续发情,甚至出现慕雄狂;黄体囊肿则长时期不表现发情。慕雄狂是卵泡囊肿的一种症状表现,其特征是持续而强烈的表现发情行为。但并不是所有的卵泡囊肿都表现慕雄狂症状,也不是只有卵泡囊肿时才出现慕雄狂,卵巢炎、卵巢肿瘤以及内分泌功能紊乱也可导致慕雄狂。

【病　因】　目前尚不完全清楚,但肯定与内分泌失调有关。如促黄体素分泌不足或促卵泡素分泌过多、雌激素过多等会扰乱正常的排卵和黄体发育甚至出现卵巢囊肿。从实践来看,本病可能与下列因素有关:饲料中缺乏维生素 A 或含有多量雌激素;精饲料过多而又缺乏运动;长时间发情又不进行配种;垂体或其他激素腺体分泌失调或注射雌激素过多;子宫内膜炎、胎衣不下及卵巢其他疾病;卵泡发育过程中,气温骤然变化;在黑白花奶牛本病还可能与遗传有关。

【症状与诊断】　患卵泡囊肿的牛发情周期变短,发情期延长,严重时表现持续而强烈的发情行为,甚至成为慕雄狂。病牛极度不安,大声哞叫、咆哮、拒食,频繁做排尿姿势,但尿量少;经常追逐和爬跨其他母牛;产奶量降低,有的乳汁带苦咸味,煮沸时发生凝固。慕雄狂病牛因经常处于兴奋状态,过度消耗体力,往往食欲减退,身体消瘦,被毛失去光泽,甚至性情变得凶恶,不听使唤,有时攻击人、畜;时间一长,颈部肌肉逐渐发达增厚,状似公牛;荐坐韧带松软,臀部肌肉塌陷,出现尾根高举,阴唇肿胀,阴门经常排出黏液的现象。长期表现慕雄狂的病牛,发生骨骼严重脱钙,爬跨时容易发生骨盆或四肢的骨折。

也有个别的牛不发情,多见于产后 60d 内发病的牛。

直肠检查卵巢上有 1 个或数个囊壁紧张而有波动的囊泡。直径大于正常卵泡,一般超过 2cm(牛),有时牛的卵巢上为多个小的囊泡。如果囊肿的大小与正常卵泡接近,为了正确鉴别,可隔2～3d再检查1次,正常卵泡届时均会消失。给牛多次进行直检,可发现囊泡交替出现和萎缩,但不排卵,囊壁较正常卵泡壁厚。子宫角松软,不收缩。

黄体囊肿的外部症状是长时期不发情。在牛直肠检查时可发现黄体囊肿多为1个,大小与卵泡囊肿相似,但壁较厚而软,不那么紧张,有波动感和轻微的疼痛感。黄体囊肿存在的时间比卵泡囊肿长,如超过1个发情周期,直肠检查的结果相同,并且母牛仍不发情,即可确诊。

【治　疗】　患病后治疗越早,预后越好。发病时间久,囊肿数目多时,治疗效果往往不佳。少数病例不经治疗也可以自行恢复。

改善饲养管理条件,增加运动,适当使役,高产牛减少挤奶量,可使少数轻度病牛不治自愈。

(1)激素疗法　卵泡囊肿时,用促黄体素500U肌内注射或用人绒毛膜促性腺激素5 000～10 000U肌内注射,70%左右的病牛可治愈。有慕雄狂的病牛,用孕酮100mg肌内注射,每日1次,连用7d,效果较好。

应用促性腺激素释放激素类似物如促排1号、促排2号、促排3号等0.5～1mg给病畜肌内注射具有显著效果。该药物重复应用发生变态反应者极少,而且还有预防作用。

对于黄体囊肿病牛,首选15-甲基前列腺素 $F_{2\alpha}$ 或氯前列烯醇肌内注射,也可用促性腺激素释放激素类似物。

当应用上述激素效果不显著时,可静脉注射地塞米松20～40mg,连用3次后剂量渐减将会有一定效果。

(2)手术疗法　挤破或穿刺囊肿,或进行手术摘除以达治疗目的,但因其副作用大,目前已很少使用。

(3)激光和电针疗法　李呈敏等(1983)用氦氖激光照射牛交巢穴对本病有很好的治疗效果。电针肾俞、百会、腰胺、卵巢俞、雁翅等穴也有一定效果。

卵巢囊肿如伴有子宫疾病,应同时加以治疗。

卵　巢　炎

卵巢炎按病程分为急性和慢性两种,按炎症渗出物分为浆液性、出血性、脓性和纤维蛋白性等四种。在临床检查上,多不能确诊病程和性质。

【病　因】　急性卵巢炎多是子宫炎、输卵管炎、腹膜炎及其他器官炎症的并发病,或因持久黄体及卵巢囊肿挫破或穿刺囊肿等手术后的损伤而引起,不正确地按摩卵巢或病原微生物经血液和淋巴液进入卵巢而发生感染也易导致本病。

慢性卵巢炎大多是由于结核病和布鲁氏菌病所引起,或从急性卵巢炎转变而来。

【症状与诊断】　急性卵巢炎时,母畜不发情,但若只是单侧卵巢发炎,发情周期可能正常。直肠检查时,可感觉患病侧卵巢呈圆形,肿大、质软而表面光滑,卵巢可增大 2～4 倍,触之疼痛。卵巢上无黄体和卵泡。病畜通常表现精神沉郁,食欲减退或废绝,产奶量下降,发情周期紊乱,体温升高。

慢性卵巢炎时,患病侧卵巢体积增大,质地变硬,而且表面凹凸不平,有时变硬仅限于卵巢的某一部分。触诊时有轻微疼痛,或者没有疼痛。某些病例卵巢实质萎缩,白膜增厚,卵巢体积缩小,触之无痛,无卵泡也无黄体,病畜无全身症状,性欲缺乏或呈现慕雄狂。

脓性卵巢炎通常在卵巢上发生豌豆大至鸡卵大的脓肿,触之似卵泡,有波动感,但疼痛明显。

如一侧发炎,母畜仍能保持妊娠能力;两侧发炎,治疗及时且病程短时,卵巢功能可以恢复正常;如病程拖延;变为慢性,则卵巢实质萎缩,结缔组织增生,完全丧失繁殖能力;脓性卵巢炎则预后不佳。

【治　疗】　对急性卵巢炎,应及时采用抗生素(青霉素、链霉素等)和磺胺类药物治疗。青霉素 G 钾或钠,肌内注射,每千克体重 8 000U,每日 2～3 次。链霉素肌内注射,每千克体重 10mg,每日 2 次。通常两者合用。四环素肌内或静脉注射,每千克体重 10～15mg,每日 2 次(静脉注射用 5％葡萄糖注射液或灭菌生理盐水稀释,肌内注射配成 2.5％浓度注射液)。

为增强机体抵抗力,可用 5％氯化钙注射液 200～300ml 静脉注射,或应用氯化钙 10g、氯化钠 1.8g,蒸馏水 200ml,混合溶解,滤过,煮沸灭菌,待温后,加入无水酒精 50ml,分上、下午 2 次缓慢静脉注射,连用 2～3d。

此外,还可用氯化钠 3.6g、葡萄糖 600g、蒸馏水 400ml,溶解,滤过,煮沸灭菌,然后将樟脑溶于 95％酒精 200ml 中,滤过后,待上清液温度降至 40℃左右时混合在一起应用,于早、晚 2 次静脉注射,连用 3～5d。

对慢性卵巢炎,应按摩卵巢,每日 1 次,每次 5min,连续进行 10d 左右,也可注射抗生素和磺胺类药物,但效果均不甚理想。建议将病畜从种畜群中淘汰。

卵巢肿瘤

卵巢肿瘤是卵巢上的一种病理性产物,使卵巢正常生理功能发生障碍,破坏了正常发情周期,甚至发展成慕雄狂或完全不发情而引起不孕。

原发的卵巢肿瘤是从卵巢表面上皮、基质以及卵原细胞上发生的肿瘤,通常有纤维瘤、腺瘤和肉瘤。

【病　因】　肿瘤的病原及其发病机制迄今尚未完全阐明。关于肿瘤病毒的研究,目前尚无定论,还不能认为病毒是导致肿瘤发生的普遍因素。

【**症状与诊断**】 直肠检查可见卵巢迅速增大,当组织增生时,卵巢往往垂入腹腔,肿瘤通常呈圆形,表面光滑,也有的形状复杂,肿瘤大者呈鸡卵乃至胎儿头大,并且可能达到腹腔很深的位置,检查时可能被误诊为胎儿。卵巢肿大的同时,子宫前动脉卵巢支也增粗,并有震颤(假孕脉)。子宫的大小及形状无变化,子宫中动脉无震颤现象。

卵巢肿瘤也可使母畜发展为慕雄狂,临床表现强烈而持续的性兴奋,病牛爬跨其他牛或允许其他牛爬跨,甚至攻击人、畜。

恶性肿瘤时,病牛呈进行性消瘦。

【**治　疗**】 手术切除患病卵巢是根本疗法,另一卵巢功能正常时,有可能妊娠;两侧卵巢肿瘤无治疗价值,应予淘汰。

输卵管炎

输卵管与子宫和腹腔相通,子宫和腹腔的炎症均可扩散到输卵管。输卵管发生病变,其炎性分泌物及毒素危害卵子、精子或受精卵,或者由于黏膜肿胀、粘连,造成管腔狭窄,甚至闭锁阻塞,阻碍精子、卵子通过,从而引起不孕。当炎性渗出物在输卵管积聚,不能排出时则发展为输卵管囊肿。

【**病　因**】 多半是由子宫内膜炎发展而来,有时卵巢炎、腹膜炎和结核病等也可继发输卵管炎。

【**症状与诊断**】 病畜通常表现为屡配不孕。其他生殖器官的功能和状态都正常,或者在子宫内膜炎治愈后仍屡配不孕时应该怀疑本病的存在。根据病史和直肠检查输卵管的变化确立诊断。

轻症的输卵管炎不易诊断,只能假定诊断为输卵管炎或阻塞。

慢性输卵管炎,其特征是结缔组织增生,管壁肥厚,管腔显著狭窄。直肠检查可摸到输卵管肥厚、硬结,甚至呈硬绳索状。多数病例,输卵管和周围组织粘连。

急性输卵管炎,输卵管黏膜肿胀,个别部分出现糜烂和溃疡,在输卵管内积有大量的浆液性、黏液脓性或脓性渗出物,管腔直径扩大,触之有疼痛和液体波动感。

结核性输卵管炎,直肠检查时可摸到输卵管粗细不一,有大小不等的结节,有时在卵巢周围发现粘连及结缔组织增生。

重症久病的,输卵管的一部分粗大如核桃。输卵管炎并发输卵管积液时,由于管腔的一部分发生粘连和阻塞,炎性渗出物积聚,致使输卵管形成带有波动的囊肿。直肠检查时,在卵巢和子宫角之间,可触到黄豆大至鸽卵大的囊泡,略有波动。

输卵管炎并发输卵管积脓时,直肠检查输卵管时可感到呈波动状的大小不等的囊泡。触压时,病牛呈现疼痛反应。

【预　后】　两侧输卵管炎、输卵管水肿、输卵管积液和蓄脓不易治愈,预后不良。一侧输卵管炎,可能仍有生殖能力,预后可疑或良好。

【治　疗】　继发性输卵管炎,应及时治疗原发病。原发病治愈后,输卵管炎也可能随之痊愈。子宫内膜炎继发的轻症输卵管炎,可用1‰灭菌食盐水冲洗子宫,然后注入青霉素360万U、链霉素100万U,溶剂量为30ml。

为了促进输卵管功能恢复,排出炎性渗出物,可肌内注射氯前列烯醇2mg或垂体后叶素10～50U,隔日1次,连用2～3次。

输卵管阻塞、蓄脓、囊肿等,尚无适当疗法,建议淘汰母畜。

慢性子宫内膜炎

慢性子宫内膜炎是指子宫黏膜的慢性炎症。本病常见于各种家畜,奶牛多发,是导致不孕症的主要疾病之一,也是世界性热门研究课题之一。

【病　因】　多由急性子宫炎转变而来。病原菌大部分为链球菌、葡萄球菌、化脓性棒状杆菌和大肠杆菌。据报道,从子宫分泌物中还分离出了单胞杆菌、衣原体和霉形体。子宫复旧不全、胎衣不下、布鲁氏菌病、结核病都可并发子宫内膜炎。某些病毒,如牛传染性鼻气管炎病毒和牛病毒性腹泻-黏膜病病毒也可引发本病。输精、分娩、助产等消毒不严密是将病原体带入子宫导致感染的主要原因。此外,公畜生殖器官的炎症和感染也可通过本交或精液传给母畜引起子宫炎。

【症状与诊断】　根据慢性子宫内膜炎炎症性质的不同,分为隐性、慢性卡他性、子宫积水、慢性卡他性脓性、慢性脓性子宫内膜炎和子宫积脓六种。

(1)隐性子宫内膜炎　其特征是子宫不发生肉眼可见的病理变化,发情周期正常,但是屡配不孕。发情时子宫排出的分泌物较多,略有浑浊。冲洗子宫的回流液静置后有沉淀,或有蛋白样絮状物浮游。浮游物为异常游走的白细胞、黏液和变性脱落的子宫黏膜细胞。

(2)慢性卡他性子宫内膜炎　其特征是子宫黏膜增厚松软,甚至发生溃疡和结缔组织增生,个别的子宫腺可发展成为小囊肿。临床上不表现全身症状,发情周期正常或紊乱,发情时或卧地时从阴门流出多量半透明浑浊黏液。如果子宫颈封闭,即无黏液排出。屡配不孕或者发生早期胚胎死亡。阴道检查可发现阴道内积有带絮状的黏液,子宫颈稍开张,子宫颈膣部肿胀。直肠检查感觉子宫角稍变粗,子宫壁增厚,弹性减弱,收缩反应微弱。但有的病例检查不出明显变化。冲洗子宫时,回流液略浑浊,似清鼻液或淘米水。

(3)子宫积水　子宫内蓄积有棕黄色、红褐色或灰白色稀薄或黏稠的液体不能排出时称为子宫积水。通常是由慢性卡他性子宫内膜炎发展而来。各种家畜均可发生,以牛发生较多。由于慢性炎症过程,使子宫腺分泌功能增强,子宫收缩减弱,如子宫颈黏膜肿胀,阻塞子宫颈管,导致子宫腔内的分泌物不能排出而蓄积。

病牛表现长期不发情,从阴道中不定期排出一些分泌物。如果子宫颈完全封闭,则见不到分泌物排出。直肠检查可发现子宫颈正常或者变细、变小,子宫角因积聚液体而增大,如妊娠 1.5～2个月的子宫或者更大。触诊感觉子宫壁薄,有明显的液体波动,两子宫角大小基本相等。

若病畜站立体位变动,或子宫角松弛下垂,一子宫角中的液体可以流入另一角内,使两角的大小出现差异,但摸不到胎儿和子叶。卵巢上有时有黄体。

子宫积水与妊娠子宫的鉴别要点是:积水的子宫摸不到胎儿和子叶,间隔 10～20d 再检查,子宫不随时间的延长而增大,有时几次检查的结果是两子宫角的大小不恒定,甚至原来大的子宫角变为小的子宫角。

(4)慢性卡他性脓性子宫内膜炎 其特征基本上与慢性卡他性子宫内膜炎一样,但病理变化更为深重。子宫黏膜肿胀、充血、淤血,脓性浸润,上皮组织变性、坏死和脱落,有时子宫黏膜上有成片的肉芽组织或瘢痕,子宫腺可形成囊肿。临床上表现发情周期不正常,阴门中排出灰白色或黄褐色稀薄脓液,在病畜的尾根、阴门周围和跗关节上常沾有阴道排出物或其干痂。直肠检查可见子宫角增大,收缩反应微弱,子宫壁变厚,但厚薄不均、软硬度不一致,子宫内积有分泌物时,则感觉有轻微的波动。冲洗子宫时,回流液浑浊,像稀面汤或米汤,其中夹杂有小脓块或絮状物。

(5)慢性脓性子宫内膜炎 其特征是阴门中经常排出脓性分泌物,母畜卧地时排出较多,尾根、阴门周围及跗关节上黏附有脓性分泌物或其污秽性干痂。

直肠检查与卡他性脓性子宫内膜炎所见基本相同,有时在子宫壁或子宫颈壁上可发现或大或小的脓肿。冲洗子宫的回流液浑浊,像稀面糊,甚至是黄白色脓液。

(6)子宫积脓 子宫内积留大量脓性分泌物不能排出时称为子宫积脓,常由脓性子宫内膜炎发展而来。本病常见于奶牛、犬等。

患慢性脓性子宫内膜炎的母畜,由于其黄体持续存在,子宫颈管黏膜肿胀,或黏膜粘连而形成隔膜,使脓液不能排出,蓄积在子宫内而形成积脓。本病的特征是病畜不发情,尾根、阴门周围及跗关节处常有脓痂黏附。阴道检查可发现子宫颈膣部黏膜充血肿胀,其外口附有少量黏稠脓液。直肠检查可见子宫显著增大,与妊娠2～4个月的子宫相似,甚至更大,两子宫角增大的程度一般不等,如果相等时,可能误诊为双胎妊娠。子宫壁变厚,但厚薄不均、软硬度不一,触诊有较硬的液体波动感,但摸不到胎儿和子叶。聚积的脓液量多,子宫剧烈增大时,两侧子宫中动脉均出现类似妊娠脉搏的搏动。卵巢上常有黄体,甚至成为囊肿。隔些天再检查时,子宫体积不随时间的延长而增大。

牛发生子宫积脓时要注意与正常妊娠2～4个月的子宫、子宫积水、胎儿浸溶、胎儿干尸化等鉴别诊断。

【预　后】　隐性子宫内膜炎预后良好,适当治疗后可望恢复生殖能力;慢性卡他性子宫内膜炎经治疗后,一般都可痊愈,但就繁殖力来说,预后仍须谨慎;子宫积水的病畜,消除原发病后可以出现发情,但往往妊娠困难;慢性脓性子宫内膜炎、慢性卡他性脓性子宫内膜炎和子宫积脓均可临床治愈,但治愈后多不易再妊娠。

【治　疗】　慢性子宫内膜炎的治疗原则是恢复子宫张力,改善子宫血液循环状况,促进子宫内液体的排出,抑制或消除子宫感染。

(1)冲洗子宫　到目前为止,冲洗子宫仍然是对本病行之有效的治疗方法之一。如果子宫颈封闭,可先应用雌激素,促使子宫颈松弛开张后,再进行冲洗。

对隐性子宫内膜炎,在配种前2h用1％碳酸氢钠溶液或生理盐水加入80万U青霉素溶液冲洗子宫和阴道,具有较好的效果,并可以提高受胎率。

对慢性卡他性子宫内膜炎,常用的冲洗液是5％灭菌盐水、0.05％高锰酸钾溶液或0.05％新洁尔灭溶液。不但可促进子宫收缩,而且有防止子宫渗出物吸收,促进其排出的作用。开始冲洗时可用浓度较高的溶液,随着渗出物的减少和炎症的缓解,可逐渐降低溶液的浓度,用量也可逐渐减少。

对慢性脓性子宫内膜炎,冲洗液可用 0.1%高锰酸钾溶液、0.1%新洁尔灭溶液或 0.1%洗必泰溶液,也可用淡复方碘溶液(每 100ml 溶液中含复方碘溶液 10ml)或 10%灭菌盐水。

对子宫积脓和子宫积水的病例,应先将子宫内的液体导出后,再用上述冲洗液冲洗。

冲洗子宫之后,可根据情况,向子宫内注入抗菌防腐药液或直接放入抗生素胶囊。如四环素、土霉素、复方新诺明,用量 5～10g,用约 30ml 生理盐水配成混悬液注入子宫内,也可使用青霉素和链霉素。有条件时应做药敏试验,以便选择最有效的抗菌药物。

冲洗子宫时,除严格遵守消毒规则外,冲洗液一定要加温至 42℃左右,每日 1 次,每次治疗所用的冲洗液量为 500～3 000ml,分次冲洗,直至排出的液体透明为止。

为了使冲洗液尽可能完全从子宫中排出来,可采用带回流支管的子宫洗涤器或用小家畜灌肠器,也可选用粗细适当的橡胶管,其末端接一漏斗,将冲洗液注入子宫内或倒入漏斗让其自行缓慢流入子宫(抬高漏斗)。当注入溶液不顺利时,切不可强行施加压力,以免感染扩散,引起输卵管炎或腹膜炎。每次注入冲洗液的量不可过多,且需等液体排出后,方可再次注入。可以利用虹吸作用排出冲洗液,或经直肠按摩子宫,促进液体排出。

(2)激素疗法 常用的有前列腺素、缩宫素和雌激素。前列腺素可消除卵巢上的黄体,改善子宫功能;雌激素可促使子宫颈开张,提高子宫肌的张力;缩宫素能促进子宫的收缩,最后使子宫内的液体排出,以达到治疗目的,但须与冲洗子宫和使用抗生素配合应用。

(3)针灸疗法 电针百会、关元俞、阳关、卵巢俞等穴位,具有一定的疗效。利用氦氖激光照射牛的交巢穴,每日 1 次,每次 10min,连续 7d 为 1 个疗程,也具有较好的效果。

（4）中药疗法 据报道,宋大鲁教授研制的"促孕灌注液"、兰州中兽医研究所的"清宫液"、江苏省的"清宫消炎混悬液"、吉林省的"宫炎康"、河北省的"促孕一剂灵"、浙江省的"宫炎净"等对慢性子宫内膜炎均有一定的疗效。1996～1999 年,由河北农业大学李呈敏、李铁拴等研制的"孕宝"纯中药颗粒冲剂,试治 3 000 余例子宫内膜炎病牛和病猪,取得了非常好的效果。牛或猪发情开始后,投服或舔食"孕宝"200g(牛)或 150g(猪),6h 后输精或配种,受胎率达 70％以上。投服或舔食"孕宝"后,可明显改善病畜血液流变学多项指标,调整体内矿物质的平衡,抑制或杀灭子宫内的病原菌,并明显降低病牛血清及子宫分泌物中肿瘤坏死因子的含量,对子宫亦有明显的促进收缩作用,从而使慢性子宫内膜炎得以治愈,并达到妊娠之目的。对子宫积脓、子宫积水的病例,须配合冲洗子宫等疗法,才能取得较好的疗效。

精液品质不良

精液品质不良是指公畜精液中无精子、精子少,死精子、精子畸形和精子活动力不强等,达不到使母畜受精所需要的标准。另外,精液中混有脓液、血液或尿液,也可直接影响受精。精液品质不良是公畜不育中最常见的原因。

【病 因】 饲养管理不良是造成公畜精液品质不良的主要原因,如饲料的数量或营养成分不够、维生素缺乏、运动不足等。

配种过度造成性亏损时,射出精液量少,精子的数量也同时减少,并出现异常。长期不配种,第一次配种时所射出的精液品质多半不良。

生殖器官的疾病,如隐睾、睾丸发育不全及不良、睾丸萎缩、睾丸炎及附睾炎、附睾管及输精管闭锁、阴囊皮肤疾病等,均可造成死精、少精或无精症。精索静脉曲张时,虽然性欲旺盛但不射精,也采不出精液。

副性腺(精囊腺、前列腺、尿道球腺)有炎症时,常使精子死亡,或使精液带有脓液、血液和絮状物。膀胱颈麻痹时,可使精液中带有尿液。

严重的高热性疾病,可导致曲细精管上皮受到破坏,从而不能正常生成精子。

人工授精时,采精消毒不严,精液处理不当,也可使精液品质下降。

精子异常和无精子也可能与遗传有关,如在海福特公牛的精子中,细胞核的某些畸形部分具有遗传性。

【症状与诊断】 公畜精液品质不良,可以同时造成很多母畜不孕,因而不难被发现。怀疑为精液品质不良的公牛、公猪,应按人工授精对精液品质的要求,进行详细检查。

肉眼观察,带血的精液为粉红色或深红色;带尿的精液为黄色,有时可闻到尿液臭味。

显微镜检查,品质不良的精液可能无精子、精子数目减少、精子的活力降低或死亡,或者出现各种不同的畸形。生殖器官发生感染或者有脓性炎症时,可以发现大量白细胞和脓细胞。

公畜患死精症时,有的是精子射出前全部死亡,有的是采出时尚可活动,但活力甚弱,不久即有一半以上的精子死亡。

精液品质不良的公畜,除了生殖器官的原发病症状以外,一般没有外表可见的症状。饲养管理不良所引起的,有时可见到性欲减退。

【治 疗】 饲养管理不良所引起的,应及时改善饲养管理,如适当增加饲料的数量、改善饲料品质、增加运动、暂停配种等。

继发性的应及时治疗原发病,消除原发病后,精液品质往往能够提高。

根据病情,皮下或肌内注射丙酸睾丸酮100~200mg,隔日1次,连用1~3次;内服甲基睾丸素1~3g;肌内注射绒毛膜促性腺

激素 5 000U,隔 1～2d 使用 1 次,连用 3 次;肌内注射胎盘组织液
20～40ml,每日 1 次,连用 2～4 次。

由先天性疾病所引起的公畜不育或属于遗传性的,不宜留作
种用。

阳　痿

阳痿是公畜在配种时性欲不旺盛或者无性欲,阴茎不能勃起
的一种疾患。

【病　因】　饲养管理不良是引起阳痿的主要原因。种公畜饲
喂过度,尤其是供给过量的蛋白质而又缺乏运动时,可使公畜肥胖
虚弱,从而造成阳痿。采精技术不良、更换采精人员、采精场所不
安静等,均可因条件反射扰乱而影响公畜的性欲。有时采精过频
也可引起阳痿。

龟头及阴茎疾病引起的疼痛、造成身体衰弱的疾病、持续性疼
痛或者后肢不能负重、蹄部腐烂、四肢擦伤、后躯或脊椎有关节炎
等,均可引起阳痿。

【症　状】　在交配或采精时,公畜见到母畜不亲近,阴茎不勃
起或者不用力爬跨,完成不了交配过程;由于饲养管理不良所引起
的阳痿,公畜消瘦,精神不佳,或者过于肥胖,行动呆笨等;由于配
种过度引起的阳痿,公畜精神委顿,呈现疲乏状态;疼痛疾病可引
起公畜不愿或不能爬跨;刚开始配种时发生的阳痿,种公畜的性欲
正常,但阴茎不勃起。

【治　疗】　首先应查明致病原因,采取措施加以消除,如改善
饲养管理、改换采精用的母畜、注意种公畜的条件反射等。

由于疾病所造成的,应及时治疗原发病。

用丙酸睾酮或苯乙酸睾酮 100～300mg 皮下或肌内注射,隔
日 1 次,连用 3 次。也可口服甲基睾酮,每次 0.3～0.5g。

消瘦乏情公畜的阳痿可能是由脑垂体促性腺激素分泌不足所

引起,可试用绒毛膜促性腺素治疗,肌内注射 5 000～10 000U,必要时可间隔 3～5d 重复应用。

公畜阳痿注射孕马血清 4 000～6 000U,疗效很好。

竖阳不射精

是公畜具有正常性欲,阴茎也能勃起,但交配时达不到兴奋高潮,因而不能射精的一种状况。

【病　因】　配种时外界环境的突然刺激(如围观、吵闹、母牛蹴踢、鞭打等),人工采精时假阴道压力不足、温度过低、采精技术不当,尿道炎症和某些阴茎损伤疼痛,脊髓和腰部交感神经节损伤以及使用某些对神经具有毒性的药物如胍乙啶、吩噻嗪等,均可引起公畜不能射精。

【症状与诊断】　通常公畜性欲旺盛,一再爬跨母畜,但不能完成射精。在交配中,如生殖道出现疼痛反应者,公畜可能高叫数声,并迅速跳离母畜,同时阴茎软垂回缩,不愿再进行交配。

【治　疗】　首先考虑配种现场和采精技术上是否存在引起公畜不射精的原因,采取相应措施,消除这些不利因素。由各种生殖器损伤及其他疾病引起的不射精应暂时停止配种,进行对症治疗。在症状消除后,可适当使用睾丸素或促性腺激素。

精囊腺炎综合征

精囊腺炎常见于公牛,发病率为 0.8%～4.2%。精囊腺炎的病理变化往往波及壶腹、附睾、前列腺、尿道球腺、尿道、膀胱、输尿管和肾脏,而这些器官的炎症也可能引起精囊腺炎。因此,将精囊腺炎及其并发症统称为精囊腺炎综合征。

【病　因】　精囊腺炎的病原包括细菌、病毒、衣原体和霉形体。主要经泌尿生殖道上行感染,某些病原可经血源引起感染。特别是从良好饲养条件转移到较差环境时易引起精囊腺感染。

【症　状】　公牛由病毒或霉形体引起的感染常在急性期后症状减退。但如果继发细菌感染，或单纯由细菌感染，症状均很难自行消退，并可能引起精囊腺炎综合征，病牛精囊腺炎病灶周围炎性反应可能引起局限性腹膜炎，体温达 39.4℃～41.1℃，食欲缺乏，瘤胃活动减弱，腹肌紧张，拱腰，不愿走动，排粪时有痛感，配种时精神委靡或完全缺乏性欲。慢性病例无明显临床症状。

【诊　断】　除观察临床症状外，可进行如下检查。

（1）直肠检查　急性炎症期双侧或单侧精囊腺肿胀、增大，分叶不明显，触摸有痛感，壶腹部也可能增大、变硬。慢性病例腺体纤维化变性，腺体坚硬、粗大、小叶消失，触摸时痛感不明显。化脓性炎症其腺体和周围组织可能形成脓肿区，并可能出现直肠瘘管，由直肠排出脓液。同时，注意检查前列腺和尿道球腺有无痛感和增大。

（2）精液检查　精液中出现脓液凝块或碎片，呈灰白色、黄色、桃白色、红赤色或绿色。精子活力低，畸形精子数量增多，特别是尾部畸形精子数量增多。如有条件可对精液中病原微生物分离培养，并试验其耐药性。病牛精液可引起母牛子宫内膜炎、子宫颈炎，甚至诱发流产。

【治疗和预后】　患病公牛应立即隔离，停止交配和采精。病势稍缓的病牛可能自行康复，生育力可望保持。治疗时，由于药物到达病变部位时浓度太低，必须采用对病原微生物敏感的磺胺类药物和抗生素，并大剂量使用，至少连续使用 2 周，有效者在 1 个月后可临床康复。

单侧精囊腺慢性感染时如治疗无效，可考虑手术摘除。手术时在坐骨直肠窝避开肛门括约肌做新月形切口，用手将腺体进行钝性分离，在骨盆尿道处切除腺体，用肠线闭合直肠旁空腔，然后缝合皮肤. 术后至少连续使用 2 周抗菌药物。

临床康复的公牛必须经严格的精液检查后方可用于配种或采精。

精液滞留

精子不能正常排出，滞留于附睾、输精管或某些副性腺，称为精液滞留。精液滞留使精液品质下降，并可引起输精管囊肿或精细胞肉芽肿。这是牛较常见的一种生殖疾病，多为单侧发病。由于另一侧睾丸基本正常，公牛可能具有生育力。

【病　因】　变性和炎症引起精子输出管道闭合；继发于附睾炎、精索炎等疾病；功能性障碍等引起精液不能排出，如勃起不射精等。另外，结扎输精管后，精液广泛滞留于附睾和剩余输精管，一般无明显病理变化，但有的公牛可能在附睾尾部出现精液性囊肿。

【病理变化】　滞留精子常结成团块，活力降低，头尾断离或死亡。积聚和变性的精液不断增加，可使管道扩张形成精液性囊肿。被阻塞的精液产生压力，长期压迫生精上皮和输精管道，引起睾丸水肿、变性和萎缩，如果囊肿管腔破裂或因其他原因使崩解的精子碎片渗入间质组织，将引起免疫学反应，刺激周围组织形成肉芽肿。

【症　状】　精子输出管道未完全封闭者，部分精子尚可通过，但精液中精子浓度低、活力差，畸形精子比例高。

精液性囊肿发生于附睾头时，附睾头增大、变硬，呈无痛性肿胀，精液中无炎症时所常见的病原微生物和白细胞。

精细胞肉芽肿发生于附睾头、体、尾和睾丸间质组织，在附睾部位仔细触诊可发现坚硬的肉芽肿，直径从针尖大至几厘米不等。

【诊　断】　根据临床症状和精液品质检查结果，必要时再做睾丸活组织检查，基本上可以对本病做出诊断。但在多数情况下，单侧睾丸或附睾患病可能被忽视，仅在死后剖检时才能发现。

【治疗和预后】　由于遗传因素所致单侧输精管道阻塞者可能有生育力，但公牛不宜做种用；非遗传性精液滞留可通过改善饲养管理、增加运动和采精频率使精子保持正常活力，但应经常进行精液品质检查以确定其是否有正常受精能力。

　　精液性囊肿和精索肉芽肿无有效治疗方法,如为单侧发病可尽早摘除,以保持健侧睾丸的正常生育力。

血　精

　　血精即精液带血,它可以使精子受精能力下降或完全丧失。

　　精液中混入的血液有多种来源,如细菌性尿道炎、公畜使用过度、射精管开口处感染、尿道上皮溃疡和上皮血管出血等均可使精液中混入血液。病原菌多为假单胞菌。另外,阴茎头有裂伤、刺伤未完全愈合,在公牛配种时,阴茎勃起后流出的血液也可混于精液中。

　　由尿道炎引起的血精,公畜尿频,不愿爬跨,射精和排尿时疼痛,精液呈暗红色或淡红色,并可能混有其他炎性产物。

　　勃起出血一般不表现明显的临床症状,仅在阴茎勃起时有几滴或细线状鲜血从阴茎头或尿道口滴出,混入精液的血液鲜红。

　　精液中混有血液一般肉眼均可见。镜检精液品质基本正常,由尿道炎引起的血精,其精液中可发现白细胞和脱落的上皮组织等炎性产物。除精液品质检查外,注意检查公牛阴茎头是否有损伤,还可使用尿道镜观察尿道的损伤情况。

　　如发现血精,公畜应停止配种,细菌性尿道炎时全身使用抗生素治疗,还可口服乌洛托品。

　　勃起出血无有效办法,停配数周后仍不能恢复者应淘汰。

第六节　乳房疾病防治

乳 房 炎

　　乳房炎又称为乳腺炎,是母畜乳腺的炎症,多发生于乳用家畜的泌乳期,有时也见于猪和马。其特点是乳中的体细胞,特别是白细胞数增多以及乳腺组织发生病理变化。

奶牛乳房炎是奶牛群的常见病和多发病,几乎遍及世界各国的奶牛群。乳房炎不仅降低产奶量,而且影响乳汁品质,特别是隐性乳房炎,占产奶牛的 20%～70%,因无明显的临床症状而不易被发现,造成奶牛业最为严重的经济损失。在美国 1 100 万头泌乳牛中有一半患有乳房炎,估计每头牛每年损失 90～250 美元,年损失 10 亿～20 亿美元;加拿大损失达 7 亿美元;在英国约 3% 的奶牛因乳房炎而被淘汰。在我国,乳房炎发病率占泌乳牛的 20%～70%,其中隐性乳房炎占 97% 左右。因此,国际奶牛联盟(IDF)就奶牛乳房炎研究专门召开了多次国际研讨会。

【病因与症状】 乳房炎是乳房内乳腺组织受损后产生的一种积极性反应,其损伤的原因有侵入乳房内的病原微生物、物理性刺激和化学物质刺激等。但绝大多数乳房炎是由多种非特定的病原微生物感染所引起,包括细菌、真菌、霉形体、病毒等,多达 80 多种,较常见的有 23 种,其中细菌 14 种、霉形体 2 种、真菌和病毒 7 种。各种病原微生物的感染率,因地区不同而异。有些病原微生物虽经常存在于乳房内,但不一定引起发病。各种病原菌的感染率也因地区不同而异。被检的隐性乳房炎奶牛的主要病原菌是葡萄球菌和链球菌。

(1)革兰氏阳性菌感染 是最常引起乳房炎的细菌,80%～90% 的病例是由其中的葡萄球菌和链球菌感染所致。经济发达国家以葡萄球菌为主,我国以葡萄球菌和链球菌为主要病原菌。

①葡萄球菌 其中最多的是金黄色葡萄球菌,极少数是表皮葡萄球菌。金黄色葡萄球菌所致的乳房炎多见于泌乳高峰期,感染后常为慢性,也可呈最急性感染,是由细菌产生的毒素所致。急性者可致死亡,慢性者乳房被损害。由于葡萄球菌经常存在于外界环境中,在牛群中通过挤奶员的手、擦洗乳房用的布或挤奶杯而互相传染。被感染的乳房和乳头是主要传染源。细菌主要寄生在乳头皮肤表面,当括约肌或靠近它的组织有损伤时,它们就定居于

乳头管,感染后可在乳房内形成脓肿。这种慢性乳房炎十分顽固。

②链球菌 是引起乳房炎最普遍的菌属之一,本属中以无乳链球菌、兽疫链球菌、停乳链球菌、乳房炎链球菌以及兰氏 D 类(肠球菌)、兰氏 G 类和兰氏 L 类链球菌等最为常见。

感染本属细菌时,病牛多无临床症状或无明显的临床症状。

本属细菌中的无乳链球菌几乎是专门寄生在乳腺之中,其他组织极少感染。其传播途径是挤奶员的手、消毒不完全(甚至不消毒)的挤奶杯,有时是以牛舍中的蝇类为媒介进行传播。感染牛大多取慢性经过,有时取急性或亚急性经过。有的病例出现严重症状,但持续时间短。

化脓性链球菌主要是人的化脓菌(如扁桃腺炎、猩红热、化脓性咽喉疼痛的病原菌),常以挤奶员的手传播给牛。常发生在分娩之后,表现为急性或最急性乳房炎。

兽疫链球菌是各种家畜均可感染的化脓菌,呈散发性。牛感染后毒性很大,可引起败血症而死亡,多由乳房的病灶转移至全身。

③化脓棒状杆菌 能引起急性或亚急性化脓性乳房炎,一般呈散发性,但有的地方呈季节性流行。如英国多在 6～9 月份的雨季发病,故有"夏季乳腺炎"之称。本菌的传播除了洗涤病牛乳房用的水和擦布外,蚊、蝇起着重要作用。

(2)革兰氏阴性菌感染 其中引起乳房炎的主要是大肠杆菌属、克雷伯氏菌属和产气杆菌属,尤以大肠杆菌最为常见。这类细菌到处存在,侵入乳房的机会极多,但乳汁中的检出率和临床发病率并不高,呈散发性。细菌很可能是从损伤的生殖道进入血液或淋巴而引起感染,炎症大多呈急性或最急性,甚至引起乳房坏疽。

①大肠杆菌 大肠杆菌性乳房炎多见于高产牛分娩后不久和泌乳高峰时期,呈最急性,由于病菌细胞膜所产生的内毒素引起毒血症,其病情急、病程短,可于数日内死亡。主要症状是乳房肿胀、高热、精神不振、食欲废绝、腹泻、乳汁呈黄色水样,迅速停止泌乳。

溶血性大肠杆菌性乳房炎，预后不良，甚至死亡。

②绿脓杆菌　绿脓杆菌性乳房炎呈散发性，多为急性局限性过程，发病率在1%以下。病菌存在于水和土壤中，通过饮水也可感染。患病乳区肿胀，脓液呈蓝绿色，乳汁呈水样，有凝块，病牛高热，可因败血症而死亡。也有呈慢性和亚急性的，治疗困难。诊断时，要先将乳样置于温箱内使细菌繁殖，再接种和培养，否则不易生长。

③产气荚膜杆菌　由乳房注入污染后的药物所致，常发生急性坏疽性乳房炎，且常为暴发性。

(3)霉形体(支原体)感染　已确定致病性牛乳房炎霉形体至少有12种，较常分离到的有牛霉形体等6种。牛霉形体性乳房炎的临床特征是患病乳区肿胀，但无热、痛反应，泌乳异常，且常伴有关节炎性跛行和呼吸道症状。病原体能通过挤奶、呼吸和配种等过程传播。多数霉形体不仅能引起乳房炎，还能引起其他器官和组织的疾病。病原体存在于牛的乳腺、呼吸道、生殖道和关节滑液等处，可随挤奶、咳嗽或喷嚏排出体外。霉形体在冰箱中可存活数天，在粪便中可存活数周。自然感染时，通常由一种霉形体为主，另外几种霉形体为辅，共同引起牛的乳房炎。有的病例还伴有金黄色葡萄球菌、无乳链球菌等其他细菌感染。感染后常呈地方性流行，干奶期奶牛对其敏感性较高。乳汁呈黄褐色水样，有颗粒状或絮状凝乳块；轻症乳汁似正常，但静置后底层出现粉状或条状沉淀，上层变清亮；产奶量明显下降，通常不表现明显的全身症状，有时乳汁体细胞数也不增加；常伴有关节炎性跛行，有时跛行比乳房炎更严重；呼吸道症状多见于青年病牛。

(4)真菌感染　早在1901年就已从乳汁中分离出酵母菌样真菌，以后真菌引起的乳房炎不断被发现，主要由念珠菌属、隐球菌属、毛孢子菌属和曲霉菌属等引起，但不多见。呈散发性，多发生于抗生素治疗之后，或药品和器械被真菌污染时。

隐球菌属和诺卡氏菌属感染可引起严重的临床型乳房炎。其临床特点是乳房肿大、发热,奶牛不食、产奶量不断下降,乳腺组织为肉芽肿样组织所代替,很难治疗。念珠菌属和毛孢子菌属感染可引起局限性严重炎症,但大多数病牛都能在 2 周至 1 个月内转为正常而无后遗症影响。真菌感染常因使用污染的抗生素制剂或乳房注入药液时操作不慎所致。

(5)病毒感染　病毒也能引起乳房炎,但大多数为继发感染。

【感染途径与发病率】　附着于乳头管口的病原体,经乳头管进入乳房是导致乳房炎的主要途径。病原体在挤奶后立即侵入乳房的可能性不大,主要是在两次挤奶间隔的较长时间内侵入。病原体也可由消化道、生殖道及损伤的皮肤,经淋巴系统或循环系统进入乳房而引起感染。

奶牛发病率高于其他家畜。发病率受气温、环境、管理、挤奶方式、饲料、泌乳量、泌乳阶段、胎次以及乳头形态等多种因素的影响。气温高,病原菌大量繁殖,运动场积水泥泞,牛体尤其是乳房脏污,则发病率高。有时气温突然升降,发病率也有波动。机械挤奶的牛群较手工挤奶牛群发病率高 4~5 倍或更高,这与挤奶机负压不稳定有关。高产牛发病率有高于低产牛的倾向。经产牛较第一胎牛的发病率高,并随胎次增加而提高,但有的牛群相反。干奶期和产褥期发病率高于泌乳期数倍。饲料中蛋白质含量过高,青苜蓿等豆科植物过多,挤奶技术不熟练,乳汁不能挤净等,均能诱发本病。乳头末端的形状与感染的难易也有关系,皿形、口袋形和漏斗形的末端因乳头管口容易残留乳汁,有利于病原微生物孳生,发病率高于半圆形和柱形的。

【乳房的防卫能力】　病原体侵入乳房后,不一定都引起发病,或发病后可能不治自愈。这不仅取决于病原体,而且主要取决于机体的防卫能力,即乳房的天然抵抗因子。

乳头管黏膜的角化上皮细胞和乳头管黏膜产生的溶菌霉素,均具有杀菌和抑菌能力。

乳中的白细胞,尤其是中性粒细胞是主要的吞噬细胞。它在乳中的活性虽比在血液中低得多,但发生乳房炎时,血液中大量嗜中性粒细胞进入乳汁,可增加乳中的抗菌能力。

溶菌酶是一种调理素,乳中溶菌酶的浓度与乳中体细胞数呈正相关。乳房炎时,溶菌酶浓度增加2～6倍,人工感染证明,高浓度的溶菌酶能使乳中形成菌落的菌体数较快地降低,有明显的抑菌作用。

乳铁蛋白是一种乳汁菌蛋白,也有调理素性质,在它的影响下,嗜中性粒细胞的吞噬活性加强。乳房炎时,乳铁蛋白可增加20～30倍。干奶期乳铁蛋白的含量较泌乳期高得多,初乳中乳铁蛋白浓度也较常乳高。

乳过氧化物酶系统是一种能抑制无乳链球菌和乳房链球菌等病原体生长的杀菌物质。它主要由乳腺上皮细胞产生。乳中乳过氧化物酶浓度与体细胞数之间呈正相关。泌乳期该系统各成分的活性均比干奶期高,故其抑菌作用主要是在泌乳期。

当病原体侵入乳房后,不仅会激活机体的免疫系统(T淋巴细胞和B淋巴细胞),而且免疫球蛋白等特异性抵抗因子的浓度也在血液和乳汁中增加。

乳素由乳腺产生,对多种细菌有抑制和杀灭作用。其杀菌力的强弱,因个体、乳区、泌乳期的不同而异。干奶期乳腺停止泌乳,乳房内缺乏乳素,因此易被感染。

【乳房炎的分类和症状】　根据乳房和乳汁有无肉眼可见的变化将乳房炎分为两种,乳房和乳汁都无肉眼可见变化,须经乳汁化学检验后才能确诊的乳房炎称为隐性乳房炎;乳房和乳汁均有肉眼可见的异常变化时称为临床型乳房炎。

乳房急性肿胀、热、硬、疼痛,乳汁异常,分泌减少并出现体温升高,脉搏增速,病畜出现抑郁、衰弱、食欲丧失等全身症状时,称为急性全身性乳房炎;乳房有持续感染,但没有明显临床症状的乳房炎症称为慢性乳房炎。

临床型乳房炎根据炎症性质可分为以下几种。

(1)浆液性乳房炎 浆液及大量白细胞渗入到间质组织中,患区有炎症反应(即红、肿、热、痛),乳上淋巴结肿胀。有的个体有轻度的全身症状。泌乳量减少,最初乳汁不见异常,以后渐变稀薄,含絮片。

(2)卡他性乳房炎 渗出的白细胞及脱落的腺上皮细胞沉积在腺管及腺泡上皮细胞表面。

①乳管及乳池卡他 主要出现在泌乳期开始的几周内,多是1个乳区发病。先是挤出的乳汁含有絮片,以后挤出的乳汁不见异常。

②腺泡卡他 一般是由乳管炎、乳池炎经过数日转变而来。是腺小叶或小叶群的局限性炎症,其乳汁始终含有絮片凝块。如果全乳区腺泡发炎即成弥漫性炎症,患区红、肿、热、痛,产奶量降低,乳汁呈水样并含有絮片,可能出现全身症状.

(3)纤维蛋白性乳房炎 炎性渗出物中纤维蛋白沉积于黏膜表面或组织内,为重剧急性炎症。患区红,肿、热、痛,乳上淋巴结肿胀。发病后挤不出乳汁或只挤出几滴清水,常继发乳腺坏死或脓性液化,伴有全身症状。本病多由卡他性炎发展而来,往往与脓性子宫炎并发。

(4)化脓性乳房炎

①急性脓性卡他性炎 由卡他性炎转来。除患区炎性反应外,产奶量剧减或完全无乳,乳汁呈水样,含有絮片。有较重的全身症状。经数日后转为慢性,症状逐渐减轻,最后患病乳区萎缩硬化,乳汁稀薄或呈浅黄色黏液样,乳量渐减直至无乳。

②乳房脓肿 乳房中有多数小米大至豆大的小脓肿,或分散或聚集。乳汁呈黏液脓性,含凝乳块或絮片。个别的大脓肿,几乎充满整个乳区。有的大脓肿向皮肤外破溃,流出黄绿色脓汁,较

臭。患区明显肿胀,乳上淋巴结肿胀。

③乳房蜂窝织炎　皮下或腺间结缔组织化脓。一般是与乳房外伤、浆液性炎、乳房脓肿并发。乳房水肿以及产后生殖器官有炎症时,易继发本病。常发生于一个乳区或一侧乳房,炎症剧烈,乳上淋巴结肿胀,产奶量剧减,病初乳汁不见异常,以后乳汁含有絮片。有全身症状甚至跛行。

(5)出血性乳房炎　乳腺深部组织及腺管出血。发生于产后的数日内,多为急性。一般是半个乳房或整个乳房发病。患区红、肿、热、痛,皮肤有红色斑点。乳上淋巴结肿胀。产奶量剧减,乳汁呈水样、浅红色或粉红色,含凝乳块和凝血块。如果是局限性的,可能在数日内自愈。

(6)特殊乳房炎　如乳房结核、口蹄疫乳房炎、乳房放线菌病等。

【诊　断】　临床型乳房炎症状明显,根据乳汁和乳房的变化,即可做出诊断。隐性乳房炎乳房无临床症状,乳汁也无肉眼可见的变化,但乳汁 pH、电导率、乳汁中的体细胞(主要是白细胞)数和氯化物的含量等都较正常为高,需要通过乳汁检验才能做出诊断。必要时可进行乳汁细菌学检查,为药物治疗提供依据。在生产实践中,为了便于及时防治,常采用乳汁的化学检查法,定期对奶牛进行隐性乳房炎普查,最好在干奶期前进行,以便采取防治措施,减少乳房炎发生。常用的实验室检查方法包括以下几种。

(1)体细胞计数法　病理学研究证实,乳房感染发炎后,大量白细胞进入乳腺,部分上皮细胞脱落,使乳汁中体细胞数显著升高。根据这一原理,可将每毫升乳汁中体细胞数的多少,作为诊断隐性乳房炎的基准。另外,它也是其他诊断方法做对照的基准。乳中的体细胞数与挤奶方法、泌乳牛胎次、泌乳月数和不同泌乳期等有关。初乳和干奶期乳汁中的体细胞数也增加,应注意鉴别。

目前,国内许多单位已经购置乳汁体细胞自动计数仪,在乳汁中体细胞数超过 50 万个/ml 时,方可定为隐性乳腺炎。

(2)CMT 法　即美国加利福尼亚州乳房炎试验法,对隐性乳房炎检出率很高,可在现场迅速做出诊断,是一种常规诊断方法,目前已被世界各国广泛采用。

①原理　乳汁体细胞在表面活性物质和碱性药物作用下,脂类物质乳化,细胞破坏释放出 DNA,DNA 与其作用,使乳汁产生沉淀或者形成凝胶。根据沉淀或者凝胶的多少,间接判定乳中体细胞数的范围而达到诊断目的。乳中体细胞数越多,产生的沉淀或凝胶也越多,但不适用于初乳期和泌乳末期。

②试剂　烃基(烷基)硫酸盐 30~50g,苛性钠 15g,溴甲酚紫 0.01g,蒸馏水 1 000ml。溴甲酚紫是乳汁 pH 的指示剂,以颜色变化指示不同的 pH,便于临床判定。

③方法　使用乳汁检验盘,盘中有 4 个直径 7cm、高 1.7cm 的检验皿,4 个乳区的乳汁分别挤入 4 个检验皿中,倾斜检验盘 60°,流出多余乳汁,加等量(2ml)试剂液,随即手持检验盘旋转摇动,使试液与乳汁充分混合,10s 后观察。判定标准见表 5-2。

中国农业科学院兰州畜牧与兽药研究所、浙江农业大学、北京市奶牛研究所、吉林农业大学等根据国内药源相继研究出了类似 CMT 法的试液,分别简称为 LMT、HMT、BMT 和 JMT 试剂,其效能与 CMT 试剂基本一致。

(3)4%苛性钠凝乳试验法　此法操作简单,但不适用于检验泌乳初期和末期的乳样。

①试剂　4%苛性钠溶液。

②方法　将载玻片置于黑色衬垫物上,先加被检乳 5 滴,再加试剂 2 滴,用细玻棒或牙签迅速将其扩展为直径 2.5cm 的圆形,并搅动 20s 观察凝乳情况。如奶样事先经过冷藏保存,则只需加试剂 1 滴。判定标准见表 5-3。

注意事项:注意检测鲜奶和冷藏奶所加试剂的差异;使用冷藏

奶之前须先摇匀,并置室温下待温度回升后再检;必须在黑色衬垫物或黑色背景的玻板上进行,回转搅动 20s 后做判定。

还有多种方法可用于隐性乳房炎的检验,生产中用得最多的就是上述三种,当两种以上符合时,即可确定为隐性乳房炎。

表 5-2　CMT 法判定标准

乳汁反应	反应判定	细胞总数 (万个/ml)	嗜中性粒细胞 比例(%)
无变化,不出现凝块	阴性(一)	0～20	0～25
有微量沉淀,但不久有消失倾向	可疑(±)	15～50	30～40
部分形成凝胶状	弱阳性(+)	40～150	40～60
全部成凝胶样,回旋搅动时凝块向中央集中,停止回转搅动凝块呈凹凸状附着皿底	阳性(++)	80～500	60～70
全部凝胶样,回转搅动时凝块向中央集中,停止回转搅动时,仍保持原样,并附着皿底	强阳性(+++)	500 以上	70～80
乳汁变为黄色,表示细菌增多使乳糖分解	酸性乳 (pH 在 2.5 以下)	—	—
乳汁变为深黄紫色,为接近干奶期,感染乳房炎和泌乳量下降的现象	碱性乳	—	—

表 5-3   4％苛性钠凝乳试验法判定标准

乳汁反应	反应判定	符　号	推算细胞总数（万个/ml）
无变化,不出现凝乳现象	阴　性	—	50 以下
形成细微凝块	可　疑	±	50～100
出现较大凝块,乳汁略显透明	弱阳性	+	100～200
出现大凝块,用牙签混合搅动时,形成丝状凝结物,乳汁呈水样透明	阳　性	++	200 以上
出现乳白色的大凝块,有时全部凝成一大块,乳汁完全透明	强阳性	+++	500～600

【治　疗】　治疗原则是杀灭已侵入乳房的病原菌,控制病原菌的侵入,减轻或消除乳房的炎性症状。奶牛的泌乳是周期性的,乳房炎又分为各种类型。因此,对乳房炎的治疗要根据泌乳周期的不同阶段和乳房炎的不同类型,还必须根据病原菌的种类、感染时期和程度的不同,选择药物和用药方法,进行合理治疗。

（1）临床型乳腺炎　以治为主,杀灭已侵入的病原菌和消除炎性症状。

常用的抗菌药物包括青霉素、链霉素、四环素、卡那霉素和磺胺类药物等。常规的方法是将药液稀释成一定的容量,通过乳头管直接注入乳池,可以在局部保持较高的浓度,达到治疗目的。具体操作如下:先挤净患乳区内的乳汁或分泌物,用 75％酒精棉球擦拭乳头管和乳头,经乳头管口向乳池内插入接有胶管的灭菌乳导管或磨平针尖的注射针头,胶管的另一端接注射器,将药液徐徐注入乳池内,注入完毕抽出导管,以手指轻轻捻动乳头管片刻,再以双掌自乳头、乳池、腺泡腺管顺序向上托起并按摩挤压,迫使药液渐次上升并扩散到腺管腺泡,每日注入 2～3 次。

奶牛乳房炎的主要病原菌是金黄色葡萄球菌、无乳链球菌和其他链球菌。我国一些地区无乳链球菌检出率高于金黄色葡萄球菌,成为引发乳房炎最主要的病原菌。临床上长期使用青霉素、链霉素合并治疗乳房炎,曾经有相当效果,但也产生了不少耐药菌株。所以,应尽力避免盲目乱用抗生素,有条件时应进行病原菌的分离培养和药敏试验。

为了减轻乳房内的压力,应及时排出乳池和乳管内的炎性渗出物,白天每隔2~3h、夜间每隔6h挤奶1次。每次挤奶时,须按摩乳房15~30min。根据乳房炎的病性及程度不同,采取不同的按摩法,浆液性炎症自下而上按摩,脓性炎症自上而下按摩,其他性质的乳房炎则禁止按摩。

为了促使炎性渗出物吸收和消散,对浆液性、黏液性、纤维素性、黏液脓性炎症的病例,病初可行冷敷,2~3d后可行热敷,或者涂搽用常醋调制的复方醋酸铅糊剂,也可涂搽樟脑软膏。肿胀严重时用25%硫酸钠溶液热敷30min,每日2次,热敷后涂布鱼石脂软膏或5%碘酊。

乳房基底部封闭,术者用手从乳房前面、后面或侧面向下按压乳房,使乳房前侧面与腹壁成直角,然后用封闭针头从腹壁与乳房基部之间,向对侧方向刺入8~10cm,随着抽针徐徐注入药液。封闭用的药剂是混有160万U青霉素的0.25%~0.5%盐酸普鲁卡因注射液30~50ml。适用于浆液性、黏液性、黏液脓性乳房炎及乳房蜂窝织炎。每个患病乳区均要从不同方向作2~3针封闭。

为了减轻炎症病灶的疼痛,消除病理过程,促使组织中炎症病灶新陈代谢的恢复,对于急性乳房炎,可静脉注射0.25%~0.5%盐酸普鲁卡因注射液200~300ml。

我国传统兽医学称临床型乳房炎为"乳痈",认为是由于饲养管理失宜,邪毒(指病原体)侵入乳房,与积乳互结,乳络受阻而成病。由于邪毒蕴结化热,乳络不畅,乳汁凝滞,使乳房出现红、肿、热、痛、乳汁败坏、分泌减少，以及出现精神不振、体温升高等全身症状。因此，对"乳痈"应以清热解毒、活血化淤为治则。

复方蒲公英煎剂：由蒲公英、金银花、黄芩、板蓝根、当归、丹参等中药组成，口服。

双丁注射液：由蒲公英、紫花地丁、赤芍等组成，肌内注射或乳池内注入。有一些地区的中兽医对乳房炎常按外疡治疗。

急性炎症初期，来势急剧，症见红、肿、热、痛，乳汁不通者，属阳证，为热毒壅滞，治宜清热解毒，通经散淤，止痛消肿，可用肿疡消散饮：金银花 50g，连翘 50g，当归尾 25g，甘草节 25g，赤芍 25g，乳香 25g，没药 25g，花粉 25g，防风 20g，贝母 25g，白芷 20g，陈皮 20g，水煎服，以白酒 100ml 为引。

溃疡阶段，即脓肿破溃后，可服黄芪散：生黄芪 50g，全当归 50g，玄参 50g，肉桂 10g，连翘 25g，金银花 25g，乳香 25g，没药 25g，生香附 20g，皂刺 25g，共研为细末，开水冲调，候温投服。

除上述方剂外，还可自组公英散加减内服。

对浅在性乳房脓肿，可施行手术切开，冲洗，涂布消炎药。深在性脓肿可先用注射器抽出其脓液，然后向腔内注入青霉素80 万 U。

除用上述疗法外，还可静脉注射或肌内注射青霉素 480 万～640 万 U。

为了增强机体防卫能力，对于纤维蛋白性、黏液脓性乳房炎，可采用自家血疗法。

（2）隐性乳房炎　以防为主、防治结合。隐性乳房炎虽然乳房和乳汁无肉眼可见的异常，但发病率高，影响产奶量和奶品质，危及人体健康，而且容易转为临床型，应给予足够重视。

挤奶结束后，乳头括约肌尚未收缩，病原体极易从此侵入乳房。乳头药浴是在挤奶后，立即用药液浸泡乳头，杀灭附着在乳头末端及其周围和乳头管的病原体。

浸泡乳头的药液，要求杀菌力强，刺激性小，性能稳定，价廉易得。常用的有洗必泰、次氯酸钠、新洁尔灭等。以0.3%～0.5%洗必泰溶液效果最好，抑菌作用强，药性稳定，对乳头皮肤和乳头管黏膜无刺激作用。次氯酸钠次之。乳头药浴是将药液盛于特制的塑料乳头药浴杯中，杯分为2节，上节为杯，下节为瓶，有孔相通。挤压下部时，药液进入杯中，用以浸泡乳头，松开时，药液回流瓶中。杯身上有一钩，可挂在奶桶上。每次挤完奶后均需药浴乳头，长期使用，才能见效。

乳房炎的主要感染途径是乳头管，挤奶后将乳头管口封闭，防止病原菌的侵入，也是预防乳房炎的一个有效方法。乳头保护膜是一种丙烯溶液，乳头浸渍后，溶液干燥，在乳头皮肤上形成一层薄膜，徒手不易撕掉，用温水擦洗才能除去。保护膜通气性好，对皮肤没有刺激性，不仅能保护乳头管不被病原体侵入，对乳头表皮附着的病原菌还有固定和杀灭作用。

治疗可用盐酸左旋咪唑，简称左咪唑，是一种免疫功能调节剂，它能修复细胞的免疫功能，增强抗病能力。在泌乳期，以每千克体重7.5mg剂量，一次内服，连用数日。

芸薹子（油菜子）有破坏细胞壁某些酶的活性和促进白细胞吞噬作用的能力，有一定的抑菌、灭菌作用。按牛体重大小，以生芸薹子250～300g为1剂，混于精饲料内口服，每日2剂，3d为1个疗程。

【预　防】　首先查清发病因素，结合奶牛场和专业户的实际情况，采取有效的预防措施，并注意干奶期的卫生和防治。

搞好环境卫生、牛体卫生及乳房卫生。治疗无效的牛、习惯性乳房炎病牛及严重的病牛，应及早淘汰。

检出的健康牛应与病牛分开，并按顺序挤奶，即先挤健康牛，再挤可疑牛，最后挤病牛。最好将病牛与健康牛隔离饲养和挤奶。

挤奶前用50℃温水清洗乳房及乳头，特别是在多雨泥泞的时期更应重视这一措施,或是在挤奶前用微温消毒液清洗乳房,如用碘溶液浸泡过的毛巾,边清洗边按摩乳房半分钟。机器挤奶时,清洗安装挤奶杯后即挤奶。如果过早安装挤奶杯,因尚未放乳,则易形成空挤,从而引起乳池黏膜的损伤,造成感染机会。如果过晚装挤奶杯,则乳汁充胀乳池而影响促乳素的分泌,产奶量会减少。挤奶完毕随即摘杯,如摘杯晚,同样出现空挤,也会造成乳池黏膜或皮肤的损伤,增加感染的机会。

手工挤奶应尽可能地采取拳握式,避免用 2～3 根手指粗暴的捋乳头,以减少乳头皮肤及黏膜的损伤。

挤奶员的双手、擦乳巾、挤奶器等必须清洁,挤奶姿势要正确,挤奶力量要均匀,并尽量挤净乳房中的乳汁。

乳房在干奶期要经过三个不同的阶段,即自动退化期、退化稳定期和生乳期。自动退化期是乳房自动停乳的过程,通常需要30d 左右,这一阶段是重新感染的最危险期,尤其在干奶后的头 3周,在此期间乳头末端附着的菌群、乳头管内细菌的生存能力、乳头管对细菌的渗透性及乳房内防御功能都发生了变化,有利于细菌的侵入和感染。退化稳定期是完全干奶期,约 2 周,此时乳头管收缩,乳房抗菌物质增加,细菌的渗透和生存能力降低,整个阶段极少发生临床型乳房炎。生乳期在产犊前大约 2 周,乳房发生类似第一阶段的变化,乳房内白细胞吞噬能力降低,乳房开始充乳,乳头管扩张,甚至漏乳,有利于病原体的侵入,增加了感染的机会。

干奶期是预防产后发生临床型乳房炎的重要时期,也是控制乳房炎发生的措施中非常重要的一环,尤其是干奶期的第一阶段和第三阶段。有些国家已把干奶期定为常规预防期。

干奶期的预防措施主要是向乳房内注入长效抗菌药物,杀灭已侵入的病原体,有的有效期可达 4～8 周,不仅可治疗已有的亚临床型乳房炎,而且可预防新的感染。对一些减产乳区,还可以促进泌乳细胞再生,恢复产奶功能。

可用多种抗菌药物配合，也可制成长效抗生素油剂于乳池内注入。有人将金银花、野菊花、紫花地丁和青皮等制成注射液，于干奶当日注入乳池，效果良好。

干奶后10d和预产期前10d，每日进行1～2次乳头药浴，干奶后使用乳头保护膜等，也都有预防效果。

乳房创伤

【病　因】　乳房皮肤被擦伤或刺伤，造成皮肤及皮下组织的撕裂创；或者是由于自我踩伤、牛角顶伤，以及踏伤造成的乳房浅部或深部的创伤即为乳房创伤。

【症　状】　轻度创伤可见浅表局部撕裂或踏、顶的伤口，深部创伤根据其创伤的部位与严重程度可见乳汁通过创口外流，或乳汁含有血液。深部创伤愈合缓慢，排出乳汁困难，甚至可引起乳头管狭窄。

【治　疗】　乳房创伤的治疗，首先是按外科常规进行处理，同时采取预防乳房炎的措施。

乳房坏疽

【病　因】　多发生于产后数日内，往往是一个乳区发病，有时波及两个乳区。主要是腐败菌或梭菌经乳头口、乳房外伤的伤口或淋巴管侵入乳腺感染所致，使乳房组织形成败血性梗塞，引起乳房各组织（包括皮肤）广泛性发生急性或最急性腐败分解、坏死。但也有人认为是乳房炎的继发感染所致。

【症　状】　最初患区皮肤出现紫红斑，触之硬、痛，继而全乳区发生坏疽，肿胀、剧痛，最后全区完全失去感觉，皮肤湿冷，呈紫褐色或暗褐色。乳腺组织的分解物呈浅红色或红褐色油膏样，有恶臭，乳上淋巴结肿痛，多伴有全身症状，如体温升高至40℃以上、食欲减少或废绝、腹泻等。有的并发乳房气肿，捏之有捻发音，叩之呈鼓音。有的病牛在发病的7～9d因败血症死亡。

【治　疗】　严禁热敷和按摩。先用0.5％高锰酸钾溶液清洗患病乳区，再用3％过氧化氢溶液冲洗，最后在患区乳房内注入抗生素，并取磺胺嘧啶钠肌内注射或静脉注射，以控制败血症的发生。治疗一定要及时，否则难以收到效果。

药物治疗无效时，可进行患区切除术。有时患区可自行脱落。

乳房水肿

【病　因】　多发生于分娩前后。由于全身循环功能紊乱，或乳房血液循环淤滞所致，也可能由乳房淋巴液回流不畅造成。还与产前运动不足、过度肥胖以及遗传因素有关。一般在产后10d左右自然消散，不影响泌乳量和乳质。各种家畜均可发病，以奶牛多发。尤其是第一胎及高产牛最显著。

【症状与诊断】　初期乳房渐进性充血，膨大、肿胀，随后乳房皮肤发红光亮，指压留痕，无热无痛。通常四个乳区均出现水肿，严重时向后蔓延至乳镜、阴门，向前蔓延至腹下、胸下，甚至四肢也出现水肿。但无全身症状。长期而严重的水肿则影响泌乳量。

根据病史和症状不难诊断，但并发乳房炎时，须加以鉴别。

【治　疗】　轻症可自愈，无需治疗。对一般病例，适当加强运动，减少精饲料和多汁饲料的喂量，适当减少饮水，增加挤奶次数即可。

长期或严重的病例可按摩和温敷乳房，每日3次，每次20min。也可用药棉吸取樟姜合剂（樟脑粉5g，姜酊100ml，薄荷油5ml混合溶解备用），反复涂搽水肿区，每次8min，每日3次。还可用碘软膏、鱼石脂软膏、松节油等涂抹。必要时给予强心利尿剂、缓泻剂等，但严禁针刺皮肤放液。

乳头管狭窄及闭锁

【病　因】　奶牛发生较多,分先天性和后天性两种。先天性的很少见,可能与遗传有关;后天性的主要是挤奶方法不正确,长期刺激乳头管,引起黏膜发炎、组织增生所致。乳头末端受到损伤或发生炎症,也可引起乳头管黏膜下及括约肌间结缔组织增生,形成瘢痕,造成乳头管腔狭窄。有时可见赘生物和乳头样肿瘤造成管腔狭窄。

【症状与诊断】　乳头管狭窄者,挤奶困难,乳汁呈点状或细线状排出;乳头管口狭窄时乳汁射向一方或射向四方;乳头管闭锁时,乳池充满乳汁,但挤不出奶。捏捻乳头可感觉在乳头管的不同部位有不同硬度、不同形状和不同大小的增生物。若仅为一层膜造成闭锁,则不易触诊清楚,但用乳导管插入管腔内可能探出闭锁处,甚至稍加用力即可通过。闭锁严重者,用探针也不易(能)通过。

【治　疗】　乳头管狭窄可在挤奶前30min,插入乳头管扩张塞,挤奶时取下,至痊愈为止。乳头口狭窄或闭锁,可采用手术切开的方法:乳头局部麻醉,用乳头管切开刀穿入乳头管,纵行切大或切开管腔。随后放入蘸有蛋白溶解酶的灭菌棉棒,或插入螺帽乳导管。挤奶时拧下螺帽,流出或挤出乳汁,挤完奶后再拧上螺帽。也可插入乳头管扩张塞,至痊愈为止。

泌乳不足或无乳

本病多在产后出现,也有在泌乳中期发生的。发生在第一胎者较多。

【病　因】　乳腺发育不良或内分泌调节功能紊乱;精饲料、干草、青草和多汁饲料不足,放牧地草质不好;产前干奶过迟;应激因素的刺激;挤奶技术差,频繁更换挤奶人员、时间、场地;劳役过重等均可导致本病的发生。另外,泌乳不足,泌乳多少还与遗传有关。

乳房炎、胃肠、肺脏、肾脏等疾患,牛痘、口蹄疫等传染病,应用碘剂、泻剂、雌激素等,均可影响泌乳,降低泌乳量。产后胎衣不下,继发子宫炎、乳房炎可引起无乳综合征。停乳链球菌、霉形体等感染乳腺可引起传染性无乳症。

【症状与诊断】　饲养管理不当引起的泌乳不足,表现为乳房小而松软,充盈不足,皮肤松弛,泌乳量减少,仔畜频频拱撞乳房吮乳,母畜疼痛抗拒甚至拒哺。幼畜消瘦,活泼性差,发育不良。

由疾病引起的泌乳不足或无乳,有相应疾病的症状表现,如乳房炎、子宫炎、胎衣不下、肺炎、败血症等。

【治　疗】

由各种疾病引起者,应首先治疗相应的疾病,而后调整乳腺功能。

饲养管理不当造成泌乳不足者,首先应改善相应的条件,如增加青绿、多汁及富含蛋白质、脂肪、维生素的饲料,减轻劳役,减少应激,固定挤乳人员、时间和场地等,同时每日按摩和温敷乳房。

初产母畜无乳时,可在按摩或温敷乳房后,静脉注射垂体后叶素或催产素 60U,每日 1 次,连用 4d;泌乳不足时,可借用人医的催奶片、生乳汁等药物口服,据家畜不同,适当选量,连用 5d。中药通乳饮对多种家畜的缺乳症均有一定疗效。处方是:黄芪 60g,党参 40g,通草 30g,川芎 30g,白术 30g,王不留行 60g,木通 20g,当归 60g,杜仲 20g,甘草 20g,阿胶 60g,水煎后加黄酒 100ml 灌服,每日 1 剂,连用 5d。

另外,还有许多民间用以催奶的验方,也都有一定的效果。例如,王不留行 100g,通草 50g,猪蹄 1 对,煎汤加红糖后灌服;猪蹄 4 个,黄芪 50g,糯米 1kg,煮粥去骨后喂服;鸡蛋 4 个,花生米 500g,加水煮烂后喂服;海带 250g,浸泡后加猪油 100g,煮汤喂服。胎衣适量,洗净后剁碎煮熟,拌入饲料中喂服等。还可用豆浆催奶,鱼、虾煮汤催奶等。

血　乳

血乳是血液进入乳汁中,使乳汁变为淡黄色或血红色的一种疾病。

【病　因】　乳腺血管剧烈充血,血液从血管裂口中流出或血细胞渗出管壁,然后进入腺泡或管腔内。有时可因乳房炎、乳房挫伤或传染病而导致乳中带血。

【症　状】　乳汁中混有血液,有时呈粉红色血样或已凝成血块,乳汁稍有咸味,各乳区均可出现血乳,血量则有很大差异。母畜一般没有全身变化。乳房血管充血,皮肤发红。腐败性细菌感染时,伴有严重的全身症状,病牛体温升至 40℃ 以上,心音快而弱,呼吸浅表,全身病情恶化,起卧困难,食欲废绝,泌乳迅速减少。局部症状可见乳房及乳头皮肤发生坏疽性溃疡,局部皮温感冷,呈暗红色或黑色,有褐红色渗出物。取渗出物进行细菌学检查,往往不易发现腐败性细菌,有时可发现绿脓杆菌、坏死杆菌、溶血性葡萄球菌或链球菌。如不及时抢救,常因败血症而死亡。

【治　疗】

(1)单纯血乳　可少量挤奶,减少对乳房的刺激,使之安静。如出血严重,可应用止血剂。也可试行乳腺内打气,以增高乳腺内的压力而减少出血。

(2)腐败性细菌感染　宜早期应用较大剂量的青霉素和链霉素,或用土霉素、庆大霉素治疗。乳区可用 0.1％高锰酸钾溶液清洗,并加强消毒,控制感染,或者切除患区乳房。

漏　乳

漏乳是在产后泌乳期中,由于乳头管关闭不够充分,使乳汁自动地溢出或呈线状流出的一种疾病。

【病　因】　漏乳是乳头括约肌发育不全、乳头损伤及发炎引起括约肌萎缩、松弛或麻痹,乳头管形成瘢痕或有肿瘤的一种症状。个别母牛周期性漏乳常和发情及气候炎热有关。

【症　状】　乳汁自行滴出或大量漏出,在准备挤乳按摩乳房时即开始漏出。母牛卧下时,如乳房受压,则大量流出。由于乳汁自行漏出,所以患病乳区比其他乳区松软,产奶量大为降低。

【治　疗】　在括约肌松弛时,用拇指、食指和中指的转动按摩乳头尖端,每次 10～15min。对括约肌异常松弛的顽固性病例,挤奶后,在乳头尖端扎上橡皮圈。为了防止乳头括约肌损伤而导致瘢痕组织的产生,在使用机器挤乳时,严禁对乳房空拍刺激。亦可在每次挤奶后,擦干乳头尖端,在弹性火棉胶中浸蘸一下,既可以起套子样作用,也有紧缩乳头括约肌的作用。另外,还要经常整修牛蹄,防止因蹄壳过长而挫伤乳头。

在严密的消毒条件下,用皮内注射器吸取 0.25ml 灭菌液状石蜡,在乳头四周和乳头管开口处分点皮内注射,疗效较好。

复习思考题

1. 流产有哪几种临床表现? 如何防治?

2. 阴道脱出的病因是什么? 如何整复与固定?

3. 妊娠毒血症在不同家畜有何不同的病因和症状?

4. 难产检查在助产手术中的重要性是什么? 系统检查应包括哪几个方面的内容?

5. 简述临产检查的时机、检查内容和意义。

6. 手术助产有哪几种方法? 简述各种方法的适用范围。

7. 如何确定牛难产剖宫产术的切口位置? 简述剖宫产术的手术方法及手术过程中应注意的事项?

8. 临床上常见的难产分为哪几类? 子宫捻转引起的难产应如何进行助产?

9. 难产及难产助产过程中可能会并发哪些危急症? 应采取

何种紧急措施？

10．小动物和大家畜的产力性难产,其助产措施的选择有什么不同？为什么？

11．牢固掌握胎向、胎位、胎势、前置等产科专业术语,胎儿性难产时会出现哪些状况？

12．母畜产后易发生哪些疾病？如果治疗不及时会有什么后果？

13．牛发生胎衣不下时如何确定手术剥离时间？试述剥离方法。

14．在整复牛的脱出子宫前需要做好哪些准备工作？

15．产后败血症和产后脓毒败血症各有什么特点？治疗这两种疾病的基本原则是什么？

16．了解奶牛生产瘫痪的发生原因及机制,掌握诊断要点及治疗方法。

17．试述奶牛胎衣不下的治疗原则和措施。

18．何谓新生仔畜和哺乳幼畜？

19．新生仔畜假死如何进行抢救？

20．简述脐带疾病的处理方法。

21．新生仔畜溶血病常发生于哪种家畜？临床特征如何？怎样进行治疗？

22．什么是不孕不育？不孕不育的原因及分类有哪些？

23．发生卵巢功能减退、不全和卵泡交替发育时卵巢的形态有什么变化？相应的发情表现如何？

24．常用的催情方法和药品种类有哪些？分析其作用特点。

25．通过临床检查如何判断卵巢囊肿？怎样区别黄体囊肿和卵泡囊肿？它们在发生上有什么关系？在什么情况下卵泡囊肿可能发展成慕雄狂？其特征表现有哪些？怎样治疗？

26．根据慢性子宫内膜炎的性质不同,可分为哪几种炎症？

子宫积脓和子宫积水各有什么不同？

27. 冲洗子宫是治疗慢性子宫内膜炎行之有效的方法，不同炎症性质选择什么样的冲洗液？如何进行冲洗？

28. 常见的公畜不育症有哪些？如何进行防治？

29. 掌握隐性乳房炎的临床特点、诊断方法和判断标准。

30. 掌握临床型乳房炎的临床症状及治疗方法。

31. 根据掌握的资料和学习体会，制订一个奶牛乳房炎的综合防治方案。

32. 泌乳不足或无乳时如何进行治疗？开出处方并对其有效性进行分析。

参考文献

[1] 白景煌. 养犬与犬病. 北京:科学出版社,2001.

[2] 蔡宝祥. 家畜传染病学(第四版). 北京:中国农业出版社,2005.

[3] 陈北亨,王建辰. 兽医产科学. 北京:中国农业出版社,2001.

[4] 陈杖榴. 兽医药理学(第二版). 北京:中国农业出版社,2004.

[5] 高作信. 兽医学(第三版). 北京:中国农业出版社,2006.

[6] 侯家法. 小家畜外科学. 北京:中国农业出版社,2006.

[7] 李铁拴,刘小宝. 人和家畜共患病防治. 北京:中国农业科学技术出版社,2006.

[8] 李铁拴,张彦明,刘占民. 兽医学. 北京:中国农业科学技术出版社,2001.

[9] 林德贵. 兽医外科手术学(第四版). 北京:中国农业出版社,2004.

[10] 刘占民,李铁拴,徐丰勋. 奶牛饲养管理与疾病防治. 北京:中国农业科学技术出版社,2002.

[11] 刘宗平. 家畜中毒病学. 北京:中国农业出版社,2006.

[12] 刘宗平. 现代家畜营养代谢病学. 北京:中国农业出版社,2003.

[13] 陆承平. 兽医微生物学(第三版). 北京:中国农业出版社,2003.

［14］ 桑润滋,田树军,李铁拴．肉牛快繁新技术.北京:中国农业大学出版社,2003.

［15］ 桑润滋．家畜繁殖生物技术(第二版)．北京:中国农业出版社,2006.

［16］ 桑润滋．实用畜禽繁殖技术.北京:金盾出版社,2008.

［17］ 唐兆新．兽医临床治疗学．北京:中国农业出版社,2002.

［18］ 王建华．家畜内科学．北京:中国农业出版社,2003.

［19］ 王力光,董君艳．犬病临床指南.吉林:吉林科学技术出版社,1991.

［20］ 余四九．特种经济动物生产学.北京:中国农业出版社,2003.

［21］ 赵兴绪．兽医产科学(第三版)．北京:中国农业出版社,2006.

［22］ Aldred D, Magan N. Prevention strategies for trichothecenes. Toxicology Letters,2004,153:165-171.

［23］ Beasley V. Veterinary Toxicology. New York: International Veterinary Information Service,1999.

金盾版图书，科学实用，
通俗易懂，物美价廉，欢迎选购

猪瘟及其防制	7.00元	养禽防控高致病性禽流	
甲型 H1N1 流感防控		感100问	3.00元
100问	7.00元	人群防控高致病性禽流	
图说猪高热病及其防治	10.00元	感100问	3.00元
实用畜禽阉割术(修订		畜禽衣原体病及其防治	9.00元
版)	10.00元	鸡传染性支气管炎及其	
新编兽医手册(修订版)	49.00元	防治	6.00元
兽医临床工作手册	48.00元	家畜普通病防治	19.00元
畜禽药物手册(第三次		畜禽病经效土偏方	8.50元
修订版)	53.00元	中兽医验方妙用	10.00元
兽医药物临床配伍与禁		中兽医诊疗手册	45.00元
忌	27.00元	家畜旋毛虫病及其防治	4.50元
兽医中药配伍技巧	15.00元	家畜梨形虫病及其防治	4.00元
禽病防治合理用药	12.00元	家畜口蹄疫防制	10.00元
无公害养殖药物使用指		家畜布氏杆菌病及其防	
南	5.50元	制	7.50元
畜禽抗微生物药物使用		家畜常见皮肤病诊断与	
指南	10.00元	防治	9.00元
常用兽药临床新用	14.00元	家禽防疫员培训教材	7.00元
畜禽疾病处方指南	53.00元	禽病鉴别诊断与防治	6.50元
禽流感及其防制	4.50元	动物产地检疫	7.50元
畜禽结核病及其防制	10.00元	动物检疫应用技术	9.00元

以上图书由全国各地新华书店经销。凡向本社邮购图书或音像制品，可通过邮局汇款，在汇单"附言"栏填写所购书目，邮购图书均可享受9折优惠。购书30元(按打折后实款计算)以上的免收邮挂费，购书不足30元的按邮局资费标准收取3元挂号费，邮寄费由我社承担。邮购地址：北京市丰台区晓月中路29号，邮政编码：100072，联系人：金友，电话：(010)83210681、83210682、83219215、83219217(传真)。